国外著名高等院校
信息科学与技术优秀教材

C++程序设计
（第3版）

[美] 瑞克·莫瑟（Rick Mercer）著　凌杰 译

人民邮电出版社
北京

图书在版编目（CIP）数据

C++程序设计：第3版 /（美）瑞克·莫瑟
(Rick Mercer) 著；凌杰译. -- 北京：人民邮电出版
社，2019.8（2022.1重印）
国外著名高等院校信息科学与技术优秀教材
ISBN 978-7-115-51243-7

Ⅰ．①C… Ⅱ．①瑞… ②凌… Ⅲ．①C++语言－程序
设计－高等学校－教材 Ⅳ．①TP312.8

中国版本图书馆CIP数据核字(2019)第087430号

版权声明

Simplified Chinese translation copyright ©2019 by Posts and Telecommunications Press
ALL RIGHTS RESERVED
Computing Fundamentals with C++, by Rick Mercer
Copyright © 2018 Franklin, Beedle & Associates Incorporated.

本书中文简体版由 Franklin, Beedle & Associates 公司授权人民邮电出版社出版。未经出版者书面许可，
对本书的任何部分不得以任何方式或任何手段复制和传播。
版权所有，侵权必究。

♦ 著　　[美]瑞克·莫瑟（Rick Mercer）
　 译　　凌　杰
　 责任编辑　陈冀康
　 责任印制　焦志炜

♦ 人民邮电出版社出版发行　　北京市丰台区成寿寺路11号
　 邮编　100164　　电子邮件　315@ptpress.com.cn
　 网址　http://www.ptpress.com.cn
　 北京七彩京通数码快印有限公司印刷

♦ 开本：787×1092　1/16
　 印张：23.5　　　　　　　　　2019年8月第1版
　 字数：555千字　　　　　　　 2022年1月北京第2次印刷
　 著作权合同登记号　图字：01-2018-4171号

定价：79.00元
读者服务热线：(010)81055410　印装质量热线：(010)81055316
反盗版热线：(010)81055315
广告经营许可证：京东市监广登字20170147号

内 容 提 要

本书是以 C++编程语言讲解计算基础知识和技能的实用教程。全书共 13 章。本书首先介绍了通过程序设计解决问题的思路和步骤，然后依次介绍了 C++基础知识、函数的运用和实现、消息机制、成员函数、条件、循环、文件流、vector 类、泛型容器和二维数组等技术及其 C++编程实现技巧。在每一章中以及每章的最后，分别给出了自测题、练习题、编程技巧、编程项目等内容。附录部分给出了所有自测题的解答，供读者学习参考。

本书适合作为高等院校计算机专业程序设计等课程的教材，也适合专业程序员和想要学习 C++编程的读者阅读参考。

前　言

《C++程序设计（第3版）》是一本用C++编程语言为计算机系学生讲解计算基础课程的教材，它的主要适用人群是没有任何编程经验以及有使用其他编程语言经验的学生。

《C++程序设计（第3版）》致力于利用面向对象编程的相关性和有效性来介绍计算基础概念。这本书中凝聚了我们数十年来的教学经验——我们知道如何才能最大限度地帮助学生学习他们在计算机专业中上的首门课程，如何将对象与类的关系解释得恰到好处，以及如何为学生的下一门课程打下坚实的基础。

本书特色

- 涵盖传统话题：本书致力于利用面向对象编程的相关性和有效性来介绍计算基础概念。在这个过程中，我们也会涉及一些C++的特性，它们也会被我们归为传统话题的一部分，比如在前两章中，我们就会涉及泛型类的模板、带迭代器的标准容器。
- 遵循C++标准：由于国际标准化组织（International Standards Organization，ISO）在多年前就已经批准了C++的标准文档，所以学生们现在可以将自己所学习的C++视为一门具有国际公认标准的编程语言了。当然，直到作者撰写本书的这一刻为止，C++14标准依然没有得到所有编译器的完全支持。正因为考虑到这一点，并且C++14标准实际上所添加的内容也超出了本书要讨论的范围，我们打算在这本书中只使用C++11中的元素。不过读者也不用太担心，由于任何较新的版本基本上都是向后兼容的，所以我们当然也可以使用支持C++14或者更新版本的编译器来编译本书的代码。
- 先讲对象：在第3版中，我们保留之前两个版本先讲对象的方法。学生依然可以从string、cin、cout、BankAccount和Grid这些现有的对象入手，来锻炼解决问题的能力和编程开发的技能。学生将会在这个过程中不断地修改、增强、提出最终设计并实现他们那些日益复杂的类。
- 精心安排的教学内容：由于使用本书的大多数学生只有很少的编程经验，甚至完全没有编程、设计方面的经验，所以不宜让他们一上来就与某些C++特性和细节纠缠不清。因此，我们选择让学生先专注于那些能丰富语言表达能力的部分，一些隐晦难懂的问题都被推迟到了最后几章中。例如，对于如何以向量、指针为元素的向量上执行嵌套循环、如何进行动态内存管理以及如何处理单向链表数据结构这类问题，我们都将其放到了本书的最后两章。
- 无须特定的C系统：我们对操作系统和编译器没有特定的偏好。本书所使用的都是符合 ISO 标准的#include 和命名空间，所有的材料都可以在任何支持 C++标准的编译器系统中使用，并且所有代码都曾在 Windows 的 Microsoft Visual C++和 UNIX 的 GNU g++中通过了测试。

- 引入算法模式：算法模式能很好地帮助那些编程初学者根据一些常见的算法通用原则来设计算法。比如我们将在第 1 章中介绍的第一个算法模式，可能也是我们最古老的模式之一：输入—处理—输出（IPO）模式，我们在后续章节中会一直用到它。毕竟，IPO 模式对于没有编程经验的学生和实验室里的那些助理是很有帮助的。除此之外，我们还会在适当的场景中介绍 Alternative Action、Indeterminate Loop 等其他算法模式。
- 在教室和实验室中经历了广泛的测试：本书出版 6 年来，我们收到了学生们对书稿的表达清晰度、组织结构、项目和示例等各个层面上的许多批评和建议，这让我们受益良多，也让我们更有能力让所有学生都能在封闭的实验环境中得到非常好的实践和测试体验。
- 教学辅助资源齐全：我们将本书中大部分的 C++代码，以及相关 PPT 都提炼出来，读者可以自行从异步社区下载到自己想要的资源。

教学安排

作为一本教材，我们还为学生提供了很多教学上的特定安排，以帮助他们更好地学习编程、设计以及对象访问技术：

- **自测题**。这些简短的问题及其答案可以有效地帮助学生们评估自己是否真正理解了在书中所读到的细节和术语。需要提醒的是，所有自测题的答案都被我们放在了本书最后的附录中，学生可自行查阅。
- **练习题**。这些过渡性问题的作用是考察学生们是否掌握了其所在章节的主要概念。这些问题的答案通常在教师手中，我们鼓励学生们用纸和笔将答案写下来，就像他们在做某种测验题一样。
- **编程技巧**。在布置每周的编程项目之前，我们都会介绍一组编程小技巧。这些小技巧可以很好地帮助学生完成他们的编程项目，提醒他们需要注意的编程陷阱，并培养良好的编程习惯。
- **编程项目**。在本书中，许多较小规模的问题都事先已经在实验室中经历过了广泛的测试，足以确保这些项目可以被分配给学生，并让他们在没有教师干预的情况下完成项目。这种编程项目的作用是作为每周讲座之后的作业布置给学生，以帮助他们巩固本周学习到的这些概念。

第 3 版的新变化

在第 3 版中，我们对要布置的编程项目做了大量改进，使它们更具趣味性和挑战性。这其中包括了我在亚利桑那大学开发的项目和课程测试的内容，事实上，这些"外来"的作业得到了学生们很高的评价。除此之外，第 3 版还在内容上做了缩减，我们移除了与继承、面向对象编程与设计、操作符重载以及递归相关的章节。因为这本书的使用者通常不会用到这些章节，而且我们也认为本书第 2 版的篇幅太过庞大了。在这一版本中，我们将把话题局限在 CS1 课程的传统范围内，并少量添加一些 CS2 课程的话题，比如带模板的泛型容器。

第 3 版还做了一些内容上的更新，使其相关内容能适应当前的 C++14 标准。我们在这一版中加入了一些 C++ 的扩展，例如那个延误多时的关键字 nullptr。当然，C++语言的大部分新增特性，比如线程之类的，就不在本书的讨论范围之内了。

致谢

如果想要编写一本内容扎实可靠的教材，学生和其他教师对它的反馈是至关重要的。在本书前两个版本的编写过程中，我有幸创办了一个小型讲座（规模为 20 到 35 名学生），并且与我所有的学生在实验室里共同工作了十年，我因此长期持续地跟踪了他们的学习进度并了解所遇到的问题，这些经历为我编写一部有的放矢的教材提供了莫大的帮助。为此，我必须要感谢我在宾夕法尼亚州的那些学生。

除此之外，我还有幸遇到了许多优秀的教育界人士，他们和我一样正在关心和思考这个问题，通过与他们的现场交流和在电子邮件上的探讨和辩论，我得到了不少新的想法，了解了不少情况，这些都为我编写一本高质量的教材提供了莫大的支持。为此，我必须把他们列出来一一致谢（若有遗漏，请原谅我的粗心大意），他们是：Gene Wallingford、Doug Van Weiren、David Teague、Marty Stepp、Dave Richards、Stuart Reges、Margaret Reek、Ken Reek、Rich Pattis、Allison Obourn、Linda Northrop、Zung Nguyen、John McCormick、Carolina McCluskey、Lester McCann、Mary Lynn Manns、Mike Lutz、David Levine、Patrick Homer、Jim Heliotis、Peter Grogono、Adele Goldberg、Michael Feldman、Ed Epp、Robert Duvall（这位是杜克大学的讲师，不是那位演员）、Ward Cunningham、Alistair Cockburn、Mike Clancy、Tim Budd、Barbara Boucher-Owens、Mike Berman、Joe Bergin、Owen Astrachan 和 Erzebet Angster。

最后，虽然多不胜数，但我还是要感谢一下对我 30 年职业生涯产生过各种影响的多位作者和推荐人。另外，我还要特别感谢一下 Franklin Beedle & Associates 的那些人：Jim Leisy（已故）、Jaron Ayres、Brenda Jones 和 Tom Sumner。

审阅者名录

由于本书的审阅者不辞辛劳、仔细而严格地研读，我们得到了不少富有价值的批评和建议。当然，我也逐一对这些批评和建议做了认真的思考。在此，我要再次感谢本书所有审阅者对于这一版本和之前所有版本所做的无私奉献。

Kristin Roberts	大急流城社区学院
Rich Pattis	加州大学欧文分校
Michael Berman	罗文大学
Seth Bergman	罗文大学
Robert Duvall	杜克大学
Tom Bricker	威斯康星大学麦迪逊分校
David Teague	西卡罗来纳大学
Ed Epp	波特兰大学
James Murphy	加州大学奇科分校
Jerry Weltman	路易斯安那州立大学巴吞鲁日分校
John Miller	圣约翰大学
Stephen Leach	佛罗里达州立大学
Alva Thompson	南佛罗里达大学
Norman Jacobson	加州大学尔湾分校
David Levine	葛底斯堡学院
H. E. Dunsmore	普渡大学
Howard Pyron	密苏里大学罗拉分校
Lee Cornell	曼凯托州立大学
Eugene Wallingford	北爱荷华大学
David Teague	西卡罗来纳大学
Clayton Lewis	科罗拉多大学
Tim Budd	俄勒冈州立大学
Jim Miller	堪萨斯大学
Art Farley	俄勒冈大学
Richard Enbody	密歇根州立大学
Van Howbert	科罗拉多州立大学
Joe Burgin	得州理工大学
Jim Coplien	贝尔实验室
Dick Weide	俄亥俄州立大学
Gene Norris	乔治梅森大学

特别鸣谢

我在这里要特别感谢一下来自大急流城社区学院的 Kristin Roberts。作为这本书的审阅者，她不仅对书稿提供了大量的反馈，还一直不断地鼓励我坚持完成本书的第 3 版。这是本书的一次重大更新，一些章节进行了重组，改进并增加了许多新的编程项目，总之，这本书现在可以说是焕然一新了。这一切很大程度上都要归功于 Kristin。

资源与支持

本书由异步社区出品，社区（https://www.epubit.com/）为您提供相关资源和后续服务。

配套资源

本书提供如下资源：
- 本书源代码；
- 教学配套PPT；
- 书中彩图文件。

要获得以上配套资源，请在异步社区本书页面中单击 配套资源 ，跳转到下载界面，按提示进行操作即可。注意：为保证购书读者的权益，该操作会给出相关提示，要求输入提取码进行验证。

如果您是教师，希望获得教学配套资源，请在社区本书页面中直接联系本书的责任编辑。

提交勘误

作者和编辑尽最大努力来确保书中内容的准确性，但难免会存在疏漏。欢迎您将发现的问题反馈给我们，帮助我们提升图书的质量。

当您发现错误时，请登录异步社区，按书名搜索，进入本书页面，单击"提交勘误"，输入勘误信息，单击"提交"按钮即可。本书的作者和编辑会对您提交的勘误进行审核，确认并接受后，您将获赠异步社区的100积分。积分可用于在异步社区兑换优惠券、样书或奖品。

扫码关注本书

扫描下方二维码,您将会在异步社区微信服务号中看到本书信息及相关的服务提示。

与我们联系

我们的联系邮箱是 contact@epubit.com.cn。

如果您对本书有任何疑问或建议,请您发邮件给我们,并请在邮件标题中注明本书书名,以便我们更高效地做出反馈。

如果您有兴趣出版图书、录制教学视频或者参与图书翻译、技术审校等工作,可以发邮件给我们;有意出版图书的作者也可以到异步社区在线提交投稿(直接访问 www.epubit.com/selfpublish/submission 即可)。

如果您是学校、培训机构或企业,想批量购买本书或异步社区出版的其他图书,也可以发邮件给我们。

如果您在网上发现有针对异步社区出品图书的各种形式的盗版行为,包括对图书全部或部分内容的非授权传播,请您将怀疑有侵权行为的链接发邮件给我们。您的这一举动是对作者权益的保护,也是我们持续为您提供有价值的内容的动力之源。

关于异步社区和异步图书

"异步社区"是人民邮电出版社旗下 IT 专业图书社区,致力于出版精品 IT 技术图书和相关学习产品,为作译者提供优质出版服务。异步社区创办于 2015 年 8 月,提供大量精品 IT 技术图书和电子书,以及高品质技术文章和视频课程。更多详情请访问异步社区官网 https://www.epubit.com。

"异步图书"是由异步社区编辑团队策划出版的精品 IT 专业图书的品牌,依托于人民邮电出版社近 30 年的计算机图书出版积累和专业编辑团队,相关图书在封面上印有异步图书的 LOGO。异步图书的出版领域包括软件开发、大数据、AI、测试、前端、网络技术等。

异步社区

微信服务号

目 录

第 1 章 用 C++来解决问题 1
1.1 解决问题 1
 1.1.1 分析（提问、考察、研究） 1
 1.1.2 设计（模型、思考、计划、策划、模式、纲要） 4
 1.1.3 算法模式 5
 1.1.4 算法设计示例 6
 1.1.5 实现（完成、操作、使用） 7
 1.1.6 一段 C++程序 7
 1.1.7 测试 8
1.2 对象、类型与变量 9
本章小结 11
练习题 12
解决问题：请编写一个算法 12

第 2 章 C++基础 14
2.1 C++程序的组成部分 14
 2.1.1 标记：一个程序的最小零件 16
 2.1.2 特殊符号 17
 2.1.3 标识符 17
 2.1.4 关键字 18
 2.1.5 注释 18
 2.1.6 C++字面常量 19
2.2 语句 21
 2.2.1 cout 输出语句 22
 2.2.2 赋值与类型转换 22
 2.2.3 cin 输入语句 24
2.3 算术表达式 25
 2.3.1 整数算术运算 27
 2.3.2 整数与浮点数的混合运算 28
 2.3.3 const 对象 29
2.4 先提示再输入 30

2.5 程序实现中的错误与警告 32
 2.5.1 在编译时被检测到的错误与警告 33
 2.5.2 编译时的警告信息 35
 2.5.3 连接时错误 36
 2.5.4 运行时错误 37
 2.5.5 意向性错误 37
 2.5.6 当软件的设计与问题说明不相符时 38
本章小结 39
练习题 40
编程技巧 43
编程项目 44

第 3 章 自由函数的运用 48
3.1 cmath 函数 48
3.2 使用 cmath 函数解决问题 50
 3.2.1 分析 50
 3.2.2 设计 50
 3.2.3 实现 52
3.3 调用已被文档化的函数 53
 3.3.1 前置条件与后置条件 53
 3.3.2 函数头信息 54
 3.3.3 实参与形参的关联 56
 3.3.4 面向 int、char 和 bool 这些类型的一些函数 58
本章小结 61
练习题 61
编程技巧 63
编程项目 63

第 4 章 自由函数的实现 66
4.1 实现属于自己的函数 66
 4.1.1 测试驱动器 69
 4.1.2 只有一条返回语句的函数 70
4.2 分析、设计与实现 71

  4.2.1 分析 71
  4.2.2 设计 72
  4.2.3 实现 72
  4.2.4 测试 74
  4.2.5 标识符的域 74
  4.2.6 函数名的域 76
  4.2.7 全局标识符 76
 4.3 void 函数与引用型形参 77
 4.4 const 的引用型形参 80
 本章小结 82
 练习题 83
 编程技巧 84
 编程项目 85

第 5 章 发送消息   89
 5.1 为真实世界建模 89
  5.1.1 BankAccount 对象 90
  5.1.2 类与对象的图解 92
 5.2 发送消息 93
 5.3 string 对象 95
  5.3.1 访问性方法 95
  5.3.2 修改性方法 96
  5.3.3 为 string 对象本身定义的操作符 97
 5.4 ostream 和 istream 的成员函数 99
 5.5 另一个非标准类：Grid 103
  5.5.1 Grid 对象的其他操作 ... 105
  5.5.2 不满足前置条件的情况 108
  5.5.3 即使函数没有任何实参也必须用()来调用 ... 109
 5.6 类和函数为何而存在 109
 本章小结 111
 练习题 112
 编程技巧 114
 编程项目 116

第 6 章 成员函数的实现   120
 6.1 在头文件中定义类 120
 6.2 实现类的成员函数 124
  6.2.1 实现构造函数 124
  6.2.2 实现修改型的类成员函数 125
  6.2.3 实现访问型的成员函数 126
 6.3 默认构造函数 129
 6.4 状态型对象模式 131
  6.4.1 构造函数 131
  6.4.2 修改型函数 131
  6.4.3 访问型函数 132
  6.4.4 命名约定 132
  6.4.5 public 还是 private ... 133
  6.4.6 将接口从实现中分离 ... 133
 6.5 面向对象设计准则 135
  6.5.1 类的内聚力 136
  6.5.2 为什么 const 只用来修饰访问型函数，却不用于修改型函数 136
 本章小结 139
 练习题 140
 编程技巧 141
 编程项目 143

第 7 章 选择操作   149
 7.1 实现选择控制 149
  7.1.1 保护性动作模式 150
  7.1.2 if 语句 150
 7.2 关系运算符 152
 7.3 替代性动作模式 153
 7.4 选择操作结构中的语句块 157
 7.5 bool 对象 158
  7.5.1 布尔运算 160
  7.5.2 运算符优先规则 160
  7.5.3 布尔运算符||与 grid 对象 161
  7.5.4 短路式布尔评估 163
 7.6 bool 成员函数 164
 7.7 多重选择操作 166
  7.7.1 另一个示例：字母等级评定 168

| 7.7.2 多路返回·············· 169
| 7.8 测试多重选择操作·········· 170
| 7.9 assert 函数················ 171
| 7.10 switch 语句················ 173
| 本章小结·························· 177
| 练习题···························· 177
| 编程技巧·························· 180
| 编程项目·························· 181
| 第8章 重复操作···················· 188
| 8.1 实现重复控制················ 188
| 8.2 算法模式：确定性循环······ 189
| 8.2.1 for 语句············ 191
| 8.2.2 赋值操作符与其他增量
| 运算的结合·········· 192
| 8.2.3 对 Grid 对象使用确定
| 性循环·············· 194
| 8.3 确定性循环模式的应用······ 196
| 8.3.1 分析·················· 196
| 8.3.2 设计·················· 197
| 8.3.3 实现·················· 198
| 8.3.4 测试·················· 199
| 8.3.5 检测到错误时应该
| 怎么做·············· 200
| 8.4 算法模式：不确定性循环···· 201
| 8.4.1 使用 while 语句实现确定性
| 循环模式············ 202
| 8.4.2 对 Grid 对象使用不确定
| 性循环·············· 203
| 8.4.3 设置了岗哨的不确定
| 性循环·············· 204
| 8.4.4 用 cin >> 来充当循环
| 测试·················· 204
| 8.4.5 无限循环············ 206
| 8.5 do while 语句················ 208
| 8.6 循环的选择与设计············ 210
| 8.6.1 确定要使用的循环
| 类型·················· 210
| 8.6.2 确定循环测试部分··· 211
| 8.6.3 编写要重复执行的
| 语句·················· 211
| 8.6.4 确保循环会越来越
| 接近终止条件······· 211
| 8.6.5 在必要情况下做好相关
| 对象的初始化操作··· 211
| 本章小结·························· 212
| 练习题···························· 213
| 编程技巧·························· 216
| 编程项目·························· 218
| 第9章 文件流······················ 224
| 9.1 ifstream 对象················ 224
| 9.2 将确定性循环模式应用于
| 磁盘文件···················· 227
| 9.2.1 让处理过程终止于
| 文件结束符·········· 227
| 9.2.2 让用户选择文件名··· 229
| 9.3 使用不确定性循环处理更
| 复杂的磁盘文件输入········ 229
| 9.3.1 数字与字符串的混合· 231
| 9.3.2 getline 函数········ 231
| 9.4 ofstream 对象··············· 234
| 本章小结·························· 234
| 练习题···························· 235
| 编程技巧·························· 235
| 编程项目·························· 236
| 第10章 vector······················ 238
| 10.1 C++标准库中的 vector 类··· 238
| 10.1.1 访问集合中的个别
| 元素·················· 239
| 10.1.2 用确定的 for 循环来
| 处理 vector·········· 240
| 10.1.3 处理 vector 中的前 n 个
| 元素·················· 241
| 10.1.4 检查下标出界········ 242
| 10.1.5 vector::capacity、vector::
| resize 与操作符=···· 243
| 10.2 顺序搜索···················· 245
| 10.3 发送消息给 vector 中的各
| 对象·························· 247

10.4　vector 的实参/形参关联 ········ 251
10.5　排序 ································ 253
10.6　二分搜索法 ····················· 258
本章小结 ································ 262
练习题 ···································· 262
编程技巧 ································ 267
编程项目 ································ 270

第 11 章　泛型容器 ············· 278
11.1　容器类 ···························· 278
　　11.1.1　传递类型实参 ········ 279
　　11.1.2　模板 ····················· 279
11.2　Set<Type>类 ··················· 282
　　11.2.1　构造函数 Set() ······ 283
　　11.2.2　bool contains(Type const&
　　　　　　value) const ········· 283
　　11.2.3　void insert(Type const&
　　　　　　element) ·············· 284
　　11.2.4　bool remove(Type const&
　　　　　　removalCandidate) ······ 284
11.3　迭代器模式 ····················· 285
本章小结 ································ 287
练习题 ···································· 288
编程技巧 ································ 288
编程项目 ································ 290

第 12 章　指针与内存管理 ····· 294
12.1　内存因素考量 ·················· 294
　　12.1.1　指针 ····················· 295
　　12.1.2　指向对象 ·············· 300
12.2　原生的 C 数组 ················· 302
　　12.2.1　原生数组与 vector 之间
　　　　　　的差异 ················· 303

　　12.2.2　数组与指针的联系 ······ 303
　　12.2.3　传递原生数组实参 ······ 304
12.3　用 new 操作符分配内存 ······ 305
12.4　delete 操作符 ·················· 309
12.5　用 C 的 struct 构建单向链接
　　　结构体 ·························· 310
　　12.5.1　用单向链接数据结构
　　　　　　实现 list 类 ············ 312
　　12.5.2　add(std::string) ······ 313
　　12.5.3　get(int index) ········ 314
　　12.5.4　remove(string
　　　　　　removalCandidate) ······ 314
本章小结 ································ 316
练习题 ···································· 317
编程技巧 ································ 318
编程项目 ································ 319

第 13 章　存储 vector 的 vector ········ 324
13.1　存储 vector 的 vector ········ 324
13.2　Matrix 类 ························ 325
　　13.2.1　标量乘法 ·············· 328
　　13.2.2　矩阵加法 ·············· 328
13.3　原生的二维数组 ·············· 330
13.4　拥有两个以上下标的数组 ······ 331
本章小结 ································ 333
练习题 ···································· 333
编程技巧 ································ 336
编程项目 ································ 336

附录　自测题答案 ··············· 342

第 1 章 用 C++来解决问题

本章提要

在本章中，我们将会介绍针对一个问题提出计算机解决方案需要做哪些事。首先，我们可能需要用一到两个段落来做一下问题的描述。然后，从理解这个问题的描述到具体实现一个可行的计算机解决方案，这个过程称为解决问题。总而言之，我们希望在学习完本章内容之后，你将能够理解：
- 解决问题的过程。
- 算法的特征。
- 如何利用算法模式来辅助程序设计。
- 类与其多个实体对象之间的关系，以及这些对象的名称、状态和操作集。
- 在软件开发的实现阶段中可能出现的错误分类。

1.1 解决问题

解决问题的方法有很多种。在本章，我们首先要研究的是一个 3 步走策略，即分析、设计、实现策略。

步骤	具体活动
分析	理解待解决问题
设计	根据解决方案的概要设计出算法
实现	写出可执行程序的代码

接下来，我们将通过一个"计算课程成绩"的示例来逐一示范这个 3 步走策略中的各个步骤，看看它们在解决问题过程中所发挥的作用，并以此开始这门课程的学习。

1.1.1 分析（提问、考察、研究）

程序的开发通常始于针对某个问题的研究或分析。这是很显然的，如果我们想要确定一个程序要执行哪些操作，当然先得理解该程序要解决的问题。如果该问题已经完成了书面化描述，我们就可以从阅读这个问题开始进入分析步骤了。

在分析一个问题的过程中，做好对程序所需信息数据的命名工作会是很有帮助的。例如，我们可能会被要求计算出特定飞机在特定气象条件（比如温度、风向等）下，在指定机场跑道上可以成功起飞时的最大重量。这时，我们就可以在分析问题时将这项要计算的信息命名为 maximumWeight，并将计算该信息所需的信息命名为 temperature、windDirection 等。

虽然这些数据并不代表整个解决方案，但是它们的确表述了问题的某个重要部分。这些数据名称会是我们编写程序以及在程序中进行计算工作时要用到的符号，比如可能我们要计算的是飞机在 temperature 的值为 19.0 时的 maximumWeight。总而言之，这些数据通常都要经过各种形式的操作或处理之后，才能得到我们所期待的结果。在这其中，有些数据得从用户那里获取，也有些数据得经过一些相乘或相加的运算，还有些数据得在计算机屏幕上显示。

在某些时候，这些数据的值会被存储在计算机的内存中。当程序运行时，相同内存位置上的值是会变化的。另外，这些数据值通常都会有一个类型，比如整数类型、浮点数类型、字符串类型或其他各种存储类型。对于这种用于在程序运行时存储这些可变值的内存区块，我们称之为**变量**。

我们将会看到这些数据值施以某种特定行为意义的操作，这些特定的意义有助于我们将数据区分成由计算机显示的数据（**输出**），和计算出结果所需的数据（**输入**）。这些变量帮我们总结出了一个程序必须得做的事情。

- **输入**：用户在解决问题过程中必须提供的信息。
- **输出**：计算机必须显示的信息。

通常情况下，我们都可以通过回答"给定输入能得到什么输出？"这个题目来更好地理解自己要解决的问题。因此，针对待解决的问题来进行举例往往是一个不错的思路。下面就是两个通过变量名的选择来精准描述其存储值的问题：

待解决的问题	变量	输入/输出	问题样例
每月还贷计算	amount	输入	12500.00
	rate	输入	0.08
	months	输入	48
	payment	输出	303.14
计算莎士比亚的某指定剧本中某特定词的出现次数	theWork	输入	Muth Ado About Nothing
	theWord	输入	thee
	howOften	输出	74

现在来总结一下，我们在分析问题过程中需要：

1. 阅读并理解待解决问题的书面说明。
2. 定义用来表示问题答案的数据，以作为输出。
3. 定义用户为获取问题答案必须要键入的数据，以作为输入。
4. 创建一些问题样例，以作汇总之用（就像上面做的那样）。

当然，教材中的问题有时会提供清楚的变量名，以及输入/输出时用到的值类型（比如字符串、整数、浮点数等）。如果没有的话，它们识别起来也往往是相对比较容易的。但在现实中，对于相当规模的问题来说，分析问题这个步骤通常是需要花费大量精力的。

自测题

1-1. 请基于英镑与美元之间的汇率转换问题，分别为用来存储用户输入值以及程序输出值的变量赋予有意义的命名。

1-2. 针对"从拥有 200 张 CD 的播放器中选取一张 CD 来播放"这个问题，请分别设定用来表示所有 CD 以及表示用户所选择的那张 CD 的变量名。

问题分析示例

问题：请根据右侧的课程成绩估算表，用作业项目、期中考试和期末考试这三项的加权值计算出这一门课的成绩。

参考项	权重比
作业项目	50%
期中考试	20%
期末考试	30%

如前所述，问题分析的工作要从理解问题的书面描述开始，然后确定解决该问题所需要的输入和输出。在这里，先定义并命名输出的内容是一个不错的切入点。因为，输出内容中通常存储的就是这个待解决问题的答案，它会驱使我们去深入理解这个待解决的问题。

一旦我们定义好了解决问题所需的数据，并赋予它们有意义的变量名之后，就可以将注意力转向如何完成任务了。就这个特定的问题而言，它要输出应该就是实际的课程成绩，我们将这个要输出给用户的信息命名为 courseGrade。然后为了让这个问题更具有通用性，我们要让用户自己输入产生计算结果所需的值。毕竟如果这个程序可以要求用户提供所需的数据，那么它以后就可以用来计算多名学生任何一门课程的成绩了。在这里，我们将需要用户输入的这些数据命名为 projects、midterm 和 finalExam。这样一来，我们目前就已经完成了问题分析这一步骤中的前 3 个动作：

1. 理解待解决的问题。
2. 定义要输出的信息：courseGrade。
3. 定义要输入的数据：projects、midterm 和 finalExam。

接下来需要有一个问题样例，它有助于我们创建一个测试用例（test case），以验证输入的数据和程序产生的输出结果。例如，当 projects 为 74.0、midterm 为 79.0、finalExam 为 84.0 时，其平均加权值应该为 78.0：

```
(0.50 × projects) + (0.20 × midterm) + (0.30 × finalExam)
  (0.5 × 74.0)    +   (0.2 × 79.0)   +   (0.30 × 84.0)
      37.0        +       15.8       +        25.2
                         78.0
```

到这里，问题的分析步骤就算完成了，我们确定了用于输入/输出的变量，这有助于我们了解计算机解决方案需要做哪些事，同时还获得了一个现成的测试用例。

待解决的问题	变量	输入/输出	测试用例
计算某门课的成绩	projects	输入	74.0
	midterm	输入	79.0
	finalExam	输入	84.0
	courseGrade	输出	78.0

自测题

1-3. 请完成对下面问题的分析，这里你可能会需要用到一个准确的计算器。

问题：请基于某项投资的当前价值、投资期限（可能以年为单位）以及投资利率，估算出它的未来价值。在这里，投资利率和投资期限是步调一致的。也就是说，如果投资期限以年为单位，那么这里的投资利率就是年利率（例如 8.5%，就是 0.085）；如果投资期限以月为单位，那么这里的投资利率就是月利率（例如，如果年利率是 9%，那么月利率就是 0.075）。其未来价值的计算公式如下：

$$\text{future value} = \text{present value} * (1 + \text{rate})^{\text{periods}}$$

1.1.2 设计（模型、思考、计划、策划、模式、纲要）

设计这个概念背后所代表的是一系列动作，这其中包括为程序中的每个组件安排具有针对性的算法。而**算法**则是指我们在解决问题或达成某项目标的过程中所要完成的逐个步骤。一个好的算法必须要：

- 列出程序所要执行的动作。
- 按照恰当的顺序列出这些动作。

事实上，我们可以将烤制胡萝卜蛋糕的过程看成是一个算法：

- 将烤箱预热至 350°F（约 180℃）。
- 将每个烤箱模具的侧面和底部抹上油。
- 将食材放到一大碗里进行搅拌。
- 将搅拌物倒入每个烤箱模具中，并立即放入烤箱烤制。对于纸杯蛋糕，倒至 2/3 满即可。
- 根据相关图表来进行烤制。
- 将牙签插入到蛋糕中心，拔出来后依然能干净就表示蛋糕烤制成功。

如果这些步骤的顺序被改变了，厨师可能得到的就是一个滚烫的烤箱模具，里面放了一团鸡蛋与面粉的搅拌物。如果省去了其中的某一个步骤，那么厨师也不会烤成蛋糕，或许他只是点了一次火而已。当然，熟练的厨师通常是不需要这种算法的。但是，蛋糕制作原料的销售商可不能，也不该假设他们的客户都很熟练。总之，好的算法必须要按照恰当的顺序列出恰当的步骤，并且要详尽到足以完成任务。

自测题

1-4. 烤制蛋糕的食谱通常会省略一个非常重要的动作，请指出上述算法中缺少的是什么动作。

通常情况下，算法中所包含的都是一些不涉及太多细节的步骤。例如，"在大碗中搅拌"并不是一个非常具体的动作描述，里面的食材配比是什么呢？如果我们现在的问题是要编写一个人类能够理解的蛋糕烤制算法，这个步骤就可以做进一步的改进，使其能指导厨师更好地安排食材配比。比如我们可以将该步骤改成"将牛奶倒入盛有鸡蛋与面粉的大碗中搅拌，直至其表面光滑"，或者为面包师将该步骤切分如下：

- 配置好食材中干燥的成分；

- 将食材的液体成分倒入碗中；
- 每次倒入四分之一杯的干成分，将其搅拌至表面光滑。

算法可以用**伪代码**来描述，甚至也可以用一种非程序员也能理解的语言来描述。由于伪代码面向的是人类，而不是计算机，因此用伪代码描述的算法在程序设计中是很有帮助的。

伪代码有极强的表达能力。一条伪代码通常可以表示多条计算机指令。另外，用伪代码来描述算法可以避免纠缠于标点错误或者与特定计算机系统相关的细节。用伪代码来描述解决方案允许我们将这些细节问题向后推，这可以让设计变得更容易一些。其实，写算法就相当于在做计划，程序开发者也可以用纸和笔来做这些设计，甚至有时可以直接在脑海中完成这些事。

1.1.3 算法模式

解决问题通常需要用户完成一定的输入才能计算并显示出相应的信息。事实上，这种输入-处理-输出的动作流是如此的司空见惯，我们甚至可以把它视为一种模式，而且你们会发现这绝对是程序设计中最有用的几个算法模式之一。

模式可以是任何一种事物形式或设计，它的作用是将某些事物模型化或者提供某种行事指南。而算法模式就是一种用于辅助我们解决问题的指南。以下面的输入/处理/输出（Input/Process/Output，IPO）算法模式为例，我们可以用它来辅助解决第一个问题的设计，事实上，IPO 模式可以辅助我们解决本书前 5 章中几乎所有程序的设计问题。

算法模式	输入/处理/输出
模式	输入/处理/输出（IPO）
问题	程序需要基于用户的输入来计算并显示我们所需的信息
纲要	1. 获取输入数据 2. 用某种有意义的方式处理数据 3. 输出结果

代码示例如下：

```
int n1, n2, n3;
float average;

// Input
cout << "Enter three numbers: ";
cin >> n1 >> n2 >> n3;

// Process
average = (n1 + n2 + n3) / 3.0;

// Output
cout << "Average = " << average;
```

这是若干种算法模式中的第一种。在后面的章节中，我们会陆续看到 Guarded Action、Alternative Action、Indeterminate Loop 等其他算法模式。为了有效地使用一个算法模式，我们首先必须得熟记它。将 IPO 模式注册在心中，并在开发程序时能想起它，这样就会让我们的程序设计变得更容易。例如，如果你在数据中发现了无意义的值，有可能是你将程序的处理步骤放在了输入步骤**之前**，或者根本就跳过了输入步骤。

关于模式在解决其他类型问题时所能提供的帮助，我们可以参考 Christopher Alexander 在 *A Pattern Language*[Alexander 77]这本书里的一段话：

> 每个模式描述的都是一个我们所在客观环境中反复出现的问题，及其解决方案的核心内容，通过这种方式构建的解决方案，可以让我们用上一百万次，无须用相同的方式构建两次解决方案。

尽管 Alexander 所描述的是用于设计家具、花园、大楼和城镇的模式，但他描述的模式也适用于计算领域问题的解决。在程序设计的过程中，IPO 模式就是会反复出现，并指引着许多问题的解决方案。

1.1.4 算法设计示例

IPO 模式也可以用来指导我们解决之前那个课程成绩计算问题的算法设计：

3 步骤模式	将模式应用到具体的算法中
1. 输入	1. 读取 projects、midterm 和 finalExam 三个变量
2. 处理	2. 计算出 courseGrade 的值
3. 输出	3. 显示 courseGrade 的值

当然了，算法的开发通常是一个迭代的过程，模式也只是提供了解决这个问题所必需的动作序列纲要。

自测题

1-5．在阅读上述算法的 3 个动作时，你发现其中缺失的动作了吗？
1-6．在阅读上述算法的 3 个动作时，你发现其中有什么不正常的动作吗？
1-7．如果对调上述算法中前两个动作的顺序，该算法还能正常工作吗？
1-8．上述算法的描述是否已经足够支持计算出 courseGrade 的值了？

很显然，我们在上面对计算课程成绩问题的处理步骤的描述是不够详细的，我们还需对它进行进一步的细化。具体来说就是，说清楚在处理过程中如何用输入数据计算出课程成绩。上面的算法中省略了我们在问题书面化描述中提到的加权值，所以我们在第二步中重新细化了处理步骤：

1. 从用户那里获取 projects、midterm、finalExam 这 3 个数据值。
2. 计算 courseGrade = (projects × 50%) + (midterm × 20%) + (finalExam × 30%)。
3. 显示 courseGrade 的值。

就像人们常说的那样，好的艺术家应该知道什么时候该放下画笔，并决定与此刻完成他的画作，这对他的成功是至关重要的。同样地，设计师也必须要知道什么时候该停止设计，那就是我们进入解决问题第三阶段——实现阶段的好时机。

现在，我们来总结一下到目前为止所取得的进展：

- 待解决的问题得到了充分的理解。
- 所要用到的变量得到了确认。

- 对已知问题样例的输出有了了解（78.0%）。
- 已经开发出了一种算法。

1.1.5 实现（完成、操作、使用）

计算机本质上就是一种可编程的、用来存储、检索并处理数据的电子设备。事实上，程序员们也可以通过纸和笔来手动执行存储、检索与处理数据的动作，以此来模拟算法在电子设备中的执行过程。下面就是一个人工模拟的（非电子的）算法执行过程：

1. 从用户那里检索到一些示例值并将它们存储起来：

    ```
    projects = 80
    midterm = 90
    finalExam = 100
    ```

2. 再次检索这些值并用它们计算出 courseGrade 的值：

    $$\text{courseGrade} = (0.5 \times \text{projects}) + (0.2 \times \text{midterm}) + (0.3 \times \text{finalExam})$$
    $$(0.5 \times 80.0) \quad + \quad (0.2 \times 90.0) \quad + \quad (0.3 \times 100.0)$$
    $$40.0 \quad\quad + \quad\quad 18.0 \quad\quad + \quad\quad 30.0$$
    $$\text{courseGrade} = 88.0$$

3. 将存储在 courseGrade 中的值显示成 88%。

1.1.6 一段 C++ 程序

下面，我们要带你预览一段完整的 C++ 程序，由于对这里的许多编程语言上的细节问题，我们要到下一章中才会介绍，因此各位也不必期待自己能完全理解这段 C++ 源代码。在此次此刻，我们只需要读懂这段源代码是对之前那个伪代码算法的实现就可以了。这里有 projects、midterm、finalExam 三个变量，代表的是用户的输入。另外，还有一个名为 courseGrade 的输出变量。这里的 cout 对象，发音是"see-out"，代表的是公共输出以及程序所产生的输出。输入部分用的则是 cin 对象，发音是"see-in"，代表的是公共输入。

```cpp
/*
 * This program computes and displays a final course grade as a
 * weighted average after the user enters the appropriate input.
 *
 * File name: CourseGrade.cpp
 */
#include <iostream>    // for cin and cout
#include <string>      // for string
using namespace std;   // avoid writing std::cin std::cout std::string

int main() {
    // Explain what this program does.
    cout << "This program computes a weighted course grade." << endl;

    // Read in a string
    cout << "Enter the student's name: ";
    string name;
    cin >> name;
```

```cpp
// I)nput projects, midterm, and finalExam
double projects, midterm, finalExam;

cout << "Enter project score: ";
cin >> projects;

cout << "Enter midterm: ";
cin >> midterm;

cout << "Enter final exam: ";
cin >> finalExam;

// P)rocess
double courseGrade = (0.5 * projects) +
                     (0.2 * midterm) +
                     (0.3 * finalExam);

// O)utput the results
cout << name << "'s grade: " << courseGrade << "%" << endl;
}
```

程序会话

下面是该程序计算一次加权课程成绩的过程：

```
Enter the student's name: Dakota
Enter project score: 80
Enter midterm: 90
Enter final exam: 100
Dakota's grade: 88%
```

1.1.7 测试

测试这个重要的过程，可能，可以，并且也应该出现在我们解决问题的所有阶段中。这部分的实际工作量很小，但很值得做。只不过，在因为**不做**测试而遇到问题之前，你可能不会同意我这个观点。总而言之，测试相关的系列动作可以出现在程序开发的所有阶段中：

- 在分析阶段中，我们可以通过测试用例确认自己对待解决问题的理解。
- 在设计阶段中，我们可以通过测试算法来确定其按照恰当的顺序执行了恰当的步骤。
- 在测试过程中，我们可以用几组不同的输入数据来运行程序，确认其结果是否正确。
- 请复查待解决问题的书面描述，确认我们运行的程序的确执行了需要执行的操作。

我们应该在针对问题编写程序之前（而不是之后）准备一个以上的测试用例，然后确定一下程序的输入值与预估输出值。比如，之前我们提到的输入值为 80、90 和 100 时，预估输出值是 88% 的情况，就属于这样的测试用例。当程序最终产生它的输出时，我们可以拿自己预估的结果与程序实际运行中的输出进行比对，如果预期输出与程序输出对不上，我们就要及时做出相关的调整，因为这种冲突表示该问题示例或程序输出有错，甚至有可能是两者都错了。

通过若干个测试用例的测试，我们可以有效地避免误认为只要程序能成功运行并产生输出，程序就是正确的。显然，输出本身也可能会出错！简单执行一下程序是无法确保程序正确的。测试用例的作用是确保程序的可行性。

然而，即使进行了详尽的测试，我们其实也未必能完全保证程序的正确性。E. W. Dijkstra 就曾认为：测试只能证明程序中存在错误，无法证明其中不存在错误。毕竟，即使程序的输出是正确的，该程序本身也未必就一定正确。但测试还是有助于减少错误，并提高程序的可信度。

自测题

1-9. 如果程序员预估当上述程序的 3 个输入都为 100.0 时，courseGrade 的值也应为 100.0，但程序显示的 courseGrade 的值却为 75.0，请问是预估输出和程序输出中的哪一方出错了？还是双方都错了？

1-10. 如果程序员预估当上述程序的输入 projects 为 80.0、midterm 为 90.0、finalExam 为 100.0 时，courseGrade 的值应为 90.0，但程序显示的 courseGrade 的值却为 88.0，请问是预估输出和程序输出中的哪一方出错了？还是双方都错了？

1-11. 如果程序员预估当上述程序的输入 projects 为 80.0、midterm 为 90.0、finalExam 为 100.0 时，courseGrade 的值应为 88.0，但程序显示的 courseGrade 的值却为 90.0，请问是预估输出和程序输出中的哪一方出错了？还是双方都错了？

1.2 对象、类型与变量

为了让输入的内容在程序中发挥作用，我们必须要在计算机内存中开辟一块"空间"来存储它们。关于这一点，C++之父 Bjarne Stroustrup 是这样说的：

我们将这样的一块"空间"称为一个对象。换而言之，对象就是内存中一块带有类型信息的区域，其类型规定的是这块"空间"内所能存储的信息种类，而被命名了的对象就叫作变量。例如，字符串要放在 string 变量中，整数要放在 int 变量中。大家可以将对象看作一个"盒子"，我们可以用它来存放该对象类型的值。

例如，在之前的程序中，我们就是用 int 类型来存储数字或整数的。在 int 变量上，我们可以执行包括加、减、乘、除在内的一系列操作。另外，这里需要提醒一下，C++中的乘法运算符是*（因为用 x 可能会带来某种混淆）。

double courseGrade = 0.5*projects + 0.2*midterm + 0.5*finalExam;

float 和 double 这两个类型存储的是带有小数部分的数值（double 是两倍大的 float 类型）。另外，C++的 string 类型中存储的是"Firstname I. Lastname"这样的字符序列，以及一个记录该字符串中字符数的整数。

对象是存在于计算机内存中的实体，我们可以通过一个对象所存储的值类型（它的**属**

性）以及它所能执行的操作（它的**行为**）[Booch]来理解这个对象。也就是说，每个对象都应该有：

- 一个用于存储和检索该对象值的名称。
- 一组存储与计算机内存中的值，它们代表了该对象的状态。
- 一组该对象可以执行的操作，比如加法、输入、输出、赋值等。

关于对象的名称、状态和操作这3个特征，我们在之前的课程成绩程序中其实都有说明。该程序用projects、midterm、finalExam这3个数字对象存储了来自键盘的输入。这些对象各自都存储了一个像79或90这样的整数①。并且这些对象可以执行输入、乘法和加法操作，以此计算出了courseGrade的值。另外，这些数字对象还用赋值操作完成了存储动作，用cout<<操作完成了输出动作，这样用户才能看到程序处理的结果。

首个程序中的对象特征：

名称	4个数字对象各自都有一个属于自己的名称做标识，比如其中的第一个对象名为projects
状态	projects的值是通过cin >>输入操作来设置的，而courseGrade的状态则是通过赋值操作（使用=操作符）来定义的。最后，courseGrade的状态又是在执行cout输出操作的过程中被检索的
操作	int对象上还可以执行加法（+）与乘法（*）这些其他操作②

在C++中，类型分为基本类型和复合类型两种。其中，**基本类型**所存储的是一个固定大小的、直接与硬件对应的值，这种类型确定的是其对象中可以存储什么值，以及可以在该对象上执行什么操作。对于int和double这样的数字类型来说，其对象所占的字节数在不同的计算机中是不一样的，这决定着该对象所能存储的取值区间。

数据类型	大小	通常情况下的取值区间（这是变化的）
short	2字节（16比特）	-32768 到 32767
unsigned short	2字节	0 到 65535
int	4字节	-2147483648 到 2147483647
unsigned int	4字节	0 到 4294967295
unsigned long	8字节	0 到 18446744073709551615
float	4字节	3.4E +/- 38（7位有效数字）
double	8字节	1.7E +/- 308（15位有效数字）
char	1字节	0 到 255
bool	1字节	true 或 false

复合类型是一种由其他类型来定义的类型，本书将会涉及的复合类型包括引用、函数、类、数组以及指针。举例来说，下面的string就是一个由字符和其他相关数据组成的引用类型，它可以找出某字符序列的长度，也可以从某一字符串中创建一个被指定了首尾索引的子字符串（在后续章节中，我们还会介绍更多相关的操作）：

string aString = "A sequence of characters";   // Output:

---

① 译者注：作者原文如此，实际上他用的是double类型的浮点数。
② 译者注：实际程序使用的是double对象，但并不影响这里的结论。

```
cout << aString.length() << endl;        // 24
cout << aString.substr(2, 8) << endl;    // sequence
```

除了 string 类型之外，还有两个类型我们现在就已经使用到了，它们分别是：名为 cin 的 istream 对象——它的作用是从键盘和磁盘文件这样的输入源中读取数据；以及名为 cout 的 ostream——它的作用是输出程序产生的内容。

自测题

1-12. 请描述一下存储在 double 类型对象中的值。
1-13. 请说出两个 double 对象的操作名称。
1-14. 请描述一下存储在 int 类型对象中的值。
1-15. 请说出两个 int 对象的操作名称。
1-16. 请描述一下存储在 string 类型对象中的值。
1-17. 上面哪种类型的对象中只存储一个值？

本章小结

在这一章中，我们介绍了解决问题的分析、设计、实现 3 步走策略。下面我们用一张表来总结一下该策略的这 3 个阶段各自要执行的一些动作。除此之外，我们还添加了维护阶段，以补充这个 3 步走策略，使其成为一个完整的程序生命周期。毕竟，维护阶段的工作事实上占据了程序生命周期中大部分的时间、精力和金钱。

阶段任务	可执行的动作
分析	阅读并理解问题的书面说明，确认要用于输入/输出的对象，解决几个问题样例
设计	找出可用于指引算法开发方向的模式，写出一组解决问题所需要执行的算法步骤，在具体施行该算法的过程中进一步优化它
实现	将设计结果转换成编程语言，修复其中的错误，创建可执行的程序，测试该程序
维护	持续更新该程序，使其与时俱进，增强该程序；发现并纠正其中的 bug

我们还介绍了一些用于分析和设计的工具：
- 为对象起一个有助于解决问题的名称。
- 开发相应的算法。
- 优化算法中的一个或多个步骤。
- 使用输入/处理/输出模式。

我们还提供了示例程序，当然，我们要到下一章中才会介绍该程序中的许多细节，这里只是让读者了解一下 C++ 中的基本类型和复合类型。

虽然测试很重要，但我们需要明白它不能证明程序中没有错误。当然，测试的确可以检测出部分错误，但这只能在某种程度上建构起我们对程序可行性的信心而已。

练习题

1. 在分析问题的阶段，我们可以执行哪些动作？
2. 一个好的算法应该具备哪些特征？
3. 用于存储输出值的对象与用于存储用户输入值的对象之间有什么差异？
4. 请列举出 3 个对象所具有的特征。
5. 在设计程序的阶段，我们可以执行哪些动作？
6. 怎样的设计成果是"可交付"的？
7. 该用什么类型的对象来存储注册某一门课的学生人数？
8. 该用什么类型的对象来存储 π 的值？
9. 该用什么类型的对象来存储一部莎士比亚戏剧的剧本？
10. 在程序开发中，实现阶段可交付的成果应该是怎样的？
11. 该如何判断一个程序的运行是否正确？请证明你的判断。
12. 请编写一个如何回到自己居住地的算法。
13. 请编写一个可在电话簿中查找任意电话号码的算法。请问该算法始终能成功找到目标吗？
14. 请编写一个能指引别人步行到你家的算法。
15. 请设法获取你系统中能用于创建、编译、连接并执行一个 C++ 程序所需的命令，这可能需要你登入自己的系统中，找出那些可用于基本编辑和编译程序的命令。在完成这件事之后，请你编写一个完整的算法，该算法要能指导一个新手完整地编写一个能通过测试的程序，你需要列出该过程中所有必要的步骤，比如"比对示例输入与程序输出""创建新文件""编译程序"等。

解决问题：请编写一个算法

1A. 简单平均值

请编写一个算法，计算出 3 个权重相等的测试成绩的平均值。

1B. 加权平均值

请编写一个能根据以下权重比计算出课程成绩的算法：

成绩评估项	所占权重
小考平均分	20%
期中考试	20%
实验成绩	35%
期末考试	25%

1C. 批发成本

假设我们碰巧知道了商家在出售 CD 播放机时通常要加价 25%这个信息。在这种情况下，如果 CD 播放机的零售价（我们所支付的价格）是 189.98 美元，请问该商家进货时支付的价格（批发价）是多少？或者更一般地说，我们如何根据一个商品的零售价和商家对它的加价计算出该商品的批发价呢？请对该问题进行分析，并设计出一个能根据给定零售价和商家的加价计算出任意商品批发价的算法，你可以使用这个公式来计算批发价：retailPrice=wholesalePrice×（1+markup）。

1D. 时间差

请编写一个算法，使其能记录两列不同火车的出发时间（这里 0 代表凌晨零点、0700 代表上午 7:00、1314 代表下午 1:00 后的第 14 分钟、2200 代表的是晚上 10 点），并以小时加分钟的形式打印出这两个时间的差距。这里我们得假设双方的时间都在同一天，并且都得是有效时间。例如，1099 不是一个有效时间，因为其最后两位数字代表的应该是分钟，它的取值范围应该是在 00 到 59 之间。同理，2401 也不是一个有效时间，因为其前两位数字代表的是小时，它的取值范围必须在 00 到 23 之间。总之，在这种情况下，如果 A 列车是在 1255 出发，而 B 列车则是在 1305 出发，那么这两列火车的时间差应该就是 0 小时 10 分钟。

第 2 章 C++基础

前章回顾

在第 1 章中，我们介绍了在实际程序开发中常见的分析、设计、实现 3 步走策略，并鼓励大家在编写 C++代码之前先做一些分析与设计。然而，对于本书中的很多问题来说，实际上往往并没有什么具体的分析和设计可做。通常，所谓的分析可能只是"阅读问题"，而设计也可能只是"在脑海中构思一个算法"。

本章提要

在这一章中，我们将重点介绍如何用 C++编程语言将算法转换成程序。而我们所键入的这份源代码将作为输入被传递给编译器，由编译器将该源代码转换成我们指定计算机所能理解的机器码。当然，编译器会要求源代码必须遵循某种精确的编程语言规范。因此，如果要想理解算法的伪代码是如何被转换成等效的编程语言的，我们就必须要了解组成一个程序的最小零件，并知道如何正确地将它们组建成相关的语句。另外，本章也会介绍许多对象可以执行的操作。我们希望在完成本章的学习之后，你将：

- 了解如何将现有的源代码纳入到自己的程序中。
- 学会从用户那里获取数据，并能将信息显示给用户。
- 学会创建算术表达式，并能对其进行求值。
- 了解初始化、输入、赋值以及输出等在许多对象上都通用的常见操作。
- 学会用 C++编程语言来解决问题。

2.1 C++程序的组成部分

在原始状态下，C++程序不过只是存储在某种文件中的一段在字符序列而已，但这种文件的命名通常会以.cc、.c、.cp 或.cpp 结尾（比如 first.cc、first.C 或 first.cpp），以此来表示该文件是一段 C++程序。而某些编程环境往往需要或假定用户遵循这套文件命名约定，所以当我们为将某个算法转换成与之等效的 C++编程语言创建相关文件时，也务必要使用这种约定的扩展名来命名文件。

而对于文件中所包含的文本，我们接下来也要引入某种 C++程序的**通用格式**，这种通用格式是用来描述**语法**（语言使用规范）的，它也需要有符合编程语言结构的写法。和本书中其他所有地方一样，这种通用格式也将遵守以下约定。

1. 以等宽字体印刷的元素可被原样使用。这其中既包括 `int main`、`cout`、`cin` 这些关键字，也包括`<<`、`>>`这样的符号。

2. 以斜体印刷的这部分通用格式将必须由程序员来负责提供具体内容，比如 *expression* 表示程序员必须在该处提供一个有效的表达式。

3. 以斜体印刷的实体项代表它在别的地方已被定义。

通用格式 2.1：标准 C++程序

```
// A comment
#include-directives
using namespace std;
int main() {
    statements
    return 0;
}
```

在上述通用格式中，以加粗字体显示的部分只需照原样编写即可。而 *statements* 所在的部分表示的是一个不同语句组成的集合。语句是程序所能执行的最小独立操作单元。事实上到目前为止，本章已经介绍到几条语句了。这里需要说明的是，虽然在 C++标准中不是必需的，但本书的 C++程序都会以"return 0;"结尾。另外，main 函数的主体部分将会用一对花括号{}框住，每个函数都有这样一个将其中所有代码视为一个整体的结构。

在进入更细节的讨论之前，我们先来看一段语法正确的标准 C++程序。请以程序的形式运行一下这段代码，它必须要有一个名为 main 的函数。（**提示**：下面的 std 是 standard 的缩写。）

```
// This program prompts for a name and prints a friendly message
#include <iostream>      // for cout, cin, and endl
#include <string>        // for the string type

using namespace std;     // Allow programmers to write cin and cout
                         // rather than std::cin and std::cout

int main() {
  string name;
  cout << "What is your name: ";
  cin >> name;

  cout << "Hello " << name;
  cout << ", I hope you're feeling well." << endl;

  return 0;
}
```

程序会话

```
What is your name: Casey
Hello Casey, I hope you're feeling well.
```

这段源代码将会被输入到编译器中，由编译器将这些源代码转换成机器码。在此过程中，编译器有可能会产生报错或警告信息。这些错误是编译器在扫描该程序的源代码以及该程序所有#include 文件中的附加源代码时被检测到的。例如，在上述程序中，我们在 int main()之前引入了一个名为 iostream 的文件，因此该文件中的源代码也成为这个程序的一部分。在这里，#include 指令的作用就是用被#include 文件的内容替换掉该指令所在的文本。

每个 C++程序通常都会用到一两个由其他程序员所提供的源码文件。事实上，C++编译器本身就提供了大量的源码文件。下面，我们就来看看将其他文件中的源码加入到自己程序中的通用格式：

通用格式 2.2：#include 指令

#include <*include-file*>
　　　或
#include "*include-file*"

在这里，#include 和尖括号<>或双引号" "的部分都只需照原样编写即可，只有 *include-file* 必须是已经存在了的文件名。例如，我们在程序中加入以下#include 指令，为的就是让其提供 cout、cin 和 endl 这 3 个对象：

#include <iostream>

但是，这个#include 指令实际上为我们提供的是 std::cout、std::cin 和 std::endl。C++标准库（iostream 只是它的一部分）是定义一个叫作 std 的名字空间的，为了避免频繁重复写 std::，我们通常会在#include <iostream>以及其他#include 指令后面加上下面这行代码：

using namespace std; // Can now write cout instead of std::cout

另外请注意，在<>或" "之间不能有任何空格。

#include <iostream >　　　　　// ERROR, space at end
#include " BankAccount.h"　　// ERROR, space up front

通常，用尖括号<>所#include 的文件应该必然属于系统的一部分，我们的系统应该可以自动找到这些文件。而被双引号" "所#include 的文件则往往需要被存储到包含它们的程序所在的相同目录中。

2.1.1　标记：一个程序的最小零件

在继续介绍对象初始化和语句的通用格式之前，我们希望先带读者来了解一下编程语言中那些用于构建起更大型结构的最小零件。这将有助于我们：

- 更容易在编码时写出语法正确的语句。
- 更好地了解应该如何修复被编译器检出的那些错误。
- 看懂通用格式。

C++编译器读取源代码的过程，实际上就是它在逐一识别其中各种**标记**（token）的过程。标记是一个程序中最小的可识别组件，我们可以将其分成以下 4 类：

标记分类	具体示例
特殊符号	; ( ) << >>
关键字	return double int
标识符	main test2 firstName
字面常量	"Hello" 507 -2.1 true 'c' nullptr

2.1.2 特殊符号

特殊符号通常是一个由一到两个字符组成的序列，它往往代表着某一种特殊含义（有些也具有多重含义）。其中，有像"{"";"","这样用来分割其他语言标记的特殊符号，也有像"+""-""<<"这种属于表达式操作符的。下面列出的是 C++程序中一些被使用得比较频繁的单字符和双字符的特殊符号：

( ) . + - / * =< >= // { } == ; << >>

2.1.3 标识符

标识符是我们给程序中各种事物赋予的名称，这些名称都要符合以下创建 C++标识符的管理规则：

- 标识符只能以小写字母 a 到 z、大写字母 A 到 Z、美元符号$以及下划线_开头。
- 首字符之后可跟任意数量的大小写字母、数字（0 到 9）和下划线。
- 标识符区分大小写，例如 Ident、ident 和 iDENT 将被认为是 3 个不同的标识符。

有效标识符

main	cin	incomeTax	i	MAX_SIZE
Maine	cout	employeeName	x	all_4_one
miSpelte	string	A1	n	$motion$

无效标识符

1A	不能以数字开头
miles/Hour	/是不可用字符
first Name	不能用空白符
pre-shrunk	-代表的是减法操作符

C++有一个庞大的标准库，它们必然会占用掉一部分标识符。例如，名为 cin 的对象是用来获取用户键盘输入的，cout 也是一个标准库标识符，它是终端输出对象的名称。下面所列出的这几个都是 C++标准库所占用的标识符。（**提示**：下面的第一个标识符读作"end-ell"，作用是换行。）

endl sqrt fabs pow string vector width precision queue

程序员定义的标识符指的是创建该程序的程序员为后续的其他调用者和维护人员提供的标识符。例如，test1、finalExam、courseGrade 这些是程序员定义的，也就是我们为自己所创建的标识符，所以请务必要用有明确含义的名称来表示它们的用途。

C++语言是严格区分大小写的，大写字母与小写字母代表的是不同的事物，"A"不等同于"a"。例如，每个完整的 C++程序中都必须要包含 main 这个标识符，但 MAIN 或 Main 则不必。另外需要注意的是，程序员们在大小写的用法上会存在着一些约定俗成，有些程序员通常会尽量避免使用大写字母，有些程序员喜欢用大写来表示一些新的词汇。在本书中，我们将采用的是"camelBack"这种风格的写法，即将第一个单词之后每个单词的首字母设成大写。例如，我们将使用的是 letterGrade，而不是 lettergrade、LetterGrade 或者 letter_grade。对此，不同的程序员会有不同的风格。

2.1.4 关键字

关键字是一些具有特定用途的标识符，它们是语言标准所定义的保留字，比如像 int 和 double 这些都属于关键字。

C++关键字

break	do	for	operator	switch
case	double	if	return	typedef
char	else	int	sizeof	void
class	float	long	struct	while

C++区分大小写的特性也同样适用于关键字。例如 double（这是关键字）与 Double（这不是关键字）是不同的，C++的关键字始终为小写。

2.1.5 注释

注释是程序中用于注解的一部分文本，我们对注释通常有以下预期（可能是其中任意一种，也可能是全部）：
- 用于充当内部文档，辅助程序员读懂其他程序员所写的程序。当然，前提是这些注释确实澄清了程序中存在的歧义。
- 用于解释某段代码或某个对象的具体用途。
- 用于著名程序员的姓名和开发该程序的目的。
- 用于描述该程序中涉及的各种元素和其他要考虑的因素。

注释可以被添加在程序中的任何地方，可以是所有 C++语句的右侧，也可以自行单独一行或若干行，它们通常先以/*这两个特殊字符开头，最后以*/收尾。

```
/*
  A comment may
  extend over
  several lines
*/
```

除此之外，注释的另一种形式是在相关的文本之前加上//，这种注释同样既可以是自行单独一行，也可以被附加在某一行的后面。

```
// A complete C++ program
int main() {
  return 0; // This program returns 0 to the operating system
}
```

在本书所涉及的这些程序中，我们对单行注释通常会采用// Comment 而不是/* Comment

*/。原因是/*之后一直到*/之前的所有代码都会被视为一段注释,只要我们不慎忘记了在注释结尾加上一个*/,就会意外地让一大段代码变成注释。而单行注释就很难造成这种大段代码变成注释的情况。

这里需要提醒的是,我们添加注释的目的是为了澄清和记录源代码的用途,以便让程序更容易被理解、更容易被调试(纠正错误)以及更易于维护(并在必要时做一些修改)。很多时候,程序员们需要依靠这些注释来理解一些几天前、几周前、几个月前、几年前乃至于几十年前写的程序。

2.1.6 C++字面常量

C++编译器可以自行识别字符串类型、整数类型、布尔类型(true/false)和浮点类型的字面常量。其中,**字符串类型常量**是由双引号括起来的 0 个或多个字符,并且所有字符都必须在同一行以内。

```
"Double quotes are used to delimit string constants."
"Hello, World!"
```

除此之外,**整数类型常量**是不带小数点的数字,**浮点数类型常量**是用小数点或科学计数法书写的常量(例如 5e3 = 5 * 10³ = 5000.0 和 $1.23e^{-4}$ = 1.23 * 10^{-4} =0.000123),**布尔类型常量**即 true 和 false。下面这些 C++类型及其相应的常量示例是我们在本书会经常用到的常量对象。

类　　型	常　量　示　例
int	0　　　1　　　999　　　-999　　　-2147483647　　　2147483647
char	'a'　　　'#'　　　'9'　　　'\t'(制表符)　　　'\n'(换行符)
double	1.23　　　0.5　　　.5　　　5.　　　2.3456e9　　　1e-12
bool	true　　　false
string	"Double quoted"　　　"Kim's"　　　"\n"　""(空字符串)

```cpp
// Print a few C++ literals
#include <iostream>   // For cout and endl
using namespace std;

int main() {
  cout << 123 << endl;
  cout << 'a' << '\t' << 'm' << endl;
  cout << 1.23 << endl;
  // true prints as 1 and false as 0
  cout << true << " and " << false << endl;
  cout << "Hello \n world" << endl;

  return 0;
}
```

程序输出

```
123
a m
1.23
1 and 0
Hello
 world
```

自测题

2-1. 在前面的程序中，我们使用了多少特殊符号？

2-2. 请列出下面的有效标识符，并解释其余标识符无效的原因。

a. abc
b. 123
c. ABC
d. #include
e. my Age
f. #define
g. Abc!
h. identifier
i. (identifier)
j. Double
k. mispellted
l. H.P.
m. double
n. 55_mph
o. sales Tax
p. main
q. a
r. å
s. ___1___
t. Mile/Hour
u. os

2-3. 请列举出两个单字符的特殊符号。

2-4. 请列举出两个双字符的特殊符号。

2-5. 请列举出两个属于标准库的标识符。

2-6. 请创建两个由程序员定义的标识符。

2-7. 对于以下标记：

'\n' false 234 1.0 'H' "'" -123 1.0e+03 "H" true

a. 哪些属于有效的字符串类型常量？
b. 哪些属于有效的整数类型常量？
c. 哪些属于有效的浮点数类型常量？
d. 哪些属于有效的布尔类型常量？
e. 哪些属于有效的字符类型常量？

2-8. 以下哪些属于有效的C++注释？

a. // Is this a comment?
b. / / Is this a comment?
c. /* Is this a comment?
d. /* Is this a comment? */

2.2 语句

声明（declaration）语句的作用是将一个或多个对象的名称引入到程序中，而**初始化**（initialization）语句的作用除了将对象的名称引入到程序中之外，还附带着会按照程序员意图为该对象设置一个初始**值**。而程序员们会在之后对它们的当前值有兴趣或者需要修改那些值时使用到这些变量名。下面我们就来看看声明或初始化一个基本类型和复合类型变量的通用格式：

通用格式 2.3：声明语句（某些类型自身会具有一个默认初始化状态）
type identifier ;

通用格式 2.4：初始化语句（声明一个变量并赋予它一个值）
type identifier = initial-state ;

这里的 *type* 既可以是一个浮点数类型 double，也可以是一个像 string 这样的用于存储一组字符的复合类型（事实上，现有的其他复合类型还有很多）。

在下面的代码中，我们声明了一些变量，也初始化了一些变量。请注意，每一条语句都要以分号（;）结尾。

```
int credits;            // credits is some random integer
double points;          // points is some random floating point number
double GPA = 0.0;       // GPA is initialized to 0.0
bool boolOne;           // boolOne could be either true or false
bool boolTwo = true;    // boolTwo is true
string firstName;                   // firstName is the empty string ""
string middleName = "James";        // middleName.length() is 5
string lastName = "Potter";         // lastName.length() is 6
```

这里需要指出的是，int、double、bool 这些基本类型在行为上与 string 其他复合类型之间有着若干的不同之处。数字类型在被声明时，它们的初始值通常是未知的，而 string 对象在没有被显式初始化的情况下也会有一个空字符串""来充当其默认的初始值。

下面这张表总结了上述对象的初始状态，如你所见，其中有些对象属于未知状态。这些变量被声明了，但未被初始化。它们的值事实上就是该程序运行时其所在内存中的内容。也就是说，这些变量在不同的程序运行期间会有不同的值。

变量名称	对象状态
credits	未知
points	未知
boolOne	未知
boolTwo	true（可能还会打印出 1）

变量名称	对象状态
GPA	0.0
fistName	""
middleName	"James"
lastName	"Potter"

2.2.1 cout 输出语句

程序与其用户之间的通信，通常是通过键盘输入和屏幕输出来完成的。虽说并不只局限于这两种方式，但是在本书中它们是我们许多编程项目的关键组成部分。

通用格式 2.5：cout 语句

cout << *expression-1* << *expression-2* , . . . , << *expression-n* << endl;

在这里，对象名 cout（读作"see-out"，是 **common out**put 的简写形式）表示我们将把信息输出到控制台中。然后，从 *expression-1* 到 *expression-n* 这部分格式具体既可以是 GPA 和 firstName 这样的对象名称，也可以是"Credits: "和 99.5 这样的常量。接下来是操作符<<，它代表了数据流动的方向。最后，每一条语句都要以一个分号（;）结尾。下面，我们来看一些使用了 endl 这个标识符（读作"end-ell"）的合法输出语句，如你所见，该标识符的作用是换行。

```
cout << 99.5 << endl;
cout << "Show me literally too" << endl;
cout << "First Name: " << firstName << endl;
cout << "Credits: " << credits << endl;
```

当一条 cout 语句被执行时，其相关的表达式就被插入到了一条导向计算机屏幕的数据流中。这些表达式的输出顺序与它们在语句中出现的顺序是相同的，也就是从左向右的顺序。当它们遇到 endl 这个表达式时，就会另起一行，因此后续的输出会从新的一行开始。

```
cout << 'A' << " line " << true << " " << 123 << 4.56 << endl;
```

程序输出

```
A line 1 1234.56
```

自测题

2-9．请初始化两个用来表示数字的对象，并将它们的初始值设为-1.5。
2-10．请声明一个可以用来表示街道地址的对象，并将其命名为 address。
2-11．请编写一个完整的 C++程序，用它来逐行显示你在程序中用过的所有名称。

2.2.2 赋值与类型转换

赋值（Assignment）语句的作用是设置对象的状态，它会用=右边表达式的值替换掉=左边对象中的值。

通用格式 2.6：赋值语句

object-name = expression;

在这里，*expression* 必须得是一个可以被存储到赋值操作符（=）左边对象中的值。例如，表达式产生的浮点数结果可以存储到一个数字类对象中，字符串表达式（一组用双引号""括住的字符）可以存储到字符串类型的对象中。下面让我们看几个赋值语句的示例：

```
double aNumber = -999.9;
string aString = "Initial state";

aNumber = 456.789;
aString = "Modified state";
```

在上面这 4 个赋值操作被执行完之后[①]，两个对象的状态都被修改过了，它们当前的状态如下所示：

对　　象	状　　态
aNumber	456.789
aString	"Modified State"

另外，=右边的值必须要与左边的变量类型是赋值兼容（assignment-compatible）的，只有这样赋值操作才能正常执行。例如，一个 string 常量是不能被赋值给一个数字型变量的。

```
aNumber = "Ooooohhhh no, you can't do that"; // ERROR
```

同样的，一个 double 常量也不能被赋值给一个 string 对象。

```
aString = 12.34; // ERROR
```

通常情况下，编译器对上面这样的赋值语句是会报错的。但是，如果某个对象的类型可以被另一个对象的类型接受，编译器就会自动对其执行**类型转换**（type conversion）操作，这时就没有任何警告和报错信息了，只是相关变量可能会被赋予一个意外的值。

```
char c = 65;         // c becomes 'A'
bool b = 0;          // b becomes false
b = 42;              // b becomes true, actually 1
int n = b;           // n becomes 1, the integer for true
n = 5.9999;          // n becomes 5 due to truncation
double x = n;        // x becomes 5.0, but prints as 5
long l = n;          // l becomes 5, int promotes to long
```

自测题

2-12. 针对在上述代码中被初始化的变量，以下哪些赋值操作会被报错？

a. b = -123;

b. n = 123.495678;

c. x = 123;

d. l = x;

---

① 译者注：原文如此，但事实上前两句执行的应该是初始化操作，在后续章节中我们应该会了解到，初始化操作调用的是对象的构造函数，而赋值操作调用的是 operator=()，两者是完全不同的语法元素。

e. c = 66;

f. ui = "abcde";

我们需要对那些没有意义的对象值保持警戒，因为这些值可能会带来一些不可预知的错误，我们要确保自己定义的所有对象都经过了初始化、赋值或键盘输入的设置。另外，我们一样要对类型转换保持谨慎，因为一旦转换出错，就会产生完全不同的结果值，这种情况在无符号类型与有符号类型混合使用时经常发生，所以最好不要这样做。总而言之，如果想在程序中正确地使用一个对象，我们的操作必须兼顾以下 3 个特征：

- 对象必须被赋予一个经过声明或初始化的名称。
- 对象必须被声明某个特定类型的实体。
- 在某些节点上，对象必须要被赋予一个有具体意义的值。

2.2.3 cin 输入语句

为了让程序具有更好的通用性（比如现在我们要查找任意一名学生的课程成绩），其对象状态通常就需要交由键盘输入来设置。这样就可以让用户输入任何他所需的数据了，这种输入是由名为 cin（读作"see-in"，是 **common in**put 的简写形式）的输入流对象及其操作符>>来提供的。例如，在下面的语句中，我们将两个对象的状态修改成了由用户提供的数据：

```
cin >> firstName;      // User must input a string
cin >> credits;        // User must input a number
```

下面我们来看一下 cin 输入语句的通用格式：

通用格式 2.7: cin 语句

```
cin >> object-name;
    或
cin >> object-name-1 >> object-name-2 >> object-name-n;
```

这里的 *object-name* 必须是一个可接受键盘输入值的类实体。这本书中的许多对象定义（当然，不是所有）采用的就是这种形式，我们会用 cin 输入来定义 int、double、string 这些类型的对象。

当一条 cin 语句被执行时，程序就会暂停执行，等用户输入完相关的值并按下回车键之后再继续。如果一切顺利，这些被输入的值将会被转换成相对应的机器形态，并被存储为相关对象的状态。

除了回车键之外，被输入数据也会被一个或多个空格符分隔开来。这就会让程序在读取带空格符的字符串时遇到一些麻烦，比如说，对于一个人全名和地址，我们通常会这样编写代码：

```
string name;
cout << "Enter your name: ";
cin >> name;
```

然后我们会与该程序进行如下会话：

Enter your name: *Kim McPhee*

这时被存入 name 的是 Kim，而不是我们所期望的 Kim McPhee。Kim 后面的空格符终止了这一次的输入内容。所以，如果我们想读取一行中所有的字符（包括空格符），这里需要执行的是 getline 操作：

```
getline(cin, name);
```

我们也可以编写可依次输入多个对象的 cin 语句。当然，在这样做的时候，我们必须要假设用户知道如何用空格符（敲空格键）、换行符（敲回车键）或制表符（敲 TAB 键）将这些对象分隔开。下面我们来演示一下各种分隔输入数据的方式：

```
#include <iostream>
using namespace std;

int main() {
  int a, b, c, d;
  cout << "Enter four integers: ";

  // Just need to separate input by a space, tab, or new line.
  cin >> a >> b >> c >> d;
  cout << a << endl;
  cout << b << endl;
  cout << c << endl;
  cout << d << endl;
  return 0;
}
```

以下是该程序 3 种可能的会话过程：

Enter four integers:	Enter four integers:	Enter four integers: *1*
1 2 3 4	*1 2*	*2*
1		3
2	*3*	*4*
3		1
4	*4*	2
	1	3
	2	4
	3	
	4	

让这件事简单化的替代方案就是为每一次输入单独写一条 cin 语句。

2.3 算术表达式

本章的许多问题事实上都是在让我们编写算术表达式。算术表达式通常由运算符和操作数两部分组成。其中，**运算符**通常指的就是 C++那些特殊符号+、-、/、*中的某一个；而**操作数**既可以是像之前 test1 这样的数字类对象，也可以是像 0.25 这样的数字常量。下面我们假设 x 是一个 double 类型的实体，那么在以下表达式的操作数就是 x 和 4.5，运算符就是+。

```
x + 4.5
```

运算符和操作数将共同决定该算术表达式的值。

算术表达式最简单的形式就单纯一个数字常量或数字类对象的名称，不过它也可以是两个操作数加一个运算符的形式（如下所示）：

算术表达式的形式	具体示例
数字类对象	x
数字类常量	100 或 99.5
表达式 + 表达式	x + 2.0
表达式 - 表达式	x - 2.0
表达式 * 表达式	x * 2.0
表达式 / 表达式	x / 2.0
(表达式)	(x + 2.0)

上面定义的这些表达式还可以有更复杂的算术表达式，例如：

```
1.5 * ((x - 99.5) * 1.0 / x)
```

由于算术运算符的编写通常会用到多个常量、数字类对象的名称和运算符，因此其执行规则得要符合一般性表达式求值的需要。下面列出 5 个 C++算术运算符以及它们操作数字类对象的顺序。

二元算术运算符

运算符	处理规则
*、/、%	在没有括号的情况下，乘法、除法以及取模（%）这 3 种运算符的求值是先于加法与减法的。换句话说，就是*、/和%（对 int 取模）的优先级要高于+和-，如果这些运算符在同一个表达式中出现了不止一个，则从最左边的那个开始求值
+、-	在没有括号的情况下，+与-这两种运算符的求值要在所有的*、/、%运算完成之后才会执行，顺序也是从左边开始。当然，括号可以覆盖掉以上这些处理规则

比如，以下表达式作用在操作数上的操作应该依次是：/、+、-。

```
2.0 + 5.0 - 8.0 / 4.0    // Evaluates to 5.0
```

下面我们用括号来改变一下该表达式在操作数上的顺序。

```
(2.0 + 5.0 - 8.0) / 4.0    // Evaluates to -0.25
```

在加了括号之后，/运算符是最后一个被求值的，而不再是第一个了。

以上这些处理规则针对的只是二元运算符。**二元运算符**的左右两侧通常各有一个操作数。下面我们来看只在右侧有操作数的**一元运算符**，这里先看一个同时包含了二元运算符（*）和一元负值运算符的表达式(-)：

```
3.5 * -2.0 // Evaluates to -7.0
```

如你所见，一元运算符的求值要先于二元运算符（*）：3.5 乘以负 2.0（-2.0），结果为负 7.0（-7.0）。

当然，算术表达式通常是以对象名为操作数的，但 C++对一个 double 对象的表达式进行求值时，这些对象名会被它们的状态所替代，请看下面这段代码：

```
double x = 1.0;
```

```
double y = 2.0;
double z = 3.0;
double answer = x + y * z / 4.0;
```

当程序运行时,被存储在变量中的值会被检索出来,我们得到的实际上是下面这个等效的表达式:

```
double answer = 1.0 + 2.0 * 3.0 / 4.0;  // store 2.5 into answer
```

自测题

2-13. 请对以下算术表达式进行求值:

```
double x = 2.5;
double y = 3.0;
```
a. x * y + 3.0
b. 0.5 + x / 2.0
c. 1 + x * 3.0 / y
d. 1.5 * (x - y)
e. y + -x
f. (x - 2) * (y - 1)

2.3.1 整数算术运算

在 C++ 语言所提供的几种数字类型中,double 和 int 或许是最常用的两种类型了。int 对象表示的是一个有限范围内的整数。在某些时候,int 可能是一个比 double 更正确的选择。int 对象可以执行的操作与 double 基本相同(+、*、-、=、<<、>>),但也略有些不同。例如,小数部分不能存储在 int 对象中。在下面的赋值语句中,小数部分将会被丢失:

```
int anInt = 1.999;      // The state of anInt is 1, not 1.999
```

除此之外,/ 运算符在 int 和 double 这两种类型的操作数上所呈现的意义也是不尽相同的,比如 3.0 / 4.0 等于 0.75,而 3 / 4 的结果却是 0。也就是说,两个整数类型的操作数执行 / 运算的结果会是一个整数,而不是一个浮点数。这会发什么情况呢?情况就是两个整数相除得到的商还是一个整数,例如 3 除以 4 得到的商等于 0。这就是相同的运算符(比如这里的 /)在两个整数类型的操作数上所呈现的不同意义。

int 对象的另一个不同就是它支持 % 运算符所代表的取模运算。例如,18 % 4 的结果应该是 18 整除 4 之后的余数,等于整数 2。下面我们用一段程序来说明这些差异,具体演示一下整数表达式中的 % 和 / 运算以及浮点数表达式中的 / 运算。在这个示例中,我们将会使用整小时、整分钟的整数形式来表示结果,而不再采用与之等效的小数形式了。

```
// This program provides an example of int division with '/' for
// the quotient and '%' for the remainder
#include <iostream>
using namespace std;

int main() {
    // Declare objects that will be given meaningful values later
    int totalMinutes, minutes, hours;
```

```
    double fractionalHour;

    // Input
    cout << "Enter total minutes: ";
    cin >> totalMinutes;

    // Process
    fractionalHour = totalMinutes / 60.0;
    hours = totalMinutes / 60;
    minutes = totalMinutes % 60;

    // Output
    cout << totalMinutes << " minutes can be rewritten as "
         << fractionalHour << " hours " << endl;
    cout << "or as " << hours << " hours and "
         << minutes << " minutes" << endl;

    return 0;
}
```

程序会话

```
Enter total minutes: 254
254 minutes can be rewritten as 4.23333 hours
or as 4 hours and 14 minutes
```

上面这段程序说明了即便 int 对象与 double 对象如此相似，但有时 double 类型依然会比 int 更合适，有时则正好相反。基本上，当我们需要带小数部分的数字对象时就选择 double 类型，而当我们需要进行纯整数操作时则应选择 int 类型。另外，在选择好类型之后，就必须要充分考虑一些算术运算符之间的差异。例如，尽管+、-、/、*这些运算在 double 类型的操作数上都可使用，但%运算就只能作用在两个 int 操作数上。

自测题

2-14. nickel 中存储的是什么值？

```
int change = 97;
int nickel = 0;
nickel = change % 25 % 10 / 5;
```

2-15. 当 change 被初始化成下列值时，nickel 中存储的分别是什么值？

a. 4
b. 5
c. 10
d. 15
e. 49
f. 0

2.3.2 整数与浮点数的混合运算

每当整数与浮点数的值分别出现在一个算术运算符两侧时，整数类型的操作数就会升格为等效的浮点数（例如 3 变成 3.0），该表达式的结果会是一个浮点数。同样的规则也适用

```
// Display the value of an expression with a mix of operands
#include <iostream>
using namespace std;

int main() {
    int n = 10;
    double sum = 567.9;

    // n will be promoted to a double and use the floating point/
    cout << (sum / n) << endl;

    return 0;
}
```

程序输出

56.79

自测题

2-16. 请对以下表达式执行求值运算：
a. 5 / 9
b. 5.0 / 9
c. 5 / 9.0
d. 2 + 4 * 6 / 3
e. (2 + 4) * 6 / 3
f. 5 / 2

2.3.3 const 对象

在通常情况下，对象的状态在程序执行的过程中是可以被修改的。但在某些时候，让数据值在程序执行期间无法被修改可能会更方便一些。为了满足这方面的需求，C++为我们提供了 const 关键字。创建 const 对象的方法就是在为相关值指定标识符的同时加上 const 关键字前缀。实质上，这就是一个状态不能被赋值或流提取操作改变的对象。初始化一个 const 对象的通用格式就是在一般初始化语句前面加上 const 关键字。另外，const 对象的名称通常会用大写字母来表示。

通用格式 2.8：初始化 const 对象

const *type IDENTIFIER* = *expression*;

例如，存储在 const 对象 PI 中的值是一个浮点数 3.1415926，而对象 TAX_RATE 中的值是 7.51%。

```
const double PI = 3.1415926;
const double TAX_RATE = 0.0751;
const string PAUSE_MESSAGE = "Press any key to continue . . .";
```

由于这些 const 对象所代表的值在程序执行过程中是不能被修改的，所以像"PI = PI * r * r;"这样的语句就会因为 PI 被声明成了 const 而报错。同样的，该值也不会被"cin >> PI;"

这样的输入语句所修改。

2.4 先提示再输入

我们在程序中要想从用户那里获取相关的值，通常是输出与输入操作一起使用的。因为程序必须要先用输出语句通知用户，然后才能执行输入操作设置相关对象的状态。这一动作序列太常见了，常见到成为一种固定模式。这种先提示再输入的算法模式主要由两个动作组成：

1. 要求用户输入一个值（提示）。
2. 获取相关对象的值（输入）。

算法模式	先提示再输入
模式	先提示再输入
问题	用户必须要输入的内容
纲要	1. 提示用户要输入的内容 2. 获取输入
代码示例	cout << "Enter your first name: "; cin >> firstName;

如果将提示部分省略，程序就可能会变得很诡异，用户将无从知道他到底要输入什么内容。所以无论什么时候要求用户进行输入，我们都必须要先做好提示，通过编写代码精确地告诉用户我们想要的。总之，先输出提示，再获取用户的输入。

下面来看一下先提示后输入这个模式的具体实例：

```
cout << "Enter test #1: ";
cin >> test1;
```

另一个实例：

```
cout << "Enter credits: ";
cin >> credits;
```

通常情况下，我们只需要告诉用户他们需要提供值，然后用 cin 读取他们的输入即可。

```
cout << "the prompt for the_object: ";
cin >> the_object;
```

在下面这段程序中，我们使用了 4 次先提示再输入模式。除此之外，它还带我们回顾了对象初始化、赋值、输入、输出这些操作。该程序所描述的是一个更通用的计算课程平均成绩的方法。通过让用户输入数据，我们可以反复使用到不同的输入集，以产生不同的结果。另外，读者也可以自行留意一下这段实现中我们是否用到了 IPO 模式。

```
// This program uses input statements to produce a meaningful
// result that can be used in a variety of examples
#include <iostream>   // For input and output
#include <string>     // For the string class
using namespace std;
```

```cpp
int main() {
  // 0. Initialize some objects
  double credits = 0.0;
  double points = 0.0;
  double GPA = 0.0;
  string firstName;
  string lastName;

  // 1. Input
  cout << "Enter first name: ";
  cin >> firstName;
  cout << "Enter last name: ";
  cin >> lastName;
  cout << "Enter credits: ";
  cin >> credits;
  cout << "Enter points: ";
  cin >> points;

  // 2. Process
  GPA = points / credits;

  // 3. Output
  cout << "Name    : " << firstName << " " << lastName << endl;
  cout << "Credits : " << credits    << endl;
  cout << "Points  : " << points     << endl;
  cout << "GPA     : " << GPA        << endl;

  return 0;
}
```

程序会话

```
Enter first name: Pat
Enter last name: McCormick
Enter credits: 97.5
Enter points: 323.75
Name    : Pat McCormick
Credits : 97.5
Points  : 323.75
GPA     : 3.32051
```

在输入数字类数据时必须要小心仔细一些，一旦我们输入某个非数字，形成了无效的数字输入，输入对象（cin 对象）的"良好"状态就会被破坏，这可能会导致后续所有的 cin 语句被忽略掉。

自测题

2-17. 请写出下面每段程序会话中的 GPA 值。

```cpp
// This program uses input statements to produce a
// meaningful result that can be used for a variety of examples
#include <iostream>   // For cin, cout, and endl
#include <string>     // For the string class
using namespace std;
```

```cpp
int main() {
  // 0. Initialize some numeric objects
  double c1 = 0.0;
  double c2 = 0.0;
  double g1 = 0.0;
  double g2 = 0.0;
  double GPA = 0.0;
  // 1. Input
  cout << "Credits for course 1: ";
  cin >> c1;
  cout << "  Grade for course 1: ";
  cin >> g1;
  cout << "Credits for course 2: ";
  cin >> c2;
  cout << "  Grade for course 2: ";
  cin >> g2;
  // 2. Process
  GPA = ( (g1*c1) + (g2*c2) ) / (c1+c2);
  // 3. Output
  cout << "GPA: " << GPA << endl;
  return 0;
}
```

程序会话 1

```
Credits for course 1: 2.0
  Grade for course 1: 2.0
Credits for course 2: 3.0
  Grade for course 2: 4.0
```

a. _____ GPA

程序会话 2

```
Credits for course 1: 4.0
  Grade for course 1: 1.5
Credits for course 2: 1.0
  Grade for course 2: 3.5
```

b. _____ GPA

程序会话 3

```
Credits for course 1: 1.0
  Grade for course 1: 2.0
Credits for course 2: 4.0
  Grade for course 2: 3.0
```

c. _____ GPA

2.5 程序实现中的错误与警告

在解决问题的阶段中,我们在程序实现过程中会遇到以下几种类型的错误和警告:

- 编译时错误——编译期间发生的错误。
- 警告类信息——代码中存在的风险,未来可能会发生错误的问题。
- 连接时错误——当连接器无法找到其所需部件时产生的错误。
- 运行时错误——程序执行期间所产生的错误。
- 意图性问题——输入程序中的内容,不符合程序的意图。

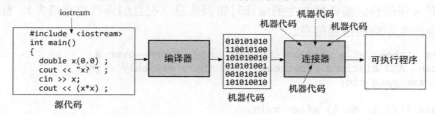

2.5.1 在编译时被检测到的错误与警告

每一门编程语言都需要有一套用户严格遵守的语法规则。相信读者们一定已经注意到了,当我们要将算法转换成等效的编程语言时,一不小心就会违反这些语法规则,只要少一个"{"或";"就会把事情完全搞砸。在 C++编译器将源代码转换成计算机可以执行代码的过程中,编译器会:

- 定位并报告尽可能多的错。
- 对一些语法上正确但以后可能会导致错误的潜在性问题提出警告。

当编译器认为语法规则被违反时,它就会报出编译时错误。在一个程序中的所有编译时错误被清除之前,我们是无法创建其相应的机器代码的。如果机器代码无法被创建,连接器自然也就无法创建可执行程序了。编译器在读取源代码的过程中会报出许多奇奇怪怪的错误信息。不幸的是,解读这些编译时错误信息是需要我们付出大量的训练、耐心并充分掌握 C++这门编程语言才行的。为了让这种状况改善一些,我们在下表中为你列出了一些常见的编译时错误及其相关示例,并对它们各自的修正方法做了说明。(**请注意**:编译器所产生的错误信息可能会有少许的不同。)

编译器所检测到的错误	错误代码示范	正确代码示范
变量名被(空白符)拆分了	int Total Weight;	int totalWeight;
相关名称拼写错误	integer sum = 0 ;	int sum ;
缺失了一个分号	double x	double x;
相关字符串没有被关闭	cout << "Hello;	cout << "Hello";
相关变量没有被声明	cin >> testScore;	double testScore; cin >> testScore;
忽略了大小写区分	double X; X = 5.0;[①]	double x; x = 5.0;
忘了写函数参数	cout << sqrt;	cout << sqrt(x);
参数类型用错了	cout << sqrt("12");	cout << sqrt(12.0);
用了过多的参数	cout << sqrt(1.2, 3);	cout << sqrt(1.2);
忘了声明名字空间 std	// cout is unknown	using namespace std;

---

① 译者注:这里两处用的都是大写 X,并没有错。作者可能是想定义一个小写的 x 变量,即"double x; x=5.0;"。

编译器会产生许多错误信息，但这些错误是真真切切来自于我们的源代码的。所以每当编译器跟你唠唠叨叨的时候，请务必要记住：编译器是在尽心尽责地帮助你纠正错误，它是一个好朋友。

在下面的代码中，我们为你演示了几种编译器应该检测出来并报告的错误。由于编译器生成的错误信息是因系统而异的，因此我们在代码中用注释对错误的原因做了说明，这些说明并不对应任何特定编译器产生的编译时错误信息（况且编译器也有很多），你们各自的系统一定会产生不同的错误信息。

```cpp
// This attempt at a program contains many errors--over a
// dozen. Add #include <iostream>, and there are only eight.
using namespace std;

int main { // 1. No () after main.
           // 2. Every cin and cout will generate an error
           //    because #include <iostream> is missing.
    int pounds;

    cout << "Begin execution" << endl      // Missing ; after endl
    cout >> "Enter weight in pounds: ";    // >> should be <<
    cin << pounds;                          // << should be >>
    cout << "In the U.K., you";             // Extra ;
        << " weigh " << (Pounds / 14)       // Pounds is not declared
        << " stone. " << endl               // Missing ;
    return 0;                               // Missing right brace }
```

编译器所产生的错误信息通常都会有一些隐晦难懂。当我们用某个特定的编译器编译上述程序时，可能报出的是 6 个错误（其他编译器可能是 7 个或两个），所有被报告的错误都会有一个预置的类型名称。但到了其他系统中，它们又会产生一批不同的错误，另一种 UNIX 编译器可能报出的是 8 个完全不同的错误。无论如何，对于编译时的错误信息，我们是需要花一点时间来熟悉的，并需要耐心观察这些编译时错误发生的位置。这些错误通常就位于这些错误信息所报告的行中，当然，有时候我们可能还要修复之前行中的错误。另外，请永远要记得先修复第一个错误，比如在这里，到 23 行才报出的错误，实际上可能只是第 4 行缺失的那个分号。

下面我们来看一下上述代码被纠正后没有错误情况下的样子，以及它被执行之后的程序会话：

```cpp
// There are no compile time errors in this program
#include <iostream>
using namespace std;

int main() {
    int pounds;

    cout << "Begin execution" << endl;
    cout << "Enter your weight in pounds: ";
    cin >> pounds;
    cout << "In the U.K., "
         << "you weigh " << (pounds/14.0) << " stone." << endl;

    return 0;
}
```

程序会话

```
Begin execution
Enter your weight in pounds: 162
In the U.K., you weigh 11.5714 stone.
```

在这里，我们还应该注意到一个小小的编译时错误可能会导致一连串的错误。例如，如果我们在 main() 之后漏掉了一个"{"，就会导致 clang 的 C++编译器报出 11 个错误。

```
#include <iostream>     // For cin and cout
#include <string>       // For the string class
using namespace std;

int main() // <- Without the left curly brace, there were 11 errors!
    double x;
    string str;
    cout << "Enter a double: ";
    cin >> x;
    cout << "Enter a string: ";
    cin >> str;
    return 0;
}
```

某次编译产生的编译时错误信息：

```
main.cpp:5:11: error: expected ';' after top level declarator
main.cpp:9:3: error: unknown type name 'cout'
main.cpp:9:8: error: expected unqualified-id
main.cpp:10:3: error: unknown type name 'cin'
main.cpp:10:7: error: expected unqualified-id
main.cpp:11:3: error: unknown type name 'cout'
main.cpp:11:8: error: expected unqualified-id
main.cpp:12:3: error: unknown type name 'cin'
main.cpp:12:7: error: expected unqualified-id
main.cpp:13:3: error: expected unqualified-id
main.cpp:14:1: error: expected external declaration
```

SunOS 的 C++编译器虽然只报一个错误，但是这似乎更难以理解：

```
"{" expected not double
```

因此，修复了第一个错误可能就等于修复了许多错误。当然，修复了一个错误也有可能会导致编译器发现新的错误。总之，我们应该试着将精力放在编译器报告的第一个错误上。编译器通常（但也不总是如此）会将源代码中最接近错误的位置报告给我们，但错误可能会在被报告位置的前一行甚至是前几行。

另外，请记住代码中的所有语句必须以分号"；"结尾，一旦我们漏掉了这个语句终止符，或者将它放在了不适当的地方，就必然会导致编译时错误。而且编译器在读完某一行之前，通常是不会发现这一行有分号缺失错误的，所以这类错误往往位于编译器所报告位置的前一条语句。

2.5.2 编译时的警告信息

编译器也会产生一些警告信息，这些信息会帮助程序员们避免一些日后可能会发生的错误。比如，请看下面这段代码：

```
#include <iostream>
using namespace std;

int main() {
  double x, y;
  y = 2 * x;
  cout << y << endl;
}
```

自测题

2-18．请问上述程序会输出什么？

上述程序中存在一个错误，但编译器是捕获不了这种错误的。编译器会很愉快地将这段源代码转换成机器码，并用连接器将其建构成可执行程序。执行两次这个程序，我们会得到两个相当让人困惑的数字：第一次是 1.09087e+82，第二次是 1.39064e-309。如果我们换一个编译器，可能输出又变成了 0。不过好在，有些编译器会给出如下警告：

```
Warning: Possible use of 'x' before definition in main()
Warning: 'x' is used uninitialized in this function
```

这段警告信息告诉我们，x 这个变量在定义（实际上应该说初始化）之前就已经被使用了。这是一个很有帮助的、不可忽视的警告。上述程序没有对 x 初始化，这会让它处于某种未知状态，在某些情况下就等于是一个垃圾变量。不幸的是，不是所有的编译器都能对这个潜在的错误提出警告。

当然，声明变量时没有做初始化并没有违反任何 C++ 的语法规则，但语法上没有问题，并不代表可以忽视这一类警告。我们应该要认真读这段警告信息，并确保在算术表达式使用到 x 之前这个对象已经完成初始化。

这只是我们会看到的其中一种警告，将来还会有更多的警告出现。我们可能会忽略很多警告信息，但警告基本上是在对程序中可能的内容错误和可能会出错的地方做出提示。所以如果我们的程序给出了不正确的结果，就请回头看看这些警告信息吧——或许能得到这个错误来源的线索。

2.5.3 连接时错误

计算机系统是用连接器将多段机器代码合并起来构建可执行程序的。除此之外，连接器还必须负责一些细节解析，比如定位 main 标识符所在的文件，如果在连接过程中没有找到 main，连接器就会报告 main 这个符号没有定义的错误信息。如果遇到了这种情况，我们就必须要去确认一下自己的程序是否以 int main() 函数为起点了。

```
int main() {
  // ...
}
```

请确保这里的 main 没有被输入成 mane、Main 或 MAIN。

另外，当我们有两个文件中同时存在 int main() 时也一样会导致连接时错误。例如，我们可能在拥有两个程序的文件夹中构建编程项目。下面这段连接时错误信息就告诉我们，在名为 src 这个目录中，initials.cpp 和 average.cpp 两个文件中都存在 int main()函数。

```
ld: duplicate symbol main () in ./src/initials.o and ./src/average.o
```

解决这个问题的一种方案就是不要在它们之间进行连接。如果我们使用的是 Eclipse、Visual Studio、Xcode 之类的集成开发环境，那就得自己确保项目中只有一个 main 函数了。

2.5.4 运行时错误

在我们排除了所有编译时错误、顺利用连接器创建可执行程序之后，就可以执行该程序了，但程序在运行过程也是会发生错误的。一个运行时错误会导致程序提前终止运行，通常是由于计算机遇到了一些它无法处理的事件。

例如，如果我们的程序需要用户输入一个整数，而他却输入了一个浮点数，这时候 cin 输入流就会被破坏。下面，我们可以来试着将同一个程序执行两次：第一次是良性输入；第二次是"破坏性"输入，比如用浮点数 1.2 来替代整数。

```cpp
#include <iostream>
using namespace std;

int main() {
  int anInt, anotherInt;

  cout << "Enter anInt: ";
  cin >> anInt;
  cout << "anInt: " << anInt << endl;

  cout << "Enter anotherInt: ";
  cin >> anotherInt;
  cout << "anotherInt: " << anotherInt << endl;
  return 0;
}
```

在良性输入时，用户输入的是两个整数：

```
Enter anInt: 7
anInt is 7
Enter anotherInt: 9
anotherInt is 9
```

再来看看非整数输入，由于 1.2 是无法赋值给一个 int 变量的，因此它不会执行。然后第二次输入就不会再被允许执行了，用户即使输入了数字也无济于事（anotherInt 会输出 0，因为它事实上处于未定义状态）。

```
Enter anInt: 1.2
anInt: 1
Enter anotherInt: anotherInt: 0
```

2.5.5 意向性错误

即使在既没有编译时错误也没有运行时错误的情况下，程序也是有可能会执行不正常的。因为一个程序即便能正常运行到结束，也可能会得到不正确的结果。下面，让我们来对之前的程序做一点小小的修改,将其变成一个不正确的程序。

```
cout << "Average: " << (n / sum);
```

现在该程序的交互会话过程应该如下:

```
Enter sum: 291
Enter n: 3
Average: 0.010309
```

如你所见,该程序在执行输入操作时发生了意向性错误,这显然不符合它的原本意向。不幸的是,编译器是无法定位意向性错误的,毕竟 n/sum 在语法上是完全正确的,编译器不可能会知道程序员原本想写的是 sum/n。

意向性错误通常是最诡异也最难纠正的一种错误,而且也往往很难被检测出来。用户、测试者、程序员都很难察觉到它们的存在。

自测题

2-19. 假设我们现在有一个能根据给定集合的总和值以及集合元素的个数来求取平均值的程序,它的执行会话过程如下,你是否能从中看出什么导致意向性错误的线索?

```
Enter sum: 100
Number  : 4
Average : 0.04
```

2-20. 假设产生上述会话的是下面这段代码,该意向性错误该如何纠正?

```
cout << "Enter sum: ";
cin >> n;
cout << "Number :";
cin >> sum;
average = sum / n;
cout << "Average : " << average << endl;
```

2-21. 请列出当我们将上述程序中的相关语句修改成下列语句时它们各自会产生的错误类型(编译时错误、连接时错误、运行时错误或意向性错误)和警告:

a. `cout << "Average: " << "sum / n";`
b. `cout << "Average: ", sum / n;`
c. `cout << "Average: " << sum / n`

2.5.6 当软件的设计与问题说明不相符时

即便进入了自动化阶段,开发人员已经按照工作顺序将产品发布给了客户之后,错误也依然会存在。因为有许多软件虽然可以工作了,但是它并没有做到该做的事,可能是该程序没有达到问题陈述的要求。会发生这种情况,通常是因为该软件的开发人员没有理解客户的问题陈述,他们可能遗漏了什么或者误解了什么。另外,当客户没有正确描述相关问题时,我们还会遇到一些相关方面的错误。会发生这种情况,通常是因为需求方无法确定需求,他们的需求说明可能过于琐碎或者出现了严重的纰漏。况且,有些需求方还经常会在我们开始解决问题之后改变他们的想法。

在大多数情况下，本书在每一章的末尾都会布置一个编程项目，并会有一份相应的问题说明。如果这些说明中有纰漏或者不容易理解的地方，请直接提出来，千万不要犹豫。在进入问题解决的设计和实现阶段之前，请务必要理解并掌握自己要解决的是什么问题。尽管不会有人故意为之，但问题说明经常会存在不正确或不完整的情况，这在现实世界中是很常见的。

本章小结

- 最小的程序零件（标记）被证明有助于我们理解通用格式和修复错误。
- 对象是由名称、状态（值）及其能执行的操作组成的一个实体。输出（cout <<）与输入（cin >>）操作通常会一起被用于 double、string 这些对象的状态设置。我们至少有 3 种修改对象状态的技术：
  - 使用 "double x = 0.0;" 这样的初始化语句。
  - 使用 cin >>输入操作。
  - 使用=赋值操作符。
- 掌握现有对象的相关知识在程序开发过程中是很有帮助的。例如，掌握了 cin、cout、string 以及 int、double 这些数字对象，我们就免去了实现许多复杂操作（比如输入、输出、加法、乘法等）的任务。因为我们很幸运，其他程序员已经帮我们构建了这些操作。
- 名为 std::cout 和 std::cin 的这两个对象被使用的频率相当高，我们可以使用#include <iostream>指令来自动引入它们，以便于执行屏幕输出和键盘输入的操作。如果我们加入了 "using namespace std;" 这条语句，还可以省去 cout、cin、endl 这些对象之前的 std::前缀。
- 算术表达式由+、-、*、/、%（取模）这些操作共同组成。一个二元运算符需要两个操作数，这些操作数可以是 1 和 2.3 这样的数字常量，也可以是数字类型的对象或其他算术表达式。
- 先提示再输入模式的实例在许多编程项目中都有体现。只要程序需要从用户那里获取一些输入，就会用到这个模式。
- 当我们在两个整数之间执行/运算时，得到的会是一个整数，比如 5 / 2 的结果就是 2。
- 当/运算的操作数中至少有一个是浮点数时，它的结果就会是一个浮点数，比如 5 / 2.0 的结果就是 2.5。
- 当%运算执行的是一个整数除以另一个整数的余数时，它返回的是一个整数，比如 5 % 2 的结果就是 1。
- %运算符不接受浮点类型的参数，比如 5 % 2.0 这个表达式就会导致编译时错误。
- 在 int 和 double 之间做选择的时候需要谨慎，除非对象的特定语义要求它只能存储整数，否则建议始终用 double 来存储数字。
- 在本章末尾，我们还介绍了一系列在程序实现过程中会出现的错误。我们将来会一直面对这些错误，这是开发过程中的一部分。

- 问题陈述的不正确或不完整也会带来编程错误。
- 意向性错误被认为是最难以修复的一种错误,因为它们很难被检测出来。

练习题

1. 请列出 3 种可作用于 double 这种数字类型的操作。
2. 请描述一下 string 对象所存储的值。
3. 请列出 3 种可作用于任何字符串对象的操作。
4. 请列出 4 种 C++标记的类型,并针对每个类型举出两个例子。
5. 请指出以下标识符中的有效标识符。

   a. a-one   b. R2D2
   c. registered_voter   d. BEGIN
   e. 1Header   f. $money
   g. 1_2_3   h. A_B_C
   i. all right   j. 'doubleObject'
   k. {Right}   l. Mispelt

6. 请声明一个名为 totalPoints、可用于存储一个数字的对象。
7. 请写一条语句,将 totalPoints 的状态设置为 100.0。
8. 请写出以下程序在终端输入为 5.2 和 6.3 时所产生的会话过程。你必须要完整地写出用户提供的输入和程序输出的提示。

```
#include <iostream>
using namespace std;
int main() {
  double x = 0.0;
  double y = 0.0;
  double answer = 0.0;
  cout << "Enter a number: ";
  cin >> x;
  cout << "Enter another number: ";
  cin >> y;
  answer = x * (1.0 + y);
  cout << "Answer: " << answer << endl;
  return 0;
}
```

9. 请编写一段 C++代码,声明一个名为 tolerance 的数字类型对象,将值设置为 0.001,并令其在程序执行过程中不可被修改。
10. 请写一条语句,显示出一个名为 total 的对象中的值。
11. 请根据以下两条初始化语句,写出存储到各对象中的值,或报告操作错误的信息。

```
string aString;
double aNumber = 0.0;
```

   a. aString = "4.5";
   b. aNumber = "4.5";

c. aString = 8.9;
d. aNumber = 8.9;

12. 请用纸和笔编写一个完整的 C++ 程序，先提示用户输入一个 0.0 到 1.0 之间的数字，然后将获得的输入值存储到一个名为 relativeError 的数字类型对象中，并回显这个输入（输出用户的输入）。整个程序的会话过程如下：

```
Enter relativeError [0.0 through 1.0]: 0.341
You entered: 0.341
```

13. 假设 x = 5.0、y = 7.0，请计算出下列表达式的值：

a. x / y
b. y / y
c. 2.0 - x * y
d. (x*y)/(x+y)

14. 请预测一下这两段程序会产生什么输出：

a

```
#include <iostream>
using namespace std;
int main() {
  double x = 1.2;
  double y = 3.4;
  cout << (x + y) << endl;
  cout << (x - y) << endl;
  cout << (x * y) << endl;
  cout << (x / y) << endl;
  return 0;
}
```

b

```
#include <iostream>
using namespace std;
int main() {
  double x = 0.5;
  double y = 2.3;
  double answer = 0.0;
  answer = x * (1 + y);
  cout << answer << endl;
  answer = x / (1 + y);
  cout << answer << endl;
  return 0;
}
```

15. 当 change 分别被初始化下列值时，quarter 的值各是什么？

a. 0
b. 74
c. 49
d. 549

```
int change = （0、74、49、549 这4个数字中的其中一个）;
int quarter = change % 50 / 25;
```

16. 下面这段代码是正确的吗？

```
const double EPSILON = 0.000001;
```

EPSILON = 999999.9;

17. 请编写一段会产生运行时错误的 C++代码，并说明产生错误的理由。

18. 下面这段代码中的错误会在什么时候被检测到？

```
#include <iostream>
using namespace std;
int Main() {
  cout << "Hello world";
  return 0;
}
```

19. 请详细说明以下各行代码中的错误该如何修复：

a. cout << "Hello world"
b. cout << "Hello world";
c. cout "Hello World";
d. cout << "Hello World;

20. 请详细说明下面代码中的错误：

```
int main() {
  cout << "Hello world";
  return 0;
}
```

21. 请解释一下**意向性错误**这个词。

22. 请问 "double average = x + y + z / 3.0;" 这句代码是否能计算出 x、y、z 这 3 个 double 对象的平均值？

23. 请计算出下列表达式的值，并用科学计数法来分别表示整数和浮点数。

a. 5 / 2
b. 5 / 2.0
c. 101 % 2
d. 5.0 / 2.0
e. 1.0 + 2.0 - 3.0 * 4.0
f. 100 % 2

24. 请写出以下程序会产生的输出：

a

```
#include <iostream>
using namespace std;
int main() {
  const int MAX = 5;
  cout << (MAX / 2.0) << endl;
  cout << (2.0 / MAX) << endl;
  cout << (2 / MAX) << endl;
  cout << (MAX / 2) << endl;
  return 0;
}
```

b

```
#include <iostream>
using namespace std;
int main() {
```

```
  int j = 14;
  int k = 3;
  cout << "Quotient: "
       << (j / k) << endl;
  cout << "Remainder: "
       << (j % k) << endl;
  return 0;
}
```

c
```
#include <iostream>
using namespace std;
#include <string>
int main() {
  const string pipe = " ¦ ";
  cout << pipe << (1 + 5.5)
       << pipe << (3 + 3 / 3)
       << pipe << (1 + 2) / (3 + 4)
       << pipe << (1 + 2 * 3 / 4);
  return 0;
}
```

d
```
#include <iostream>
using namespace std;
int main() {
  int j = 11;
  cout << " " << (j % 2)
       << " " << (j / 2)
       << " " << ((j - j) / 2);
  return 0;
}
```

编程技巧

1. 以分号终止语句：请确保每条语句都以";"终止，但#include 语句和 int main()后面除外。①

```
#include <iostream>;    // Error found on this line
int main() ;            // Error found on this line
{
```

2. 优先修复第一个错误：我们在编译时通常会收到很多错误信息，这时候不要惊慌，请先试着修复第一个错误，它可能会连带修复许多其他错误。当然，有时候修复一个错误也可能会导致其他错误出现。因为编译器在一个错误被修复之后才能检测到其他之前没有发现的错误。

3. 对于一些学生来说，整数在算术运算中的行为常常出乎他们的预料。整数之间的除

---

① 译者注：前者为宏指令，后者是函数定义的一部分。

法运算产生的一定是一个整数,因此 5 / 2 的结果是 2,而不是你大脑和计算直觉认为更正确的 2.5。

4. %算术运算符返回的是一个 int 类型的余数。从教学经验来看,有很多学生不太理解 %这个运算符,或者至少他们在期末考试中仍然会给出错误的答案。表达式 a % b 计算的是 a 被 b 整除之后得到的余数,它是一个整数。

```
99 % 50 = 49              101 % 2 = 1
99 % 50 % 25 = 24         102 % 2 = 0
4 % 99 = 4                103 % 2 = 1
```

5. 如果我们没有在代码中加入 "using namespace std;" 这行语句,那么在每次使用 cin、cout、endl 这些对象时都必须在它们之前加上 std::这个前缀。

```cpp
#include <iostream>    // For cout, cin, and endl
// using namespace std; Without this, prepend with std::

int main() {
  std::string name;
  std::cin >> name;
  std::cout << "Hello" << std::endl;
  std::cout << name << std::endl;
}
```

编程项目

2A. 经典的"Hello World!"程序

在 AT&T 设计 C 语言时,Dennis Ritchie 曾建议将显示"Hello World!"作为该语言的第一个程序,从那时起许多语言的第一个程序都将"Hello World!"作为一个传统延续了下来。现在,我们可以创建一个名为 hello.cpp 的文件,然后在其中输入以下代码。在保存该文件之后,我们就可以用自己所安装的工具编译、连接、运行这个程序了。

```cpp
// Programmer: Firstname Lastname
// This programs displays a simple message.
#include <iostream>    // For cout
using namespace std;   // Allow cout instead of std::cout

int main() {
  cout << "Hello World!" << endl;
  return 0;
}
```

2B. 请体验一下编译器所产生的错误

一个小小的编码错误往往会在编译时导致大量的报错信息——这常常会形成误导。例如,一个分号的遗漏可能会导致整个程序出现数十个错误。所以请记住,我们应始终优先修复第一个错误,从修复源代码中最先被检测到的错误开始入手。请你一字不差地输入下面这段代码，观察一下遗漏了一个左花括号之后会发生什么情况：

```cpp
// Observe how many errors occur when { is missing
#include <iostream>     // For cout
using namespace std;    // To make cout known

int main() // <- Leave off {
  double x = 2.4;
  double y = 4.5;
  cout << "x: " << x << endl;
  cout << "y: " << y << endl;
  return 0;
}
```

1. 请编译这段代码，然后写出产生的错误数量。
2. 在 int main() 后加上"{"之后再次进行编译，然后将代码修改至无错状态。
3. 移除"#include <iostream>"这条 #include 指令，看看编译后会产生多少错误信息。
4. 复原"#include <iostream>"指令，然后移除 main 后面的()，看看编译后会产生多少错误信息。
5. 注释掉"using namespace std;"，看看编译后会产生多少错误信息。
6. 如有必要，你还可以继续编辑并编译这段代码，排除其中所有的错误，然后将其连接成程序并执行它。

2C. 大型字母缩写

请编写一段 C++ 程序，用大型字母在屏幕上显示你的姓名缩写。该程序无须设置输入和处理步骤，只做单纯的输出就好。例如，假设你的姓名缩写是 E. T. M.，那么它似乎应该就是由 5 条 cout 语句来输出的。

```
EEEEE    TTTTTTT   M       M
E           T      M M   M M
EEEEE       T      M  M M  M
E           T      M   M   M
EEEEE o     T   o  M       M o
```

2D. 反序输出

请编写一段 C++ 程序，先从用户那里获取任意 3 个字符串，然后将它们反序输出，彼此之间用空格符隔开。（**提示**：这个程序没有处理步骤，只有先输入再输出。）

```
Enter string one: happy
Enter string two: am
Enter string three: I
I am happy
```

2E. 加权平均值计算

请实现一个能根据下面加权比例计算课程平均分的 C++ 程序，并测试它。

评估项目	加权比重
测验平均成绩	20%
期中考试成绩	20%
实验室成绩	35%
期末考试成绩	25%

该程序应该有如下会话过程:

```
Enter Quiz Average: 90.0
Enter Midterm: 90.0
Enter Lab Grade: 90.0
Enter Final Exam: 90.0
Course Average = 90
```

2F. 读秒器

请编写一个读取秒值的程序,它会将读取的输入转换成小时、分钟、秒数的形式。下面是它的两个会话样例:

```
Enter seconds: 32123          Enter seconds: 61
8:55:23                       0:1:1
```

2G. 最小钱币数

请编写一个 C++ 程序,提示用户输入一个整数,以代表要找还给一个美国客户的金额(以美分为单位)。然后按照 50 美分、25 美分、10 美分、5 美分、1 美分的顺序依次输出各种币种在找还指定金额过程中所需的最小数量。(**提示**:你可以根据表达式的增长,动态运用 / 和 % 这两种运算符来计算出各币种所需的数量,或者也可以先用 / 算出所需的钱币总数,再用 % 算出剩余的找还金额。)然后请用各种输入验证该程序是否能正常工作,下面是我们提供的两个会话样例。

```
Enter change [0...99]: 83     Enter change [0...99]: 14
Half(ves)    : 1              Half(ves)    : 0
Quarter(s)   : 1              Quarter(s)   : 0
Dime(s)      : 0              Dime(s)      : 1
Nickel(s)    : 1              Nickel(s)    : 0
Penny(ies)   : 3              Penny(ies)   : 4
```

2H. 爱因斯坦的数字游戏

据说 Albert Einstein 很自豪自己曾经出了一道谜题难倒了他的朋友们,该题目的要求是这样的:

- 先在一张纸上写下 1089 这个数字,再把这张纸折叠起来交给另一个人保管。
- 然后让其他人写出任意一个 3 位数,要求是这个数字的第一个数不能与最后一个数相同,比如这个数可以是 654,但不能是 454 和 656。
- 接下来将这个 3 位数反过来写一遍,比如先前写的是 654,现在就应写下 456。
- 之后计算出这个 3 位数与反向 3 位数之间的差值,比如我们在这里调用 abs(456-654),结果是 198。

- 得到结果之后请再次反转这个新数字，比如先前的结果是 198，现在就是 891。
- 然后将这个新数字与它的反向数字相加，会发现 198 + 891 = 1089。

如果一切顺利，这个游戏的观众应该会觉得很惊奇：一开始写下的这个 1089，始终会与这个数学游戏的最终结果相同。现在请你将这个游戏复述成一个 C++ 程序，然后在程序会话中看看用户输入为 541 时的结果。

```
Enter a 3 digit number ( first and last digits must differ): 541

541 -- original
145 -- reversed
396 -- difference
693 -- reverse of the difference
1089 -- difference + reverse of the difference
```

在该程序中，我们无须检查输入的 3 位数是否有错，就直接假设输入的数是在 100 到 998 之间，它的第一个数与最后一个数不相同，像 101、252、989 这样的数字是不会产生 1089 这个结果的。（提示：为了计算出两个数的差值，我们在这里需要调用 abs 这个求绝对值的函数。该函数的参数是一个执行两数相减运算的表达式。当然，要使用这个函数，我们还必须加上 "#include <cstdlib>" 这条指令。）

```cpp
#include <cstdlib>    // A new include
#include <iostream>
using namespace std;
int main() {
  // abs is a new function that can return the difference
  // between two numbers by subtracting one from the other.
  cout << abs(541 - 145) << endl; // 396
  cout << abs(145 - 541) << endl; // 396
  return 0;
}
```

21. 时间差

请编写一个 C++ 程序，该程序会记录两列不同火车的出发时间（这里 0 代表凌晨零点、0700 代表上午 7:00、1314 代表下午 1:00 后的第 14 分钟、2200 代表的是晚上 10 点），并以小时加分钟的形式打印出这两个时间的差距。这里我们得假设双方的时间都在同一天，并且都得是有效时间。例如，1099 不是一个有效时间，因为其最后两位数字代表的应该是分钟，它的取值范围应该是在 00 到 59 之间。同理，2401 也不是一个有效时间，因为其前两位数字代表的是小时，它的取值范围必须在 00 到 23 之间。总之，在这种情况下，如果 A 列车是在 1255 出发，而 B 列车则是在 1305 出发，那么这两列火车的时间差应该就是 0 小时 10 分钟。我们在下面提供了一个该程序的会话样例。当然，你可以多试几组测试用例。

```
Train A departs at: 1255
Train B departs at: 1305

Difference: 0 hours and 10 minutes
```

第 3 章　自由函数的运用

前章回顾

我们现在应该已经在自己的系统中亲身体验了这门语言的语法、报错信息及其程序开发从头到尾的过程。而且，本书前几章中的大部分编程项目实施的都是 IPO 这个算法模式，相信读者现在应该也可以在实践中按照正常的顺序安排这三个步骤，并能理解省略其中某个步骤或以某种混合顺序执行的情况了。

本章提要

为了节省时间和资金，软件开发者通常会选择利用现有的软件来完成他们的工作。在本章，我们将介绍重用现有软件的其中一种方式，程序员们通常会将这些经过大量测试的软件作为自身工作的起点。我们将学习如何通过函数的头信息（function heading）了解现有函数的用法，并通过阅读这些函数用法中的前置和后置条件来确定它们的功能。在本章的最后，我们还会列出一些你可能会遇到的错误种类。我们希望在完成本章的学习之后，你将：

- 学会使用一些数学函数和三角函数来进行求值运算。
- 学会在调用函数时使用参数。
- 理解为什么程序员要将软件划分成一系列函数。
- 学会通过函数的头信息来了解现有函数的用法。

3.1　cmath 函数

C++为我们定义了大量可用于双精度浮点运算的数学函数和三角函数。下面是其中的两个：

```
sqrt(x) // Return the square root of x
pow(x,y) // Return x to the yth power
```

如你所见，这些函数的**调用**都是通过指定函数名称，并紧随其后的括号中加上指定数量和类型的**参数**来执行的。这样我们就得到了一般函数调用的通用格式：

通用格式 3.1：函数调用

function-name(*arguments*)

在这里，function-name 是一个已被声明的标识符，它代表的是目标函数的名标。而 *arguments* 则通常是一组由逗号分隔的零个或多个表达式。比如在下面这个函数调用中，函数的名称是 sqrt（平方根），它的参数为 81.0：

```
sqrt(81.0) // An example of a function call
```

函数通常会有零个或多个参数。尽管大多数数学函数都只需要一个参数，但也会有像

pow()这种需要两个参数的函数。在接下来的这个函数调用中,函数的名称是 pow(表示 power),参数是底数和指数。也就是说,函数调用 pow(base, power)代表的就是指数运算 base^power:

```
double base = 2.0;
double power = 3.0;
cout << pow(base, power); // Output: 8.0
```

在函数调用的过程中,我们使用的所有参数都必须是一个该函数可接受类型的表达式。例如,sqrt("Bobbie")这个调用就会出错,因为该参数并不属于数字类型。

另外,我们提供给函数的参数还必须要合乎要求。例如,sqrt(-4.0)这个函数调用就可能是有问题的,因为-4.0 并不在 sqrt 函数所要求的域中,平方根函数并没有为负数值做出相应的定义。也就是说,事实上 sqrt 函数只有在某些特定条件得到满足时才会正常执行。对于 sqrt 函数而言,这个条件就是它的参数值必须大于或等于 0.0。下面,我们再来看一下 cmath 函数库中还有哪些可用的数学函数和三角函数。

cmath 函数库中的部分函数(提示:下面的 double 代表的是函数的返回值类型。)

函　　数	返回值说明	调用示例	示例结果
double ceil(double x)	返回大于等于 x 的最小整数	ceil(2.1)	3.0
double cos(double x)	返回角度 x 的余弦值	cos(1.0)	0.5403
double fabs(double x)	返回 x 的绝对值	fabs(-1.5)	1.5
double floor(double x)	返回小于等于 x 的最大整数	floor(2.9)	2.0
double pow(double x, double y)	返回 x^y	pow(2, 4)	16.0
double sin(double x)	返回角度 x 的正弦值	sin(1.0)	0.84147
double sqrt(double x)	返回 x 的平方根	sqrt(4.0)	2.0

程序员只需要在"#include <iostream>"这条语句的上面加上一条"#include <cmath>"就可以成功调用到 cmath 函数库中声明的函数了。也就是说,下面这段程序将会被成功编译:

```
// Show some mathematical functions available from cmath

#include <cmath>       // For fabs, ceil, floor, and pow
#include <iostream>    // For cout
using namespace std;

int main() {
  double x = -2.1;
  cout << "fabs(-2.1):   " << fabs(x)  << endl
       << "ceil(-2.1):   " << ceil(x)  << endl
       << "floor(-2.1):  " << floor(x) << endl
       << "pow(-2.1, 2.0): " << pow(x, 2.0) << endl;
  return 0;
}
```

程序输出

```
fabs(-2.1): 2.1
ceil(-2.1): -2
floor(-2.1): -3
pow(-2.1, 2.0): 4.41
```

需要提醒的是,这些 cmath 函数的参数也都可以使用整数表达式来调用。和赋值操作一样，它们会执行将整数值升格成 double 类型，所以 sqrt(4)与 sqrt(4.0)会返回相同的结果，不会有任何错误。

自测题

3-1．请求取 pow(4.0, 3.0)的值。
3-2．请求取 pow(3.0, 4.0)的值。
3-3．请求取 floor(1.6 + 0.5)的值。
3-4．请求取 ceil(1.6 - 0.5)的值。
3-5．请求取 fabs(1.6 - 2.6)的值。
3-6．请求取 sqrt(16.0)的值。

3.2 使用 cmath 函数解决问题

问题：请编写一个能将指定数字四舍五入到某个小数位的程序。例如，将 3.4589 四舍五入到两位小数就是 3.46，而四舍五入到一位小数就是 3.5。

3.2.1 分析

下面我们按照软件开发的分析-设计-实现的步骤来进行，先进行如下分析动作：
1．阅读并理解目标问题。
2．定义用来表示答案的对象——输出。
3．定义用为获得答案必须输入相关内容的对象——输入。
4．编写测试用例（我们在上面已经提供了两个）。

3.2.2 设计

设计阶段的任务是提出算法。我们在这里可以借助 IPO 算法模式先开发出给予伪代码的算法。为了方便后续讲解，我们在这里先复习一下这个算法模式：

模式	输入/处理/输出（IPO）
问题	程序需要基于用户的输入来计算并显示我们所需的信息
纲要	1．获取输入数据 2．用某种有意义的方式处理数据 3．输出结果
示例	请参考我们接下来对于将 x 四舍五入到 n 位小数这个问题的描述

IPO 算法模式可以很好地帮助我们安排出良好的操作顺序。在这里，算法代表的是一般性设计，它是解决方案的纲要。为了让算法看起来更为详尽一些，我们还在其中的两处引入了先提示再输入模式，具体如下：
1．提示用户指定要进行四舍五入的数字（并将其命名为 x）。
2．用户输入 x 的值。

3. 提示用户指定目标的小数位数（并将其命名为 n）。
4. 用户输入 n 的值。
5. 将 x 四舍五入到 n 位小数。
6. 显示 x 被修改之后的值。

步骤 1、2、3、4 和 6 用 C++ 实现起来都非常简单，它们直接用输入/输出语句就可以实现了。但第 5 步"将 x 四舍五入到 n 位小数"描述得还不够详尽。下面我们要继续改进第 5 步的设计。在其余部分不需要再考虑的情况下，我们现在可以将注意力集中到"如何将 x 四舍五入到 n 位小数"这个更难的问题上来。这部分的解决方案的确会有点复杂，下面我们来看其中的一种方法。

为了将数字 x 四舍五入到 n 位小数，首先我们要让 x 先乘以 10^n。然后将新的 x 值加上 0.5。接着对 x 调用 floor(x)。最后让 x 除以 10^n。于是，上述算法就多增加了以下 4 个步骤：

1. 提示用户指定要进行四舍五入的数字（并将其命名为 x）。
2. 用户输入 x 的值。
3. 提示用户指定目标的小数位数（并将其命名为 n）。
4. 用户输入 n 的值。
5. 将 x 四舍五入到 n 位小数的步骤如下：
  a. 将 x 的值修改成 $x * 10^n$。
  b. 将 x 的值加上 0.5。
  c. 将 x 的值修改成 floor(x)。
  d. 将 x 的值修改成 $\frac{x}{10^n}$。
6. 显示 x 被修改之后的值。

下面我们来模拟跟踪一下程序执行的过程，看看当 x 为 3.4567 时，它是如何被四舍五入到两位小数的。

将 3.4567 四舍五入到两位小数的过程：

$x = x * 10^n = 3.4567 * 10^2 = 345.67$

$x = x + 0.5 = 345.67 + 0.5 = 346.17$

$x = \text{floor}(x) = \text{floor}(346.17) = 346$

$x = \frac{x}{10^n} = \frac{346.17}{100} = 3.46$

自测题

3-7. 请模拟跟踪同一个算法在不同问题示例下的运行过程，当我们要将 9.99 四舍五入到一位小数时，其结果会是什么？请在下列空白处写下对应的新的 x 的值（x 在输入之后的 4 次变化）。

算法步骤	x	n
1. 提示用户指定要进行四舍五入的数字（并将其命名为 x）	?	?
2. 用户输入 x 的值	9.99	?
3. 提示用户指定目标的小数位数（并将其命名为 n）	9.99	?

续表

算法步骤	x	n
4. 用户输入 n 的值	9.99	1
5. 将 x 的值修改成 $x*10^n$	_____	1
6. 将 x 的值加上 0.5	_____	1
7. 将 x 的值修改成 floor(x)	_____	1
8. 将 x 的值修改成 $\dfrac{x}{10^n}$	_____	1
9. 显示 x 被修改之后的值	_____	1

3.2.3 实现

下面，我们来看上述算法被转换成完整 C++ 源码之后的版本。请留意一下源代码中的注释，我们在其中标出了各算法步骤在转换成 C++ 之后的位置。

```cpp
// Round a given number to a specific number of decimal places

#include <iostream>     // For cin and cout
#include <cmath>        // For pow(10, n) and floor(x)
using namespace std;

int main() {
  // Declare objects identified during analysis
  double x = 0.0;
  double n = 0.0;
                                                  // Algorithm step number:
  // Input
  cout << "Enter number to round : ";             // 1.
  cin >> x;                                       // 2.
  cout << "Enter number of decimal places : " ;   // 3.
  cin >> n;                                       // 4.

  // Process (Round x to n decimals)
  x = x * pow(10, n);                             // 5a.
  x = x + 0.5;                                    // b.
  x = floor(x);                                   // c.
  x = x / pow(10, n);                             // d.

  // Output (Display the modified state of x)
  cout << "Rounded number : " << x << endl;       // 6.
  return 0;
}
```

程序会话

```
Enter number to round : 3.4567
Enter number of decimal places : 2
Rounded number : 3.46
```

自测题

3-8. 请针对上述程序再列举 3 个测试用例。

3-9. 在上述程序中，当用户输入 x 为 3.15、n 为 1 时，x 的最终值是多少？

3-10. 请根据"cmath 函数库中的部分函数"，找出一个稍微有些不同的算法来完成相同的任务，只不过这次 3.15 四舍五入到一位小数的结果应该是 3.1，而不是 3.2。（**提示**：我们可以考虑将"加上 0.5"这个步骤改成"减去 0.5"。）

3-11. 请写出以下函数调用的返回值。

a. pow(2.0, 4.0)
b. sqrt(16.0)
c. ceil(-1.7)
d. floor(1.0)
e. fabs(-23.4)
f. pow(4.0, 2.0)

3.3 调用已被文档化的函数

在 C++中，所有的函数都必须先要声明函数头信息，然后编译器才能确定相关的函数调用操作是否正确。另外，这些函数的头信息也能帮助程序员正确地调用它们。比如，如果我们仔细阅读一下 cmath 文件，就会看到许多这样的函数头信息。

在这一节中，我们就来重点介绍一下应该如何阅读这些函数的头信息，以及如何用其他说明文档来了解相关函数的预期和所要执行的动作，我们通常分别将它们称为函数的前置条件与后置条件。

3.3.1 前置条件与后置条件

为了让函数能够正常执行它的操作，我们通常都会为其预设一些使用条件。比如，对于 sqrt 函数来说，其预置条件就是要求函数参数是一个大于或等于 0.0 的数。函数的**前置条件**通常都是一些关于调用参数的一些假定。如果这些前置条件得不到满足，那么所有的预置动作都会被取消——这时函数行为将是未定义的，有些系统会以算术溢出错误终止程序，也有些系统会返回一个类似-1.#IND 或 NaN 这样的值，告诉我们该值"不是一个数字"。总而言之，如果我们想让自己的函数调用得到可预期的结果，就必须要满足它的这些前置条件。

使用条件的另一部分叫作**后置条件**——这部分描述的是在前置条件得到满足的情况下函数会执行的动作。函数的前置条件和后置条件通常会被写入到该函数的文档部分中。例如，下面就是 sqrt 这个函数关于其前置条件和后置条件的文档。

```
double sqrt(double x)
// precondition: x is not negative (x >= 0)
// postcondition: Square root of x replaces the function call
```

如你所见，注释说明了参数必须是一个大于或等于 0.0 的数字。如果该前置条件得到了满足，该参数的平方根就会被返回给**客户**——调用该函数的代码。反之，结果将是未定义的。

函数调用	返回的结果
sqrt(4.0)	前置条件得到满足，返回结果为 2.0
sqrt(-1.0)	前置条件未被满足，该函数调用将返回 NaN（非数字）

当然，要想在调用函数之后获得预期的结果还有一个隐藏的前置条件，那就是客户代码必须提供正确的参数类型。例如，ceil 函数需要的是一个 double 类型的参数，这意味着我们提供的参数必须要能被转换成 double 类型，包括 short、int、float 以及 char。例如，ceil 函数不接受 string 类型的参数，这可以说是一个显而易见的先决条件：

```
double ceil(double x)
// precondition: Argument must be convertible to a double
// postcondition: Return the smallest integer >= x
```

但是，这类信息通常会被隐藏在参数声明中，编译器会根据声明自行检测出不正确的参数。因此，我们不会将这些内容写入前置条件。

前置条件的内容通常不是编译器能检测到的。例如，下面的程序在语法上是完全正确的：

```
cout << sqrt(-1.0); // Return depends on the system in use
```

从现在开始，我们会将前置条件的标签缩写成 pre:，而后置条件则用 post:来表示，这样的话，我们就可以将上面同一个函数（ceil）的文档写成这样：

```
double ceil(double x)
// post: Return the smallest integer >= x
```

当然，我们应该留意一下 pre:和 post:的用法，它们不一定非要放在函数头信息之后。不同的人对函数文档化的方式是不一样的，这里只是本书所采用的风格。

3.3.2 函数头信息

前置条件和后置条件可以帮助程序员确定相关函数的正确用法。如果我们想将这些作为文档提供给用户，它们通常会被列在函数的头信息之后。函数的头信息也是用于说明函数返回值和所需参数的非常重要的信息。下面我们来看一些函数头信息的通用格式：

通用格式 3.2：函数头信息

return-type function-name (parameter-1, parameter-2, parameter-n)

在这里，*return-type* 可以是任何有效的 C++类型或关键字 void。函数的返回值为 void 时就表示它没有返回值。另外，在括号( )之间的参数可以是值类型参数、引用类型参数或者 const 的引用类型参数和值类型参数。下面我们先来看值类型参数。

一个函数通常都会有一个或多个参数，通过添加值类型参数来让我们可以将值传递给函数的格式如下：

通用格式 3.3：值类型参数

class-name identifier

标准 C++ 函数的头信息示例:

```
int isapha(int c);
int tolower(int c);
double round (double x);
double remainder(double numerator, double denom);
```

如你所见,函数头信息指定了函数的返回值类型、函数的名称以及其要程序员提供的参数数量。函数的参数类型也通过括号之间各参数的 *class-name* 部分做了指定。例如,由于下面的 pow 函数的参数 x 和 y 被声明成了 double 类型,因此我们可以确定调用 pow 函数的每个参数都必须是 double 类型,或者至少可以转换成 double 类型的,比如整数类型。

```
double pow(double x, double y)
// pre:  When y has a fractional part, x must be positive
//       When y is an integer, x may be negative
// post: Returns x to the yth power
```

另外,不要忘了,这里还声明了函数名是 pow,返回值类型是 double。

虽然这里并没有提供 pow 函数的完整实现,但前置条件、后置条件以及函数头信息所提供的信息已经足以有效地帮助人们了解该函数的用法了。

总而言之,函数头信息连同该函数的前置条件与后置条件一起为我们提供了以下信息:

1. *return-type* 告诉了我们函数返回值的类型。
2. *function-name* 告诉了我们如何启动一个有效的函数调用。
3. *parameter-list* 告诉了我们在执行函数调用时要用到的参数数量以及这些参数的类型。
4. pre:告诉了我们在执行函数调用之前应满足哪些要求。
5. post:告诉了我们当一个函数的前置条件被满足之后,它会做哪些事。

除了为程序员提供这些信息之外,函数头信息也向编译器提供了用于验证函数调用是否有效的信息。如果相关函数的调用不正确,编译器会根据这些信息来通知我们。比如我们以 floor 函数的头信息为例:

```
double floor(double x)
// post: Returns the largest integer <= x
```

如你所见,该函数的返回值类型是 double。这意味着所有 double 对象所在的地方都可以放置一个对 floor 函数的有效调用。因此这个函数调用可以被当作 double 对象来使用——比如使用在算术表达式中,这是符合语法的。除此之外,函数名 floor 也是一个非常重要的信息,它能帮助我们调用并指定目标函数。最后,参数列表中是一个名为 x 的 double 类型参数,这决定了该函数的调用代码必须提供一个数字参数才能正确地调用 floor 函数。例如,我们在下面的代码中看到的是关于如何将该函数的有效调用赋值给 double 对象的正确示范:

```
double x;
x = floor(5.55555); // This assignment is okay
```

但以下这些函数调用就属于无效操作了:

```
string s;
s = floor(5.5555);              // Error: floor doesn't return a string
cout << floor(1.0, 2.0);        // Error: too many arguments
cout << floor("wrong type");    // Error: wrong type argument
```

```
cout << floor();                    // Error: too few arguments
```

自测题

3-12. 请根据给定的函数头信息，写出以下"有效"的正确函数调用，并解释其他调用无效的原因。

```
double ceil(double x)
```
a. ceil(1.1)
b. floor(2.9)
c. ceil(1.2, 3.0)
d. ceil("Ceila")
e. ceil -0.1
f. ceil(-3)

3-13. 请说明以下函数头信息中各自所犯的错误：

a. double f (x)
b. int smaller(int n1 int n2)
c. toUpper(string s)
d. myClass g()
e. int twoStrings(string s1, string s2,)
f. unknownType initialize(" filename.dat")

请根据以下文档回答下面的问题：

```
double floor(double x)
// post: The floor function returns a floating-point value
//       representing the largest integer that is less than or
//       equal to x
```

3-14. 请写出 4 个（参数不相同的）的函数调用，帮助从未见过 floor 函数的人了解该函数是做什么的。

3-15. 请写出你在上个问题中所写的那 4 个函数调用返回的值。

3.3.3 实参与形参的关联

函数头信息中通常会列出 0、1、2 个参数（有时甚至会是多个）。如果参数的个数超过 1 个，那么这些参数之间就必须要用逗号来做分隔。例如，下面的函数头信息中列出了 2 个参数，分别是 str 和 x。

```
double twoParameters(string str, double x)
```

函数头信息中所列出的每个参数（我们称之为形参）都需要有一个相应类型的实参。因此，我们在调用 twoParameters 函数时必须要提供两个对应的实参，用任何其他数量的实参来调用这个函数都会导致编译器报错。除此之外，实参的类型和位置必须要和形参的类型和位置一一对应。例如，double 类型的实参不能与 string 类型的形参相关联。下面我们来看几个正确调用 twoParameters 函数的示例：

几个对于 twoParameters 函数的有效调用：

```
twoParameters("abc", 1.2);
twoParameters("another string", 15);
twoParameters("$", 3.4);
```

但以下对 twoParameters 函数调用就会导致编译时错误了：

错误调用	导致错误的原因
twoParameters("a");	该函数需要的是两个实参
twoParameters("1.1", "2.2");	字符串 "2.2" 不能被赋值给 double 类型的形参
twoParameters(1.1, 1.1);	数字 1.1 不能被赋值给 string 类型的形参
twoParameters("a", 2.2, 3.3);	实参个数过多
twoParameters;	产生一个警告，说明该语句无效

实参与形参在位置上是一一对应的，第一个实参对应第一个形参，第二个实参对应第二个形参，以此类推。例如，在调用 twoParameters 函数时，它的第一个形参被赋值的是第一个实参的值，而传递给该函数的第二个实参将被复制给它的第二个形参 x。也就是说，当我们用 "abc" 和 1.2 这两个实参调用 twoParameters 函数时，情况是这样的：

```
int twoParameters(string str, double x)
                         ↑              ↑
result4 = twoParameters ("abc",     1.2);
```

整个过程就像执行了如下两个赋值操作：

```
str = "abc";
x = 1.2;
```

接下来，twoParameters 函数中发生的一切操作都要依赖于这两个形参的值，毕竟该函数是利用形参来产生返回结果的。

自测题

3-16．在 twoParameters("1st", 1.2)这个调用中传递给 str 形参的值是什么？

3-17．在 twoParameters("2nd", 3.4)这个调用中传递给 x 形参的值是什么？

如你所见，当函数的前置条件与后置条件都被满足时，我们就可以从函数头信息中推导出如此多的内容。我们可以再来复习一下，下面是 sin 函数的完整头信息以及它的前置条件与后置条件：

```
double sin(double x)
// post: Returns the sine of x radians
```

同样地，我们可以从中得到如下信息：

- 函数会做的事：返回角度 x 的正弦值。
- 函数返回值类型：double。
- 函数的名称：sin。
- 函数参数的数量：一个。

- 函数参数的类型：double（或其他可被转换成 double 类型的表达式）。

接下来，我们可以确定返回结果了（这里可以借助科学计算器的角度模式）。

函数调用	函数返回结果
sin(3.1415926/2.0)	1.0
sin(1.0)	0.8421 // Approximately
sin(3.1415926)	5.35898e-08 // close to 0.0

自测题

3-18．请根据下面 pow 函数（来自 cmath 程序库）的完整头信息及其前置条件与后置条件，确认以下事项的信息：

```
double pow(double x, double y)
// pre: When y has a fractional part, x must be positive.
//      When y is an integer, x may be negative.
// post: Returns x to the yth power
```

a．函数的返回值类型
b．函数的名称
c．函数参数的数量
d．第一个参数的类型
e．第二个参数的类型
f．第三个参数的类型

3-19．请写出一个针对 pow 函数的正确调用。

3-20．pow(-81.0, 0.5)是一个有效的函数调用吗？它的返回值是什么？

3-21．pow(-10.0, 2)是一个有效的函数调用吗？它的返回值是什么？

3-22．pow(2, 5)是一个有效的函数调用吗？它的返回值是什么？

3-23．pow(4.0, 0.5)是一个有效的函数调用吗？它的返回值是什么？

3-24．pow(5.0)是一个有效的函数调用吗？它的返回值是什么？

3-25．请为一个用第一个数去除以第二个数并返回其结果的函数编写相应的函数头信息，同时为其编写相应的前置条件与后置条件。例如，在执行 remainder(5.0, 2.0)这个调用时它得返回 0.5，而当执行 remainder(1, 3)时则返回 0.3333333。

3.3.4 面向 int、char 和 bool 这些类型的一些函数

当然，也有一些自由函数是作用于其他基本类型的。例如，本章末尾的编程项目中会用到的一些 C++标准库中的自由函数：min、max 和 abs。

```
#include <iostream>
using namespace std;

int main() {
  cout << min(5, 7)     << endl;
  cout << min(5.5, 7.7) << endl;

  cout << max(5, 7)     << endl;
```

```
  cout << max(5.5, 7.7) << endl;

  cout << abs(5 - 7)    << endl;

  return 0;
}
```

程序输出

```
5
5.5
7
7.7
2
```

min 和 max 这两个函数的定义方式使其可以被不同类型的参数调用，当然，它们的实参类型必须同时是两个 int 或两个 double，不能混合在一起。

C++中还有一些名称为 islower、isdigit 的这一类布尔型的方法。另外，还有一些以 char 为实参和返回值类型的函数，它们会将当前字母转换成等价的大写或小写形式。我们在通过 "#include <cctype>" 指令引入这组函数对相关字母进行分类和转换时都可以参考这些自由函数的函数头信息。

```
int islower(int c);
```

该函数会负责检查参数 c 中的值是否是一个小写字母，似乎该函数的参数应该是 char 类型，返回值是 bool 类型才对，像这样：

```
bool islower(char ch); // This is not the function heading
```

但在 C++中，int 与 char 这两种类型之间是可以相互赋值的，它们在算术运算中是可以彼此混用的。

```
#include <iostream>
using namespace std;

int main() {
  int anInt = 'A';     // 'A' equals 65
  char aChar = 67;     // 67 equals 'C'

  cout << "anInt: " << anInt << endl;
  cout << "aChar: " << aChar << endl;
  cout << "aChar + anInt: " << (aChar + anInt)     << endl;
  cout << "anInt % aChar: " << (anInt % aChar - 2) << endl;

  return 0;
}
```

程序输出

```
anInt: 65
aChar: C
aChar + anInt: 132
aChar % anInt: 63
```

由于 C++同时也将 true 视为 1、false 视为 0，因此可能会带来更多混乱。

```cpp
#include <iostream>
using namespace std;

int main() {
  bool aBool = 1;          // C++ allows assignment of int to bool
  int anotherBool = false; // and a bool literal to an int

  cout << aBool << " " << anotherBool << endl;

  return 0;
}
```

程序输出

```
1 0
```

如你所见，这里输出的 true 是 1，false 是 0。

如果我们需要对一个字符做"A"或"a"这样大小写区分或者"9"或"3"这样的数字区分，就会用到<cctype>中的自由函数。下面我们就来演示一下这个函数库的使用：

```cpp
#include <iostream>
#include <cctype>        // For isalpha isblank isdigit
using namespace std;

int main() {
  char ch = 'a';
  cout << "isalpha('" << ch << "')? " << isalpha(ch) << endl;
  ch = '?';
  cout << "isalpha('" << ch << "')? " << isalpha(ch) << endl;

  ch = ' ';
  cout << "isblank('" << ch << "')? " << isblank(ch) << endl;
  ch = 'N';
  cout << "isblank('" << ch << "')? " << isblank(ch) << endl;

  ch = 'P'; // Oh, not zero
  cout << "isdigit('" << ch << "')? " << isdigit(ch) << endl;
  ch = '5';
  cout << "isdigit('" << ch << "')? " << isdigit(ch) << endl;

  return 0;
}
```

程序输出

```
isalpha('a')? 1
isalpha('?')? 0
isblank(' ')? 1
isblank('N')? 0
isdigit('P')? 0
isdigit('5')? 1
```

另外，我们还可以用 toupper、tolower 这两个函数将相关字母转换成等价的大写或小写字母。由于这两个函数的返回值类型都是 int 而不是 char，因此我们在代码中必须要将它们强制转换成 char，否则程序返回的会是 88、97 这样的数字。

```cpp
#include <iostream>
```

```
#include <cctype>        // For toupper and tolower
using namespace std;

int main() {
  char lower = 't';
  char upper = 'A';

  // (char) makes sure we the character, not the int
  cout << (char)toupper(lower) << endl; // Cast required
  cout << (char)tolower(upper) << endl; // to see chars

  return 0;
}
```

程序输出

T
a

本章小结

- 本章涉及大量 C++编程语言的细节，包括表达式、编程开发、函数调用以及编程过程中可能会发生的错误类型。这对初学者来说会有一定的压力，尤其是之前没有任何编程经验的初学者，但哪怕是实现最简单的程序，这些细节中的大部分都是必须要掌握的。
- "#include <cmath>" 指令所引入是一个包含了许多数学函数和三角函数的库。"#include <cctype>" 所引入的是一个用于对个别字符进行分类和转换的函数库。
- 返回值为 double 类型的函数可以放在任何一个使用 double 对象（或浮点数表达式）的地方，cmath 库中大部分函数的返回值类型都是 double。
- cmath 库中大部分函数都只有一个数字类型参数，pow 有两个参数。
- 前置条件与后置条件是函数与调用函数的客户代码之间的一种约定，这种文档或者其他类似的文档形式的作用就是帮助人们了解函数的功能。
- 函数头信息中也包含了许多与函数用法相关的重要信息，比如函数的返回值类型、函数的名称、函数参数的个数等，程序员通常会根据这些信息来了解要用多少参数来调用函数。
- 函数的实参与形参是一一匹配的，这与它们各自的名称无关。第一个实参必须匹配第一个形参，第二个实参必须匹配第二个形参，以此类推。
- 实参传递给形参的过程与赋值语句很类似，也就是说，实参与形参要相互兼容（比如类型相同），将一个 double 值传递给 int 会导致部分值丢失。

练习题

1. 请写出下列各函数调用的返回结果或出错原因。

a. pow(3.0, 2.0)
b. pow(-2, 5)
c. ceil(1.001)
d. ceil(-1.2)
e. pow(16.0, 0.5)
f. pow(-16.0, 2)
g. fabs(-123.4)
h. sqrt(-1.0)
i. sqrt(sqrt(16.0))
j. ceil 1.1
k. floor()
l. sqrt(0)

2. 请根据给出的初始化语句计算出下列表达式的值。

double x = 5.0;
double y = 7.5;

a. sqrt(x - 1.0)
b. ceil(y - 0.5)
c. sqrt(y - x + 2.0)
d. pow(10, 2)
e. floor(y + 0.5)
f. pow(x, 3.0)
g. fabs(y - x)
h. pow(10, 3)

3. pow(4, pow(2, 3))的返回值会是什么？
4. 请编写一个计算弹道范围（range）的算法，弹道公式为：

$$range = \sin(2 * angle) * velocity^2 / gravity$$

在这里，*angle* 是炮弹的发射角度（用弧度来表示），*velocity* 是炮弹的初始速度（以米/秒为单位），*gravity* 是重力加速度，一般为 9.8 米/秒^2。

5. 如果调用方代码的行为不符合其调用函数的前置条件，会发生什么情况？
6. 后置条件主要提供哪些信息？
7. 在以下函数头信息中，哪几项是有效的？

a. int large(int a, int b)
b. double(double a, double b)
c. int f(int a; int b;)
d. int f(a, int b)
e. double f()
f. string c(string a)

8. 请列举出 3 种 C++函数返回值的名称（事实上有很多）。
9. 请根据给定函数的头信息及其前置条件与后置条件，写出该函数的 6 个调用（要用不同的实参），这些调用要能对 fmod 函数进行充分的测试，并帮助之前没见过该函数的人们了解它的功能。

```
double fmod(double x, double y)
// post: Calculates the floating-point remainder.
//       fmod returns the floating-point remainder of x / y.
//       If the value of y is 0.0, fmod returns Not a Number.
// Header required: <cmath>
```

10. 请写出你在上一题中回答的那 6 个函数的返回值。

编程技巧

1. 在调用现有函数时，我们必须要提供正确数量及类型的实参。函数的头信息及其文档（如果存在的话）会为我们提供这方面的信息。请数清楚( )之间的形参个数，并确保每个相关的实参都具有与之相同的类型，或者可以转换成该类型。比如，int 的值可以赋予 float，float 的值可以赋予 double，int 的值可以赋予 long。

2. 不要在调用 min 和 max 这两个函数时混用实参类型，比如 max(2, 3.0) 和 min(1.0, 4) 都会导致编译时错误。

3. C++中有 3 种类型在本质上是一样的。该语言允许将整数常量视为字符常量，反之亦然。另外，在下面的代码中，你会看到 false 输出为 0、true 输出为 1。这是因为存储在 aChar 中的不是一个可打印的字符，其值为 1。

```
char aChar = true; // assign 1
cout << ">" << aChar << "<" << endl;    // Output: ><
```

4. 如果我们没有在代码中加入"using namespace std;"这条语句，就需要在每个用到的 cmath 函数前面都加上 std::前缀。

```
#include <iostream>    // For cout
#include <cmath>       // for ceil and floor
// using namespace std; Without this, prepend with std::

int main() {
    std::cout << std::ceil(5.99) << std::endl; // 6
    std::cout << std::floor(5.99) << std::endl; // 5
}
```

编程项目

3A. 使用 cmath 函数库

请编写一个程序，先让用户输入任意的数字，然后设置相应的标签，显示出以下这些函数的返回值（这里假设 x 为用户输入的数字）：

1. 计算 x 平方根的函数。

2. 计算 x 的 2.5 次方的函数。
3. 计算大于等于 x 的最小整数的函数。
4. 计算小于等于 x 的最大整数的函数。
5. 计算 x 绝对值的函数。

该程序的会话过程应该如下：

```
Enter a number for x: 2.5
sqrt(x)       : 1.5814
pow(x, 2.5)   : 6.25
ceil(x)       : 3
floor(x)      : 2
fabs(x)       : 2.5
```

3B. 圆形问题

请编写一个 C++程序，它会从键盘输入中读取圆的半径值，然后输出圆的直径、周长和面积。另外，我们要求你在计算圆的面积时使用 pow 函数。

- Diameter = 2 * Radius
- Circumference = pi * Diameter
- Area = pi * Radius^2

在这里，pi 应被初始化为一个值为 3.14159 的常量对象。整个程序的会话过程应如下（**请注意**：浮点数的输出情况是因 C++编译器而异的，所以你们得到的输出结果可能会稍有不同，尤其是 Circumference 和 Area 这两个值所显示的小数位）：

```
Enter Radius: 1.0
Diameter: 2.0
Circumference: 6.28318
Area: 3.14159
```

请以 radius = 1.0 的情况运行这个程序，验证一下你所得到的 Circumference 和 Area 是否与上述会话样例相匹配。然后，将半径值分别改成 2.0 和 2.5，验证一下程序的输出是否符合你的预期。

3C. 多种形式的四舍五入

请编写一个程序，让用户输入一个数字，然后输出这个数字被四舍五入成 0、1、2、3 位小数的结果。该程序的会话过程应该如下：

```
Enter the number to round: 3.4567
3.4567 rounded to 0 decimals = 3
3.4567 rounded to 1 decimal = 3.5
3.4567 rounded to 2 decimals = 3.46
3.4567 rounded to 3 decimals = 3.457
```

3D. 计算弹道范围

请编写一个计算弹道范围（range）的算法，弹道公式为：

$$range = \sin(2 * angle) * velocity^2 / gravity$$

这里，*angle* 是弹道路径的发射角度（用弧度来表示），*velocity* 是炮弹的初始速度（以米/秒为单位），*gravity* 是重力加速度，一般为 9.8 米/秒^2。由于程序中的发射角度一定要以弧度为单位来输入，因此我们还需要将相关的角度值都转换成等价的弧度值。这样做是很有必要的，因为三角函数 sin(x)所设定的实参 x 是用弧度来表示的。要想将角度值（x）转换成相应的弧度值，只需要将角度值乘以 π/180（π ≈ 3.14159）即可。例如，$45° = 45 * \dfrac{3.14159}{180}$，弧度值为 0.7853975。另外，速度则被设定为以米/秒为单位来输入。所以整个程序的会话过程应该如下：

```
Takeoff angle (in degrees)? 45.0
Initial velocity (meters per second)? 100.0
Range = 1020.41 meters
```

3E. 时间旅行问题

在以光速飞行的宇宙飞船中，宇航员会感觉到时间变慢了，而他们飞船的重量却增加了。我们可以用洛伦兹因子（Lorentz factor）来表示飞船速度 v 与重量和时间的关系，其公式如下：

$$factor = \dfrac{1}{\sqrt{1 - \dfrac{v^2}{c^2}}}$$

在这里，v 代表的是飞船的速度，c 是光速（299792458 米/秒）。这个**因子**可以用来计算出当飞船速度增加时，宇航员减少的感知时间和飞船增加的重量。例如，当飞船以 74948114.5 米/秒（1/4 光速）飞行时，该因子的值是 1.038，我们可以看到时间减少了、重量增加了。

请根据以上描述编写一个程序，要求该程序需读取飞船在地球上的重量（比如为 90000 千克），以光速的分数值来表示速度（比如 0.25，不能大于 1.0），以及用光年为单位来描述旅行的距离（比如地球到半人马座阿尔法星的距离是 4.35 光年）。

程序会话 1

```
Weight of spaceship on earth in kilograms? 90000
Velocity as a fraction of the speed of light 0.0 to 1.0? 0.25
Distance to travel in light years? 4.35

         Travel time: 4.35 light years
       Perceived time: 4.21187 years
 Earth weight of spaceship: 90000 kg
       Weight of spaceship: 92951.6 kg traveling at 7.49481e+07 m/s
```

程序会话 2

```
Weight of spaceship on earth in kilograms? 90000
Velocity as a fraction of the speed of light 0.0 to 1.0? 0.9
Distance to travel in light years? 4.35

         Travel time: 4.35 light years
       Perceived time: 1.89612 years
 Earth weight of spaceship: 90000 kg
       Weight of spaceship: 206474 kg traveling at 2.69813e+08 m/s
```

第 4 章 自由函数的实现

前章回顾

C++中有许多可供所有程序员重用的自由函数，我们可以通过访问 C++官网来获取这些函数的文档。在编程过程中，将相关的代码组合成一个定义明确的函数，以供日后测试并调用，已经被认为是一种非常好的实践经验。这有助于我们构建出可读性更强的程序。但 C++本身不可能提供我们每个人在所有应用场景中所需要的函数。

本章提要

本章将重点介绍如何编写属于自己的函数。我们希望在完成本章的学习之后，你将掌握：
- 如何实现自由函数。
- 如何传递相关的值给你的函数，以作为它的输入。
- 如何从你的函数中返回相对值，以作为它的输出。
- 如何测试你的新函数。
- 初步理解对象与函数的所在域。

4.1 实现属于自己的函数

从上一章提到的那些函数（比如 min、max、abs、round 和 sqrt）可以看出，函数的定义应该是一个函数头信息加上一个语句块。

通用格式 4.1: 自由函数

function-heading
block

其中，*block* 是一个以 "{" 开头并以 "}" 结尾的语法单元，其内容主要由变量声明和执行语句等部分组成。

通用格式 4.2: 语句块

{
    object-initializations
    statements
}

函数的输入就是调用该函数的实参。在获取输入之后，函数会利用这些输入值计算出某个结果，然后将其返回给它的调用者。我们之前已经介绍过如何通过实参与形参关联配对的方式将值输入到函数中，下面我们来介绍如何通过返回语句将值传回给调用该函数的代码。

通用格式 4.3：返回语句

return *expression* ;

我们可以具体示范一下将值返回给调用方代码的做法：

```
int minOf3(int a, int b, int c) {
  // post: Return the smallest value amongst the 3 arguments
  return min(a, min(b, c));
}
```

当程序执行到返回语句时，return 后面的表达式将会实际替换掉调用方代码调用该函数的位置，以作为程序控制权返回的地方。接下来，我们来实现一个名为 f 的函数 $f(x)=2x^2-1$。需要提醒的是，这个函数的编码必须写在调用它的函数之前，也就是说，函数 f 必须位于调用它的 main 函数之前。

```
#include <iostream>     // For cout
#include <cmath>        // For pow
using namespace std;

double f(double x) { // post: Return 2 * x * x - 1
  double result;
  result = 2 \* pow(x, 2) - 1.0;
  return result;
}

int main() {
  double x, y;
  cout << "Input x: ";
  cin >> x;
  // Call function f:
  y = f(x);
  cout << "f(" << x << ") = " << y << endl;
  return 0;
}
```

程序会话

```
Input x: 1.01
f(1.01) = 1.0402
```

自测题

4-1. 请根据之前示例中实现的 $f(x)=2x^2-1$ 写出下列函数调用的返回值，如果调用出错，请说明出错原因。

  a. f(0.0)
  b. f(-2.0)
  c. f(3)
  d. f(1, 2)
  e. f()
  f. f(5.8)

在接下来的这个示例中，函数 serviceCharge 所声明的返回值类型是 double，因此调用 serviceCharge 函数的地方将会被替换成某个 double 值，而该值则取决于其调用实参的值。

```cpp
// Call serviceCharge to determine a bank debit
#include <iostream>
using namespace std;

const double MONTHLY_FEE = 5.00;

double serviceCharge(int checks, int ATMs) {
  // pre: checks >= 0 and ATM >= 0
  // post: Return a banking fee based on local rules
  double result;

  result = 0.25 * checks + 0.10 * ATMs + MONTHLY_FEE;
  return result;
}

int main() {
  // 0. Initialize objects
  int checks;
  int ATMs;
  double fee; // Stores the function return result

  // 1. Input
  cout << "Checks this month? ";
  cin >> checks;
  cout << "ATMs this month? ";
  cin >> ATMs;

  // 2. Process
  fee = serviceCharge(checks, ATMs); //Call to serviceCharge

  // 3. Output
  cout << "Fee: " << fee << endl;

  return 0;
}
```

程序会话

Checks this month? **17**
ATMs this month? **9**
Fee: 10.15

如你所见。上述程序在运行过程中发生了以下事情：

1. 用户被要求输入自己使用支票和 ATM 进行交易的次数。

2. 调用实参的值（17 和 9）被传递给了 serviceCharge 函数的形参（checks = 17 和 ATMs = 9），该函数将根据这些被指定的值来返回当前月需支付的银行手续费。

3. serviceCharge 函数中的语句都会被执行。

4. serviceCharge 函数最终会遇到 return 关键字。

5. main 函数中的函数调用 serviceCharge(checks, ATMs)将会被替换成该函数返回的值 10.15。

6. 函数的返回值将会被赋值给 fee。

7. fee 会被输出显示。

4.1.1 测试驱动器

当我们需要用实参调用函数时，在两个不同的地方声明相同变量名声明的情况并不罕见。以之前的程序为例，main 函数中声明的 checks 和 ATMs 同时也是 serviceCharge 函数的形参。main 函数中声明的对象是用来获取用户输入的，而 serviceCharge 函数声明的形参则用来获取来自 main 函数的输入。尽管它们使用了相同的变量名，但它们是不同的变量。

当然，有时候我们也不需要在形参上复制 main 函数中的同名对象。在下面的程序中，我们将会看到这回没有用户输入操作了，自然也就没有对象需要复制。取而代之的是，这回我们用来测试函数的实参是一些常量，而且这次也不再需要将返回值赋值给另一个对象了，程序会直接显示返回结果。这段程序唯一的功能就是测试函数——验证其返回值是否符合预期。在将该函数应用到更大的程序中之前，做一些这样的测试是一件好事。事实上，许多编程问题都需要我们进行这种形式的测试。

```
// The main function makes several calls to test a new function

#include <iostream>
using namespace std;

const double MONTHLY_FEE = 5.00;

double serviceCharge(int checks, int ATMs) {
    // pre: checks >= 0 and ATM >= 0
    // post: Return a banking fee based on local rules
    double result;
    result = 0.25 * checks + 0.10 * ATMs + MONTHLY_FEE;
    return result;
}

int main() {
    // Test drive serviceCharge        // Sample problems:
    cout << serviceCharge(0, 0) << endl; // 5.0
    cout << serviceCharge(1, 0) << endl; // 5.25
    cout << serviceCharge(0, 1) << endl; // 5.1
    cout << serviceCharge(1, 1) << endl; // 5.35
    return 0;
}
```

程序输出

```
5
5.25
5.1
5.35
```

这个版本的 main 函数叫作**测试驱动程序**（test driver），这是一种专门用于测试新函数的程序。比如，像 serviceCharge、sqrt 和 pow 这些函数通常都只是较大型程序中的一小部分，因此在它们被重用之前全都应该经过全面性的测试。另外，对于上面所呈现的 4 个样本问题，我们都在对应的注释中注明了自己的预期值。如你所见，对于 serviceCharge 函数来说这是一个成功的测试驱动器。

4.1.2　只有一条返回语句的函数

有时候我们会看到一些极其简单的函数，它们可能只有一条返回语句。比如：

```
double serviceCharge(int checks, int ATMs) {
    // pre: checks >= 0 and ATM >= 0
    // post: Return a banking fee based on local rules
    return 0.25 * checks + 0.10 * ATMs + MONTHLY_FEE;
}
```

除了上面这种极其简单（只包含一条返回语句）的函数外，本书在定义函数时都将遵守以下约定：

1. 我们会声明一个名为 result 的局部变量，并且它的类型与函数定义的返回类型相同。
2. 然后将最终所需的值存储到变量 result 中。
3. 最后返回 result。

虽然这种约定在简单函数中会显得有些多余，但是在第 7 章"选择操作"之后，这种模式将会非常有助于我们面对那些日益复杂的处理操作。

除此之外，看似多余的这两行代码有时还能避免一个非常常见的错误。这或许是因为其他编程语言在技术上支持这样做，或许是因为想当然，总之我们常常会试图将一个值赋值给函数名，这会导致编译时错误，因为只有变量才能被赋值。

```
double serviceCharge(int checks, int ATMs) {
    //  You cannot assign a value to a function name
    serviceCharge = 0.25 * checks + 0.10 * ATMs + 5.00; // ERROR
    return serviceCharge; // ERROR, attempt to return function
}
```

当然，如果你真的犯了这个常见的错误，编译器会告知你的。我们只需要在表达式中加上正确的返回值类型 double 就可以修复这个错误，然后就可以返回这个函数了。

自测题

4-2．请根据下面给出的函数 f1，写出 f1(9.0)这个调用的返回值。

```
double f1(double x) {
  // pre: x is zero or positive, but not 1.0
  // post: Return f(x) = (square root of x) / ( x - 1.0 )
  return sqrt(x)/(x - 1.0);
}
```

4-3．f1(-1.5)这个函数调用是否满足上述函数的前置条件？使用负数做实参调用 f1 函数会发生什么情况？

4-4．请分别说明下列函数中错误的修复方法。

a.
```
double f1(int j);{
  return 2.5 * j;
}
```

b.
```
double f2(int) {
```

```
    return 2.5 * j;
}
```
c.
```
double f3(int x) {
    return 2.5 * j;
}
```
d.
```
double f4(double x) {
    f4= 2.5 * x;
}
```
e.
```
double f5(double x) {
    return double;
}
```
f.
```
int f6(string s) {
    return s;
}
```

4-5．请编写一个名为 times3 的函数，该函数的功能是返回一个 3 倍于其实参的值（比如 times3(2.0)应该返回 6.0）。

4.2 分析、设计与实现

与编写程序相比，实现函数所需要考虑的问题只是一个大型程序中的一小部分。它可能只是某个算法中的一个步骤，只不过经常会被调用罢了。

问题：计算出两点之间的距离。

4.2.1 分析

还记得吗？我们在程序开发的分析阶段会涉及如何确定输入与输出，另外还有用计算机解决问题时常涉及的 IPO 算法模式。也就是说，开发者必须先确定哪些是必须要发送给用户的输出、哪些是用户所需要提供的输入。在函数的设计中，我们只需要将之前的**用户替换成客户端**，IPO 模式一样是可以适用的。除此之外，函数的输出现在变成了函数的返回语句，而输入则变成了函数实参与形参的关联配对。下面，我们来描述一个适用于函数而不是程序的通用 IPO 算法模式。

适用于函数的 IPO 模式
- 输入：经由实参与形参之间的关联配对动作将相关值输入给函数。
- 处理：计算出待返回的结果。
- 输出：返回结果。

问题样例是我们确定自己是否已经理解目标问题的一个好方法，而且在程序测试过程中，这些样例所提供的预期结果也可以被拿来与程序的输出进行比对。同样地，为新函数开发一组问题样例也是一个很好的主意，我们可以通过这些样例来确定函数所需的输入，也就是要在函数头信息中写明的形参类型及其数量。当然，问题样例也为我们的测试驱动程序提供了预期的输出值。

根据以下公式可以看出，想要计算出 (x_1, y_1) 与 (x_2, y_2) 两点之间的距离，我们需要 4 个 double 类型的值：

$$distance = \sqrt{(x_1 - x_2)^2 + (y_1 - y_2)^2}$$

下面是几组 x_1、y_1、x_2、y_2 的值以及预估的输出。

问题样例：

x_1	y_1	x_2	y_2	距离
1.0	1.0	2.0	2.0	1.414
0.0	0.0	3.0	4.0	5
-5.7	2.5	3.3	-4.7	11.5256
0.0	0.0	0.0	0.0	0.0

接下来，我们要将 IPO 模式应用到该函数中去：
- 输入：我们会以 (x_1, y_1) 和 (x_2, y_2) 两点为参数来调用函数。
- 处理：按照 $\sqrt{(x_1 - x_2)^2 + (y_1 - y_2)^2}$ 这个运算公式来进行求值。
- 输出：返回计算结果。

4.2.2 设计

作为设计者，我们必须要确定函数需要多少参数以及这些参数的类型。在当前这个示例中，我们需要 4 个值来表示两个点（分别命名为 x1、y1、x2、y2）。这些形参最合适的类型应该是 double（5.62、-9.864 这样的值）。另外，函数返回值最合适的类型也是 double，因为我们的计算将涉及平方根函数，double 类型有助于返回较为精确的答案。最后，该函数将被命名为 distance，这个函数名很清晰地说明了这个函数的功能。总结一下，这个函数的头信息应该是：返回值类型为 double、函数名为 distance、4 个具有描述性名称的 double 类型的形参。具体如下：

```
double distance(double x1, double y1, double x2, double y2)
// post: Return distance between two points (x1, y1) and (x2, y2)
```

接下来，在函数体内（之前提到的语句块），我们要将 x1、y1、x2、y2 这 4 个形参代入距离计算公式，计算出结果：

```
result = sqrt(pow((x1 - x2), 2) + pow((y1 - y2), 2));
```

4.2.3 实现

在下面的程序中，除了上述所有内容的实现，我们还专门为其编写了一个用作测试函数的 main 函数（测试驱动程序）：

```cpp
// Call distance four times
#include <iostream>    // For cout
#include <cmath>       // For sqrt and pow
using namespace std;

double distance(double x1, double y1, double x2, double y2) {
  // post: Return the distance between any two points
  double result;
  result = sqrt(pow((x1 - x2), 2) + pow((y1 - y2), 2));

  return result;
}

int main () {
  // Test drive the distance function
  cout << "(1.0, 1.0) (2.0, 2.0): "
       << distance(1.0, 1.0, 2.0, 2.0) << endl;
  cout << "(0.0, 0.0) (3.0, 4.0): "
       << distance(0.0, 0.0, 3.0, 4.0) << endl;
  cout << "(-5.7,2.5) (3.3,-4.7): "
       << distance(-5.7,2.5, 3.3,-4.7) << endl;
  cout << "(0.0, 0.0) (0.0, 0.0): "
       << distance(0.0, 0.0, 0.0, 0.0) << endl;
  return 0;
}
```

程序输出

```
(1.0, 1.0) (2.0, 2.0): 1.41421
(0.0, 0.0) (3.0, 4.0): 5
(-5.7,2.5) (3.3,-4.7): 11.5256
(0.0, 0.0) (0.0, 0.0): 0
```

实参与形参之间的关联配对操作与程序的输入操作非常类似。以上述代码中对 distance 函数的第二次调用为例，作为输入，以下 4 个值会这样被复制给 distance 函数：

```
double distance(x1,   y1,   x2,   y2)
                 ↑    ↑    ↑    ↑
        distance(0.0, 0.0, 3.0, 4.0)
```

接下来，控制权就被移交给了函数，它将会利用其形参计算出实参所表示的那两点之间的距离。以下是计算步骤：

```
sqrt(pow((x1  -  x2), 2) + pow((y1  -  y2), 2))
sqrt(pow((0.0 - 3.0), 2) + pow((0.0 - 4.0), 2))
sqrt(pow((   -3.0  ), 2) + pow((   -4.0  ), 2))
sqrt(         9.0        +         16.0        )
sqrt(                 25.0                     )
                      5.0
```

这 4 个实参可以成为函数的输入，是因为系统会负责将 4 个实参的值复制给其各自所关联的形参。这种实参与形参之间的关联操作模式称为**值传递**（pass by value），因为传递到函数中的都是变量的值。当一个函数需要以 double、int 这样的小型对象输入时，函数头信息中的形参必须要写成以下这种形式：

class-name identifier

4.2.4 测试

对函数进行分别测试是一个不错的想法。我们在上述程序中就是这样做的。该程序没有做别的事情，就是使用几组不同的实参调用了目标函数，并输出显示了它的返回结果。请注意一下这 4 个调用与问题样例之间的比对。实参是函数的输入，返回结果应该与其预期结果相匹配。

建议你们也要用一个测试驱动程序来测试自己的新函数。

4.2.5 标识符的域

标识符的**域**（scope）指的是程序中可以引用到该标识符的部分。通常情况下，一个标识符的域会从它被声明之处开始，一直延续到该声明所在的语句块结束为止。还记得吗？语句块是以一对左右大括号 { } 隔开的语法单元。例如，在下面的程序中，local 的域应该就是 one 函数。这个 local 变量是在 one 函数中被声明的，其语句块以外的地方是无法引用该标识符的，包括 main 函数。

```
// Illustrate the scope of an object
#include <iostream>
using namespace std;

const int maxValue = 9999;

void one() {
  int local = -1;
  // The scope of local is this function
  cout << local << endl;
  // maxValue is known after its declaration including here:
  cout << maxValue << endl;
}

int main() {
  // The scope of local is limited to one() so this is an error:
  local = 5;
  // Function one() is known everywhere after its declaration
  one();
  // maxValue is known everywhere after its declaration
  cout << maxValue << endl;
  return 0;
}
```

当变量被声明在语句块之外时（比如上面的 maxValue），该变量的域就会从其被声明之处开始，一直延续到该文件的末尾。声明在语句块内的标识符只能在该语句块内被引用，这些标识符被称为**局部**标识符。而声明在语句块之外的标识符（像 maxValue 这样的）则被称为**全局**标识符。全局标识符可以被其在文件中被声明的位置之后的任意部分引用，除非另有语句块也声明了这个标识符（也就是该标识符被重新声明了）。在后一种情况中，先声明的标识符会被后来的重新声明隐藏。由于同一个程序中会存在多个语句块，因此确定一个对象的域有时候会是一件复杂的事。例如，在下面的程序中，我们声明了 3 个不同的 int

变量 identifier，你可以试着猜测一下它会输出什么：

```cpp
// This program is a tedious test of your ability to
// determine which of the three int variables named
// identifier are being referenced at any given point.
#include <iostream>
using namespace std;

const int identifier = 1; // Global variable

void one() {
  // This is a reference to the global identifier
  cout << "identifier in one(): " << identifier << endl;
}

void two() {
  int identifier = 2; // local to two()
  cout << "identifier in two(): " << identifier << endl;
}

int main() {
  int identifier = 3; // local to main()
  one();
  two();
  cout << "identifier in main(): " << identifier << endl;
  return 0;
}
```

程序输出

```
identifier in one(): 1
identifier in two(): 2
identifier in main(): 3
```

如你所见，当函数 one 被调用时，它引用的是全局声明 global const int identifier = 1。这个全局的 identifier 可以在所有没有另行声明 identifier 这个标识符名的函数中被引用。因此，one 函数尽管自身内部并没有声明 identifier，但它可以引用第一个被声明的、初始值为 1 的 identifier。在函数 two 中引用 identifier 这个标识符时，由于全局的 identifier 被局部的 identifier 隐藏掉了。因此，当程序执行时，函数 one 的输出是 1，函数 two 的输出是 2。同样地，main 函数最后一条语句所引用的 identifier 也应该是 main 声明的局部 identifier，其初始值为 3。

通常情况下，函数都会在其语句块开头声明一个或多个变量。这些变量都属于局部变量，因为它们只能在该函数内部被引用。同样的限制也被引用到了函数的形参上。函数的形参是一种声明在()之间的局部变量，它并不位于函数的语句块内。这种限制为局部变量提供了一种安全保护，能确保其不会意外地被程序的其他部分修改。

```cpp
void f1(double x) {
  int local = 0;
  str = "A"; // Error attempting to reference main's local str
}

int main() {
  string str; // str is local to main
  x = 5.0;     // Error attempting to reference f1's parameter x
  local = 1;   // Error attempting to reference f1's local
  return 0;
}
```

}

自测题

4-6. 请根据下面给出的部分程序判断这些函数是否可引用以下标识符。其中，cin 和 cout 的初始化在 iostream 文件中已经完成，因此在"#include <iostream>"之后也都属于已知标识符了。

```
// cout  b  cin  MAX  c  f1  a  d  f2  main  e

#include <iostream>
using namespace std;

const int MAX = 999;

void f1(int a) {
  int b;
}

void f2(double c) {
  double d;
}

int main() {
  int e;
  return 0;
}
```

4-7. 请命名一下函数中可以被声明为局部变量的两种东西。

4-8. 如果一个变量被声明在了函数之外，我们可以在哪些地方引用它？

4.2.6 函数名的域

函数名的情况又如何呢？它们毕竟也是标识符，那它们的域是什么呢？和 cin 和 cout 对象一样，在被包含文件（比如 cmath 文件）中的这些函数名的域是从该文件开始的，一直到执行了 #include <cmath> 指令的文件末尾。因此 sqrt、pow、ceil 和 fabs 这些函数都可以在所有的语句块中被调用，除非这些函数名被重新声明成了其他东西。

4.2.7 全局标识符

到目前为止，我们遇到的问题都不算复杂，它们的规模都不算大，相信大家在自己的工作中实际上或多或少都已经接触过了。但是，当问题的规模达到一个团队的级别时，我们对于域的使用就必须要谨慎了。

由于全局标识符在被声明之后，对于程序中所有的地方都是可见的，这意味着它们是完全开放的，我们可以在一个大型程序中的任何一个地方修改它们。这样一来，就很难保障团队中没有人会在错误的时间意外地修改某个对象。所以我们认为，尽量使用局部变量是大家需要养成的一个好习惯。也就是说，我们应该尽量使用( )之间定义的形参和{ }之间定义义的对象来做事。例如，下面 main 函数中的 localX 和 localY 就属于局部变量：

```
int main() {
  double localX, localY;
  // . . .
```

}

如果我们需要在函数之间搬运数据，就需要使用实参来传递，这样的话我们就必须要在函数中声明相应的形参，这比使用全局变量 x 来得好：

```
double f(double x) { // x is local to f
  double result;     // result is local to f
  // Do something with x . . .
}
```

如果我们确实需要一个贯穿整个程序并在许多地方都会用到的值,建议将其声明成const对象：

```
#include <iostream>
using namespace std;
const int MAXIMUM_ENTRIES = 100;
// ... a large program with many functions may follow
```

然而从另一方面来说，我们在 C++ 中也确实经常会用到全局标识符。比如在引入 <iostream> 这个头文件之后，cout 就是一个对于任何地方都可见的对象。当然，前提是我们做了"using namespace std;"这条声明，免去了在引用 cout 时要为其加上 std:: 前缀的麻烦，否则我们每次都要在 cout 的前面（也就是它的左边）加上 std:: 这个限定词。

```
#include <iostream>
using namespace std;

void f() {
  cout << "In f\n";
}

void g() {
  cout << "In g\n";
}

int main() {
  f();
  g();
  cout << "In main\n";
  return 0;
}
```

```
#include <iostream>
// Equivalent code with std::
void f() {
  std::cout << "In f\n";
}

void g() {
  std::cout << "In g\n";
}

int main() {
  f();
  g();
  std::cout << "In main\n";
  return 0;
}
```

实质上，就是"using namespace std;"这个声明将 cout 变成了一个全局标识符。这样做是好的吗？好吧，确实有大量的计算机科学家是这样认为的。因为控制台环境通常都是唯一的，cout 的任何输出都只能被传递给同一个控制台环境，这种情况下我们无须关心具体是哪个函数发出的输出。

4.3 void 函数与引用型形参

当我们将函数的返回值类型声明成关键字 void 时，就表示该函数不返回任何东西。与返回某些值给客户端的函数不同的是，void 函数通常会改变传递给它的对象的状态。在本节，我们可以来演示一下如何实现一个叫作 swap 的 void 函数，它对自己的两个实参做了修改。首先，一个函数要想在其调用过程中修改其实参对象的状态，就必须要使用引用型形参（reference parameter）——在声明时加上&。其通用格式如下：

通用格式 4.4：引用型形参

class-name & identifier

示范在函数头信息中声明引用型形参：

```
void swap(double & parameterOne, double & parameterTwo)
void changeFormat(ostream & cout)
```

（使用 & 声明的）引用型形参上的变化会修改其所关联的实参，其参数名代表的是一个内存位置，实际上是对该形参所关联实参的引用。

虽然函数的形参通常得从它的调用者获取输入，但形参与实参之间有时候会建立起更强的联系。在下面第一个关于引用型形参的用法示范中，由于 swap 函数必须修改两个对象，而通过 return 语句只能返回一个值，因此该函数需要返回给调用方的值是比 return 语句要多的。当我们在函数头信息中给各形参名前面加上 & 特殊符号时，该函数接收的就是实参内存位置的引用，而不是实参的复制品了。

当引用型形参上发生变更操作时，它将会引起被引用实参对象的同样变更。这是因为该函数的形参和实参指向的是内存中的同一对象。例如，在下面的程序中，当 swap 函数修改 parmOne 和 parmTwo 这两个形参时，实参 argOne 和 argTwo 也指向了同一个修改过的对象：

```
// Notice the reference symbol & is in front of parmOne
// and parmTwo. Now a change to parmOne or parmTwo alters
// the associated object that is the argument's value.
#include <iostream>
using namespace std;

// Swap the values of any two int arguments.
// The & lets any change to the parameter alter it argument
void swap(int & parmOne, int & parmTwo) {
  int temp = parmOne;
  parmOne = parmTwo;   // Change argument argOne in main
  parmTwo = temp;      // Change argument argTwo in main
}

int main() {
  int argOne = 89;                                    // argOne    argTwo
  int argTwo = 76;
  cout << argOne << " " << argTwo << endl;   // 89        76

  swap(argOne, argTwo);

  cout << argOne << " " << argTwo << endl;   // 76        89

  return 0;
}
```

程序输出

```
89    76
76    89
```

如果我们将上述程序中的 & 符号拿掉，main 中的实参就不会发生任何变化。因为在这种情况下，argOne 和 argTwo 执行的是按值传递，而不是引用传递。也就是说，在没有参考符号 & 的情况下，parmOne 和 parmTwo 中值的变化是局部性的，只在 swap 函数中有效，而其

4.3 void 函数与引用型形参

在 main 中所关联的实参则不受影响，因为它们是不同的对象。

下面，我们用一张表来说明一下引用型形参与值类型形参之间的差异。

引用型形参：实参与形参引用的是同一个对象。

```
parmOne = address of argOne and parmTwo = address of argTwo

void swap(int & parmOne, int & parmTwo) {
    parmOne
    parmTwo              89  76   由于 parmOne 与 argOne 指向的是相同的内存位置，所以
}                                  在 swap 函数中将 89 改成 76 也会同步影响到 argOne 所指的对象。

int main() {             76  89   由于 parmTwo 与 argTwo 指向的是相同的内存位置，所以
    argOne                         在 swap 函数中将 76 改成 89 也会同步影响到 argOne 所指的对象。
    argTwo
}
```

值类型形参：形参上的变化不会改变其关联实参的值。

```
parmOne = 89 (value of argOne) and parmTwo = 76(value of argTwo)

void swap(int parmOne, int parmTwo) {
    parmOne  ▶ 89  76    因为 parmTwo 中的值是以按值传递的方式传入 swap 函数的，
    parmTwo  ▶ 76  89    所以 swap 中的局部操作不会影响到其他不同的函数。
}

int main() {          89
    argOne            76
    argTwo
}                              因为这里的参数是"按值传递"的，
                               所以 main 中的值不受任何影响。
```

由于引用型形参上的变化会同步引起实参的变化，所以实参必须是一个变量，如果在这里使用字面常量表达式来调用函数，就会导致编译时错误。

```
swap(89, 76);        // Error: Argument must be a variable
```

自测题

4-9. 请写出下面各段代码在执行到 "return 0;" 时 arg1 和 arg2 的值。

a.

```
#include <iostream>
using namespace std;
void changeOr(int a, int b) {
  a = a * 2 + 1;
  b = 123;
}

int main() {
  int arg1 = 5;
  int arg2 = 5;
  changeOr(arg1, arg2); // arg1 ____ arg2 ____
  return 0;
}
```

b.

```
#include <iostream>
```

```
using namespace std;
void changeOr(int & a, int & b) {
  a = a * 2 + 1;
  b = 123;
}

int main() {
  int arg1 = 5;
  int arg2 = 5;
  changeOr(arg1, arg2); // arg1 ____  arg2 ____
  return 0;
}
```

4.4　const 的引用型形参

到目前为止，在 C++的以下 3 种形参传递模式中，我们已经介绍了其中的两种：
1. 值传递形参 ——主要用于传递 int 这类小型对象的值。
2. 引用型形参 ——允许在被调用函数中同步修改一个或多个实参的状态。
3. const&（引用）型形参 ——主要考虑的是参数传递的安全和效率。

　　const 的引用型形参通常主要用来传递一些不允许被调用函数修改的"大型"对象。大型对象通常指的是会占用大量内存的对象，比如非常大的字符串等。至于为什么程序员要通过 const 的引用来传递大型对象，我们首先要理解当实参被传递给函数时具体会发生哪些事。

　　如果执行的是按值传递，那么整个目标对象都会被复制到函数中另一个相同大小的变量中，这块数据所需要的内存就等于翻了一倍。如果是引用型形参的话，那么我们就只需将目标对象的地址复制给函数即可。在这种情况下，该函数就只需要 4 个字节的内存。因为这时实参和形参引用的是相同的对象。而如果是 const &形参的话，目标对象的地址一样会被复制给函数，该函数同样只需要增加 4 个字节的内存，但由于形参被声明成了 const，函数中任何尝试修改形参值的动作都会被编译器标记为错误。也就是说，我们可以用 const 来防止被调用函数对其实参的意外更改。程序员们可以通过添加 const 限定词来避免相关对象因不同域中不可预知的修改而产生的 bug。

按值传递 int f1(int j)	引用传递 int f2(string & b)	const 引用传递 void f3(const int & n)
这种方式需要获得足够的内存来存储整个目标对象，后者所有的字节都会被复制到函数中，而该函数对形参做的任何修改都不会影响到其实参	这种方式会用 4 个字节的内存来存储目标对象的地址，后者的地址将会被复制给函数，当我们需要对函数的实参进行同步修改时可以使用这种方式，这也是非常有效率的方式	const 表示的是函数实参的内容是不可以修改的，任何企图修改 n 的操作都会导致编译时错误，这是一种安全且高效的传递方式
f1 无法修改实参的状态	f2 可以修改实参的状态	f3 无法修改实参的状态，但这种传递方式的效率很好

　　我们选择使用 const 的引用型形参主要有两个原因：首先是执行效率——这种方式可以让程序执行得更快；另一个因素是更好的内存利用率——这种方式可以让函数以更小的内

存存储大型对象。例如，按值传递 int 这类小型对象，需要在函数中分配 4 个字节的内存，然后将其整个复制过去。如果大型对象也按值传递，可能就需要数千个字节了，该程序有可能会耗尽计算机上的可用内存。

除此之外，在按值传递的情况下，为了确保实参的每一个字节都能被复制到函数中。计算机必须要为此做大量不必要的工作。这可能会导致程序的运行速度明显变慢。而以下两种传递方式都可以让程序更有效率地使用空间（节省内存）和时间（运行速度更快）：

1. 采用引用传递的方式传递大型对象——这种方式效率很好，但也有一定的风险。
2. 采用传递 const 引用的方式传递大型对象——这种方式既高效又安全。

我们会推荐尽量使用第二种传递方式。这种方式可以让程序减少很多操作。在采用按值传递时，程序必须等到每个字节都从调用者复制到函数中之后才能继续。而如果我们采用 const &引用的传递方式，就只需要传递 4 个字节，而且在安全性上它与值传递形参的情况是一样的（不会改变实参的状态）。当然，如果我们需要在函数中修改实参的状态，就得选择带&符号的引用传递了。

任何企图修改 const 引用所传递对象的操作都会导致编译时错误。const 的使用是一种纠错技术，它可以让编译器告知我们程序中所有针对 const 形参的意外修改。在这种情况下，大多数不修改对象的函数仍会继续完成调用动作——比如 string 对象的 length 函数，我们会在下一章中讨论它们。但是，编译器也会标记出 string 对象的 insert 这一类函数的调用。顾名思义，insert 函数显然是要在 string 对象中添加内容的，它必然要改变该对象的状态，这时就不能将新值赋值给一个 const 的引用型形参了。

```
void addSomeStuff(const string & str) {
  cout << str.length() << endl;   // Okay
  str.insert(5, "xtra");   // ERROR: can not modify a const parameter
  str = "new string";   // ERROR: Can not assign to a const parameter
}
```

但是，如果我们这里采用的是值传递的形参，就不会收到这样的报错消息了，因为其实参对象根本不会被改变。

在 f 函数中修改 x，并不会改变 main 函数中 y 的值。	这段代码会产生"无法修改 const 对象"这样的编译时错误。
```#include <iostream>using namespace std;double f(double x) { double result; // This does not modify y x = x - 1.5; result = 2 * x; return result;}int main() { // Output: // 8 double y = 5.0; // y: 5 cout << f(y) << endl; cout << "y: " << y << endl; return 0;}```	```#include <iostream>using namespace std;double f(const double & x) { double result; // An error. Good! x = x - 1.5; result = 2 * x; return result;}int main() { double y = 5.0; cout << f(y) << endl; cout << "y: " << y << endl; return 0;}```

当然，我们以后应该会注意到通常只有少量的对象可以采用 const 引用的传递方式，在接下来的章节中，读者们只会偶尔看到使用 const 引用的方式来传递大型对象。而且，值传递形参也会比引用型形参更常见。

本章小结

- 函数所执行的往往是一些已经被定义好的服务，它主要借由实参与形参的关联以及 return 语句来实现双向通信。也就是说，其客户代码会以实参的形式将要输入的值传递给函数，后者则会通过 return 语句来返回结果。
- 本章还涉及几个在函数实现中会遇到的新问题，比如在标识符的域方面：
  - 所有的标识符都必须要先声明再引用。
  - 对象的域通常都只局限于声明它的语句块内。
  - 对于那些未在任何语句块中声明的标识符，我们通常称之为全局标识符。比如我们在#include <cmath>之后使用的函数 sqrt，以及在#include <iostream>之后使用的对象 std::cout，都属于全局标识符。
  - 函数形参的域只局限于其所在的函数内。
  - 函数的域应该是从函数头信息的声明之处开始，一直持续到其声明所在文件的末尾，或#include 该文件的文件末尾。
- 在进行实参与形参之间的关联配对时，我们需要记住很多细节：
  - 在调用函数时所用的实参数量必须要与被调用函数的头信息中声明的形参数量相匹配。
  - 在函数名之前冠以 void 返回值类型，代表没有返回值。void 函数是不能返回任何东西的。
  - 当我们需要让函数返回某个值时，就必须在函数头信息的开头将其定义成非 void 的返回值类型，其函数语句块中也必须包含相应的 return 语句，并且 return 语句中的表达式类型也必须与返回值类型相同。
  - 在调用函数时，我们有时会需要它能接收输入——这就是形参的用途，有时会需要函数能返回某些东西——这就是 return 语句的用途，有时会需要在函数中直接修改客户端代码中的对象——这就是引用型形参的用途。
  - 在调用函数时所用的实参通常应该与其所关联的形参属于同一类型，当然，也有例外情况，比如 int 类型的实参是可以通过类型转换机制直接赋值给 double 类型的形参的。
  - 只用于接收实参值副本的形参（输入型形参）在声明时是不带&的值传递形参。
  - 如果我们需要利用形参来修改其所关联的实参，就必须使用引用型形参（使用&符号来声明）——也就是说，引用型形参上发生的变化会同步给其关联实参，值传递形参则没有这样的功能。
  - const 的引用型形参主要用于传递大型对象，可以避免一些大量耗费内存字节的复制操作——这一点声明成&就可以做到了，而加上 const 则是为了增加形参的安全性。

练习题

1. 在{ }所括起来的语句块之间可以写多少条语句？
2. 在C++程序执行时，它首先要调用的是哪一个函数？
3. 同一个函数可以被调用一次以上吗？
4. 请写出下面程序会输出的内容：

```
#include <iostream>
using namespace std;
double f2(double x, double y) {
  return 2 * x - y;
}

int main() {
  cout << f2(1, 2.5) << endl;
  cout << f2(-4.5, -3) << endl;
  cout << f2(5, -2) << endl;
  return 0;
}
```

5. 请写出下面函数会输出的内容：

```
#include <iostream>
#include <cmath>
using namespace std;

double mystery(double p) {
  return pow(p, 3) - 1;
}

int main() {
  double a = 3.0;
  cout << mystery( a) << endl;
  cout << mystery(4.0) << endl;
  cout << mystery( -2) << endl;
  return 0;
}
```

6. 请编写一个返回值类型为 double 的 sumOf3 函数，它的功能是返回 3 个 double 值的和值，比如 sumOf3(1.5, 2.2, 3.7)返回的结果应该是 7.4。

7. 请编写一个返回值类型为 int 的 maxOf4，它的功能是返回 4 个整型实参中的最大值，比如 maxOf4(99, 2, 99, -4)返回的结果应该是 99。

8. 在下面的代码中，其所引用的这些标识符的域各是什么？

   a. std
   b. cin
   c. MAX
   d. aaa
   e. string
   f. f

g. result

h. s

i. cout

```
#include <iostream>
#include <cmath>
using namespace std;

const double MAX = 2.0;

double f(double aaa) {
  double result;
  result = pow(3.0, aaa);
  return result;
}
int main() {
  string s = "a string";
  cout << f(MAX);
  return 0;
}
```

9. 值传递形参上发生的变化会导致其关联的实参被修改吗?

10. 引用型形参上发生的变化会导致其关联的实参被修改吗?

11. 请写出下面程序会输出的内容:

```
#include <iostream>
using namespace std;

void changeArgs(double & x, double & y) {
  x = x - 1.1;
  y = y + 2.2;
}

int main() {
  double a = 3.3;
  double b = 4.4;

  cout << a << " " << b << endl;
  changeArgs(a, b);
  cout << a << " " << b << endl;
  changeArgs(a, b);
  cout << a << " " << b << endl;
  return 0;
}
```

编程技巧

1. 我们在写函数时经常会犯以下错误:
   - 在函数的头信息后面放一个分号:

```
string move(int n) ;   // ERROR
{ // many errors flagged here. Remove ; from line above
}
```

- 给函数名赋值：

```
double f(double x) {
  f = 2 * x;        // ERROR: Can not assign value to function
  return f;         // ERROR: Can not return a function name
}
```

这个问题的解决方法是：为其声明一个局部对象，将相关的值赋值给这个对象，然后返回它。在函数较为简单的情况下，也可以选择直接返回表达式：

```
double f(double x) {
  return 2 * x;
}
```

or do this when there is more going on inside the function:

```
double f(double x) {
  double result;
  result = 2 * x;
  return result;
}
```

- 在非 void 函数中忘了返回值操作：

```
double f2(double x) {
  double result;
  result = 2 * x;
  // ERROR: f2 must return a number
}
```

- 在 void 函数中执行了返回值操作：

```
void foo(double x) {
  return 2 * x;     // ERROR
}
```

2. 函数之间相互通信的方式有以下几种：
   - 调用方以按值传递的方式将值和对象发送给函数。
   - 当函数的设计需要修改实参时，调用方会以引用传递的方式将实参对象发送给函数。
   - 当函数的设计不需要修改实参时，为了节省时间和内存，调用方会用 const 引用的形式将对象传递给函数。
   - 调用方会经由函数的 return 语句获取到函数所返回的值。
   - 调用方会经由函数中对引用型形参的修改从其关联的实参中获得被修改的值。

3. 当我们希望函数返回两个以上的值时，就应该考虑使用引用型形参。因为 return 语句只能返回单一对象，如果我们希望函数返回一个以上的对象，也可以考虑在 return 语句之外再使用一个以上的引用型形参。

编程项目

4A. 3 个数之和

请编写一个命名为 sumThree 的函数，它的功能是返回 3 个 double 类型实参的和值。

```
// Test drive sumThree
int main() {
  cout << sumThree(1.1, 2.2, 3.3) << endl;    // 6.6
  cout << sumThree(-1, -2, 3) << endl;        // 0
  return 0;
}
```

4B. 四舍五入至 n 位小数

请编写一个名为 round 的函数，它的功能是将其 double 类型的实参值四舍五入至第二个实参所指定的小数位。

```
// Test drive round
int main() {
  // Arguments: number to round (-2.9), decimal places (0)
  cout << round(-2.9, 0)       << endl;  // -3
  cout << round(-2.59, 1)      << endl;  // -2.6
  cout << round(0.0059, 2)     << endl;  // 0.01
  cout << round(1.23467, 3)    << endl;  // 1.235
  cout << round(9.999999, 4)   << endl;  // 10
  return 0;
}
```

4C. 还贷问题

贷款的还款问题是一个关于贷款利率、还款次数（还款的周期）和贷款总额的函数。请以这 3 个变量为实参编写一个名为 payment 的函数，功能是根据传入函数的 3 个实参值返回相应的需还款数。我们在下面为你定义好了函数头信息和相应的测试驱动程序。另外，请将最终的答案值四舍五入至两位小数（参见第 3.2 节），然后验证一些你得到的结果是否与在线抵押贷款计算器匹配。

```
#include <iostream>       // For the cout object
#include <cmath>          // For pow, which you definitely need here
using namespace std;

double payment(double amtBorrowed, double interestRate, int numPeriods) {
   // TODO: Complete this function
}

int main() { // Test drive payment

  // 6.0 needs to be divided by 100 and then by 12 to become a monthly
  // interest rate, The number of years (30) also needs to multiplied

  // by 12. The following test cases represent a monthly payment.
  cout << payment(185000.00, 6.0/100.0/12, 30*12) << endl;
  cout << payment(185000.00, 5.0/100.0/12, 30*12) << endl;
  cout << payment(185000.00, 4.0/100.0/12, 30*12) << endl;

  return 0;
}
```

给定贷款总额、单次还款利率以及还款次数的还贷计算公式如下：

$$Payment = Amount \times Rate \times \frac{(Rate+1)^{Months}}{(Rate+1)^{Months}-1}$$

4D. 人口增长预测

根据美国人口统计局的数据，在作者撰写本书时，我们对美国人口增长的预估是这样的：
- 每 8 秒出生一人。
- 每 13 秒死亡一人。
- 每 40 秒迁入一名国际移民。

请根据上述信息编写一个用于人口增长预测的函数，它要能返回在任意给定天数之后、在给定当前人口基础上新增的人口数。下面是我们为该函数提供的测试驱动程序，注释中标出了其中各个调用应该产生的输出：

```
int main() {
  cout << populationPrediction (320000000, 0) << endl; // 320000000

  // One and two day growth:
  cout << populationPrediction(320000000, 1) << endl; // 320006314
  cout << populationPrediction(320000000, 2) << endl; // 320012628

  // One and two year growth
  cout << populationPrediction(320000000, 365) << endl;   // 322304554
  cout << populationPrediction(320000000, 2*365) << endl; // 324609108

  return 0;
}
```

在函数通过了测试之后，请再为其编写一个可由用户在终端输入当前人口数和待预测天数的完整程序，其整个程序的会话过程应该如下：

```
Predict population growth given the current population
and days into the future

Current population? 320000000
Day into the future? 365

In 365 days, the population should grow by 2304554
to become 322304554
```

4E. 求根公式

在下面的求根公式中，我们要使用 a、b、c 三个变量计算出 ax^2+bx+c 这个二次方程式的平方根。

$$x = \frac{-b \pm \sqrt{b^2-4ac}}{2a}$$

例如，x^2+3x-4 的两个实根应该是 1 和-4，其函数执行时的会话过程应该如下：

```
Enter a b and c coefficients of a quadratic equation: 1 3 -4

roots: 1 and -4

1x^2 + 3x + -4 when x is 1 should be 0
This should be 0 or very close? 0

1x^2 + 3x + -4 when x is -4 should be 0
This should be 0 or very close? 0
```

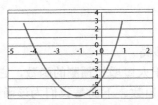

现在，我们的要求是根据以下注释中的说明完成下面三个函数，并测试它们：

```
// Given the 3 coefficients, compute the two roots that
// are made accessible as reference parameters. Assignment to
// root1 and root2 also change the associated arguments.
void ndBothRoots(double a, double b, double c,
                 double & root1, double & root2)

// Evaluate any quadratic equation given the 3 coefficients
// and the root in question. This function should return 0.0,
// but something close to 0.0 like -6.66134e-16 is okay.
// This function could return nan if b^2 - 4ac < 0 or a is 0.
double evaluate(double a, double b, double c, double root)

// Generate the requested dialog using the two functions above.
int main()
```

为了避免函数在计算负数的平方根时得到非数字的结果（nan），这里可以使用负数。但如果计算结果不是实根，就允许返回 nan 作为结果（或者是 Visual Studio 中的-1.#IND）。比如 $3x^2+4x+2$ 这个二次方程式是没有实根的，所以当 a、b、c 依次被输入的值为 3、4、2 时，该程序就会显示它没有实根：

```
Enter a b and c coefficients of a quadratic equation: 3 4 2

roots: nan and nan

3x^2 + 4x + 2 when x is nan should be 0
This should be 0 or very close? nan

3x^2 + 4x + 2 when x is nan should be 0
This should be 0 or very close? nan
```

第 5 章 发送消息

前章回顾

到目前为止，我们已经学会了如何使用和实现自由函数（非成员函数）。当然，我们所介绍的这些函数只是可用的非成员函数中的一小部分，这些自由函数不属于任何一个特定的类，它们是 C++语言的一个重要部分。我们可以通过这些函数的头信息和相关文档来了解新函数的用法。

本章提要

本章将重点介绍如何发消息给一个已经存在的对象，这是一种不同于只有函数调用的语法。本章还会介绍 string、ostream、istream 这几个来自标准库中的类，两个第三方类 BankAccount 和 Grid，以及它们的成员函数。这些内容能让我们在解决问题时具有更好的开发技能，我们将会学习如何将数据成员封装到类中，并编写操作这些成员状态的成员函数。在这个过程中，我们将充分认识到这样做的重要性。

我们希望在完成本章的学习之后，你将掌握：

● 如何发送消息给对象。
● 如何使用 string 和 ostream 类型的消息，并了解它们所能产生的效果。
● 如何使用 string、Grid 和 BankAccount 这 3 种类型的对象来解决相关问题。
● 了解程序员们为什么需要将软件划分成一系列类，这些类都是一组成员函数与相关成员数据的集合。

5.1 为真实世界建模

C++编程语言中主要有的是存储布尔类型、字符类型以及数字类型这 3 种原生类型，但 C++中也有多种类型组成的 C++类结构。例如，string（C++中已被实现的类）类中存储了一个字符集以及与该字符集相关的其他信息（比如该 string 对象中的字符数，string 对象的名称、地址等数据）。还有些类可以让程序员存储一个大型的数据集合。即便如此，这数百个 C++类型还是无法满足每个程序员的所有需求，在很多时候，程序员会发现他们需要根据自己程序的需要来建模，创建属于自己的类。下面，我们以银行系统为例来讨论一下这个问题：

银行柜台程序的书面说明

请实现一个银行柜台程序，该程序要能允许银行客户通过唯一的识别方式访问银行账号。然后，客户要能在柜台服务的帮助下完成以下多项交易活动，包括提款、存款、查询账户余额以及查看最近 10 笔交易记录。我们要求该系统必须要确保所有客户余额的正确性，并且还必须要能应付任意数量的客户一笔以上的交易动作。

当然，我们并没有要求你立即将这个系统实现出来。但是，可以先来考虑一下该系统中会用到哪一些相关的类型。在这里我们要介绍一种简单的解决方案建模工具，用它来找出我们需要的对象类型，这个工具就是将问题的书面说明中出现的名词都写下来。然后，我们逐个思考最终可以用来表示系统中相关部分的候选类型。这些将被用来构建系统的类型主要来自以下 3 个地方：

- 问题的书面说明。
- 我们对目标问题的理解。
- 编程语言所自带的类型。

这些类型应该尽可能地依据对真实世界的建模，从中我们可以得到如下这些候选类型：

对应解决方案模型的候选对象

银行柜台	交易活动
银行客户	最近 10 笔交易记录
银行账户	账户余额

下面我们用一张图来说明一下这个银行柜台系统还会涉及的主要类型。你可以看到 BankTeller 是在许多其他类型对象的辅助下完成相关实现的。

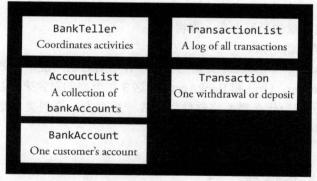

这份问题的书面说明告诉我们一个程序通常要由许多不同的类型组成，而不是囫囵吞枣似的实现一个系统，再为其加一个用户界面那么简单。下面，我们就单以其中的 BankAccount 对象的类型为例来说明一下这个问题。

5.1.1 BankAccount 对象

在本章接下来的内容中，我们会逐步将 BankAccount 这个类型实现成一个 C++类，该类将会提供多个 BankAccount 对象。每个 BankAccount 对象实体都代表着一个银行账户。依据我们对银行账户的了解，首先会想到每个 BankAccount 对象应该要有一个账户号码和账户余额。除此之外，BankAccount 对象中还应该包含比如交易记录清单、个人识别码（PIN）、母亲婚前姓氏等其他部分的值。另外，还必须考虑它所要执行的银行业务，比如创建新账户、存款、取款、查看当前账户余额等。最后还可能会有很多代表银行业务的消息（message）——例如，generateMonthlyStatementAsPDF。

下面，我们来对该类中集合的操作和类做个预览，先创建一个名为 BankAccount.h 的文件（.h 这个扩展名代表了这是一个头文件），然后将 BankAccount 类型定义如下。关于该类的具体实现细节，我们将会在下一章中为你呈现。

```cpp
#include <string>

class BankAccount {
  public:
    BankAccount(std::string initName, double initBalance);
    // post: Construct call with two arguments:
    //       BankAccount anAcct("Hall", 100.00);

    void deposit(double depositAmount);
    // post: Credit depositAmount to the balance

    void withdraw(double withdrawalAmount);
    // post: Debit withdrawalAmount from the balance

    double getBalance() const;
    // post: Return this account's current balance

    std::string getName() const;
    // post: Return this account's name

  private:
    std::string name;
    double balance;
};
```

我们可以将这份 BankAccount 类的定义视作将来在 C++ 中构建多个 BankAccount 对象的蓝图。如你所见，每个 BankAccount 对象都会有属于自己的数据成员：name 和 balance，以及 5 个意义相同的成员函数：BankAccount、deposit、withdraw、getName 和 getBalance。通常情况下，当我们在名为 BankAccount.h 的文件中做了这样的定义之后，就需要在另一个名为 BankAccount.cpp 的文件中对这个 C++ 类做出具体的实现。

需要注意的是，C++ 社区中指称类属函数时使用的是**成员函数**（member function）这个术语[①]，在指称存储对象状态的变量时使用的术语是**数据成员**（data member）。在其他编程语言中，人们通常使用**方法**（method）这个术语来指称前者，而不是*成员函数*。后者也一样，人们通常使用的术语是**实例变量**（instance variable）而不是**数据成员**。本教材将采用 C++ 的术语风格。

另外，我们也可以看到，BankAccount 对象在构造时需要我们提供以下两个实参来初始化该对象的状态：

- 一个可以代表这个账户的标识符，比如某个名称。
- 一个表示账户初始余额的浮点数。

通用格式 5.1：构造对象（也可以同时设置初始值）

class-name object-name(initial-value(s));

---

① 译者注：此处原文为 data member，译者认为是作者笔误，故修正于此，特做说明。

下面来看几个对象构造的示例：

```
BankAccount anAccount("Chris", 125.50);
string str("A string")
string str2() // default value is an empty string ""
```

如你所见，每个对象都具有：
- 名称：用来引用整个对象的变量。
- 状态：该对象当前所拥有的值。
- 消息：该对象可执行的操作。

每个对象都会提供一个用来访问该对象状态的变量，虽然它们拥有各自独特的状态，但能理解同一组消息。例如，在下面这个对象构造动作中：

```
BankAccount anotherAccount("Dakota", 60.00);
```

我们收到了以下信息：
- 用以访问该对象的名称：anotherAccount。
- 状态："Dakota"这个账户名下的账户余额为60.00。
- 消息：该对象可以理解的消息包括 withdraw、deposit、getBalance 等。

也就是说，BankAccount 类的其他实例理解的消息是相同的，但它们会有各自独立的状态。例如，在下面这个 BankAccount 对象构造完之后，newAccount 对象的名称是"Kim"、账户余额为 1000.00：

```
BankAccount newAccount("Kim", 1000.00);
```

5.1.2 类与对象的图解

对于上述 3 个对象特征，我们可以用下面这张类图来汇总一下：

BankAccount
string name double balance
BankAccount(string initName, double initBalance) void deposit(double depositAmount) void withdraw(double withdrawalAmount) double getBalance() const string getName() const

在这张类图的最顶层部分，我们看到的是类名。接下来的部分中列出的是实例变量。最底层部分是方法。同样的，对象也可以用下面这样一张实例图来说明，带下划线的是对象的名称，其余是它们各自的值：

<u>anAccount</u>	<u>anotherAccount</u>	<u>newAccount</u>
name = "Chris" balance = 125.50	name = "Dakota" balance = 60.00	name = "Kim" balance = 1000.00

这 3 张对象的图解描述了 3 个不同的 BankAccount 对象当前的状态。同一个类可以构造

5.2 发送消息

cin、cout 这样的对象也好,任何 string 对象也罢,它们都属于有类成员函数的对象。因此它们在使用上与 cmath 中声明的自由函数是有些不同的,需要使用不同的语法。在使用成员函数时,我们甚至可以用不同的名称(消息)调用不同类型的函数。有些消息会返回对象的状态,也有些消息的任务是告诉对象去做某事。

- 让对象返回其状态的消息:anAccount.getBalance();
- 让对象做事的消息:anAccount.withdraw(25.00);

我们可以通过 getName、getBalance 这样的操作来返回对象的状态。由于其他类成员函数的存在,程序员也可以通过 withdraw 和 deposit 这样的函数来修改对象的状态。下面我们来看一下发送消息给对象的通用格式:

通用格式 5.2:发送消息给某个对象

object-name.function-name(argument-list)

现在,我们来示范一下 BankAccount 对象的消息发送:

```
anAccount.deposit(237.42);
anAccount.withdraw(5);
anAccount.getBalance();
```

下面这些则是不正确的示范:

```
anAccount.deposit();          // Missing the amount to deposit
deposit();                    // missing the object-name and .
anAccount.getBalance;         // missing ()
anAccount.withdraw("10");     // wrong class of argument
anAccount;                    // missing member function name
anAccount.withdrawal(10);     // BankAccount has no function withdrawal
```

幸运的是,如果我们在编写对象名称、点号以及操作名称时出了错,编译时是会产生报错信息的。而且与所有的函数一样,如果客户端代码没有提供正确的实参,编译器也会报错。

总之,我们现在知道了 BankAccount 类(及其产生的所有 BankAccount 对象)中有两个可用于访问其对象状态的成员函数(getName 和 getBalance)和两个可修改状态的成员函数(withdraw 和 deposit)。接下来,我们具体示范一下这些操作。下面这个程序中构造了两个 BankAccount 对象,并同步将一些消息发给了它们,这些消息将会产生以下活动:

- 让名为 ba1 的对象存款 133.33 元。
- 让名为 ba2 的对象取款 250.00 元。
- 显示这两个对象的名称和账户余额。

```
// Initialize two BankAccount objects and send some messages
#include <iostream> // for cout
using namespace std;
#include "BankAccount.h" // for class BankAccount
```

```cpp
int main() {
  BankAccount ba1("Miller", 100.00);
  BankAccount ba2("Barber", 987.65);

  ba1.deposit(133.33);
  ba2.withdraw(250.00);

  cout << ba1.getName() << ": " << ba1.getBalance() << endl;
  cout << ba2.getName() << ": " << ba2.getBalance() << endl;

  return 0;
}
```

程序输出

```
Miller: 233.33
Barber: 737.65
```

对象中所存储的数据量是取决于其所属类的，一个对象的状态可以有许多值——这些值可能也属于不同的类。例如，BankAccount 对象中存储了一个用来表示账户名的 string 对象和一个用来表示账户余额的数字。而 weeklyEmployee 对象则可能需要存储多个用来存储姓名、地址、社会安全号码的 string 对象，以及用来表示工资率和工作时数的数字。robot 对象则可能需要存储当前位置、一份地图以及其机械臂的当前状态。

自测题

5-1. 下面每个被字母注释的行都存在着一个错误，请说明这些错误的缘由。

```cpp
#include <iostream>      // For cout
#include "BankAccount.h"  // For class BankAccount
using namespace std;

int main() {
  BankAccount b1("Sam");           // -a
  BankAccount b2(500.00);          // -b
  bankAccount b3("Jo", 200.00);    // -c
  b1.deposit();   // -d
  b1.deposit;   // -e
  b1.deposit("100.00");   // -f
  B1.deposit(100.00);       // -g
  b1.Deposit(100.00);       // -h
  withdraw(100); // -i
  cout << b4.getName() << endl; // -j
  cout << b1.getName << endl;    // -k
  cout << b1.getName(100.00) << endl; // -l
  return 0;
}
```

5-2. 请写出下面程序会产生的输出：

```cpp
#include <iostream> // For cout
using namespace std;
#include "BankAccount.h" // For the BankAccount class
int main() {
  BankAccount b1("Chris", 0.00);
  BankAccount b2("Kim", 500.00);
```

```
    b1.deposit(222.22);
    b1.withdraw(20.00);
    b2.deposit(55.55);
    b2.withdraw(10.00);

    cout << b1.getName() << ": " << b1.getBalance() << endl;
    cout << b2.getName() << ": " << b2.getBalance() << endl;
    return 0;
}
```

5.3 string 对象

和 bankAcount 类一样，string 类型也是 C++中被实现的一个类。虽然每个 string 对象中存储的都是一个字符集合，但是程序员有时也会对其中的一个字符产生兴趣。除此之外，程序员有时也会需要其中的几个字符或获得当前字符串的长度（其所存储的字符数）。甚至有时候，我们还会需要检查字符串中是否存在着某个指定的子串。例如，我们可能需要判断","是不是字符串"Last, First"的子串，如果是，那么该子串在字符串中的首位索引是什么？C++的 string 类型提供了大量的成员函数，以帮助我们解决大部分与字符串值有关的问题，我们将来会在许多程序中用到 string 对象。

每个 string 对象都存储了一个包含 0 个或多个字符的集合。构造 string 对象的方法主要有以下两种。

通用格式 5.3：string 对象的两种不同构造方式

```
string identifier(string-literal);
string identifier = string-literal;
```

实例示范

```
string stringReference("A String Object");
string anotherStringReference = "Another";
```

和大多数类一样，string 类的成员函数中也有负责修改 string 对象状态的（比如 insert、replace、erase）和只返回对象状态的（比如 length、find、substr）。另外，string 类中还有一些允许访问其元素或个别字符的操作：[]、front 和 back。最后，还有一组作用于 string 对象本身的操作，比如+、[]、<<和>>。

5.3.1 访问性方法

string::length()

在将 length 消息发送给 string 对象之后，它会返回该 string 对象中的当前字符数。

```
string stringReference("A String Object");
string anotherStringReference = "Another";
stringReference.length();          // returns 15
anotherStringReference.length();   // returns 7
```

string::at

at 消息的作用是返回其 int 实参所代表的索引位置上的字符。请注意，string 对象的索引是从 0 开始的，也就是说，第一个字符的索引是 0，第二个字符的索引是 1，要获取它就要向对象发送 at(1) 这个消息。

```
string str("A string object");
str.at(0); // returns 'A'
str.at(1); // returns ' '
str.at(2); // returns 's'
str.at(str.length()-1); // returns 't', the last character
```

string::find 和 string::rfind

find 消息的作用是返回其实参字符串在目标字符串中第一次出现时的首字母索引。如果该实参字符串不存在于目标对象中，find 就会返回一个名为 string::npos 的值（代表的是一个不存在的位置），这往往会是一个值很大的整数，用于区别其他可能返回的整数。而 rfind 则是返回其实参字符串在目标对象中最后一次出现时的首字母索引。

```
string str("there is the other the");
str.find("the");              // returns 0, the first "the"
cout << str.rfind("the"); // returns 19, the last "the"
cout << str.find(" is "); // returns 5
cout << str.find("not here");  // returns string::npos which
                               // may be 18446744073709551615
```

string::substr

substr 消息的作用是以第一个实参指定的在目标字符串中的索引为起点，返回第二个实参所指字符数的子字符串。

```
string str("Smiles a Lot");
str.substr(1, 4);   // returns "mile"
str.substr(9, 1);   // returns "L"
str.substr(9, 2);   // returns "Lo"
str.substr(9, 55);  // returns "Lot"
```

str::front 和 str::back

front 和 back 这两个成员函数的作用就是访问 string 对象中的首字符和尾字符。

```
string str("abc");
// front and back are part of C++11. With some C++ compilers,
// this code may generate compile time errors because their
// string class may does not yet have these member functions.
str.front(); // returns 'a'
str.back();  // returns 'c'
```

5.3.2 修改性方法

str::insert

insert 消息的作用是往目标 string 对象中添加字符，它的第一个实参指定的是插入位前面的索引（被插入字符会位于该索引位置的右边），第二个实参则通常是一个字符串常量或其他字符串对象（待插入的字符串）。

```cpp
string quick("quick");
string all("the brown jumped dog");

all.insert(4, quick); // all.length() increased
all.insert(23, "over the lazy");

cout << all; // prints: the quick brown jumped over the lazy dog
```

str::replace

replace 成员函数的作用是修改目标字符串中指定部分的内容，它的第一个实参指定的是待修改部分的起点处索引，而第二个实参则指定待修改部分所要跨越的字符数。

```cpp
string quick("quick");
string all("the brown jumped dog");
all.replace(4, 14, quick);
cout << all; // prints: the quick dog
```

str::erase

erase 消息的作用是擦除目标字符串中由其实参索引值指定部分的内容。

```cpp
string all("the quick brown fox");
all.erase(4, 12);
cout << all << endl;      // prints: the fox
cout << all.length();     // prints 7
```

5.3.3 为 string 对象本身定义的操作符

+操作符

程序员通常需要将两个独立的字符串合并成一个字符串，这时就可以使用+操作符，它可以将两个以上的字符串拼接（或者说连接）成一个字符串。

```cpp
string firstName("Kim");
string lastName("Potter");

string fullName = lastName + ", " + firstName;
cout << fullName; //prints Potter, Kim
```

当然，该操作符也能将字符拼接成字符串。

```cpp
fullName = '>' + fullName + '<';
cout << fullName; // prints >Potter, Kim<
```

<<和>>操作符

<<和>>这两个操作符对 string 类的重载使我们可以像数字一样对字符串进行输入/输出操作。

```cpp
string firstName;
cout << "Enter first name: ";
cin >> firstName;                    // If the user enters Kim
```

```
cout << "Hello " + firstName;   // output would be: Hello Kim
```

[]操作符

[]操作符的作用和 at 成员函数是一样的，通过这对方括号，我们也可以对目标字符串中的个别字符进行访问或修改。

```
string str("abcde");

str[0];   // returns 'a'
str[1];   // returns 'b'
str[4];   // returns 'e'

str[2] = 'X';
str[3] = 'O';
cout << str; // prints abXOe
```

除此之外，string 类型还有一些用于比较的操作符，比如<=和==等，这部分内容我们将会在之后的章节中介绍。

自测题

5-3. 请写出下面程序会输出的结果。

```cpp
#include <iostream>
#include <string>
using namespace std; // Allows string instead of std::string

int main() {
  string str("Social Network");
  cout << str.length() << endl;
  cout << str.at(0) << endl;
  cout << str.at(str.length() - 1) << endl;
  cout << str.find("Net") << endl;
  cout << str.find("net") << endl;
  cout << str.substr(7, 3) << endl;
  cout << str.substr(7, 1) << endl;
  cout << str.substr(7, 99) << endl;
  cout << str[1] << endl
  return 0;
}
```

5-4. 请写出下面各 string 对象被修改之后的内容。

a.
```
string str1("Social");
str1.replace(0, 1, "UnS");
```

b.
```
string str3("Social");
str3.insert(3, "iet");
str3.erase(6, 1);
```

c.
```
string str2("Social");
str2.erase(3, 2);
```

d.
```
string str4("Social");
str4[0] = 'N';
str4[5] = 'X';
str4[2] = 'T';
```

5-5. 请编写一段代码，将某字符串中间位置的字符存储到一个名为 mid 的 char 类型的变量中，如果字符总数为偶数，就选择中间右边的字符，比如"abcd"的中间字符为"c"。

5-6. 对于下面各条消息的发送，如果你认为发送错误，就将其标识为"error"，否则就写出该调用表达式返回的值。

```
string str("Any String");
```
a. length(str)
b. str.length
c. str(length)
d. str.find(" ")
e. str.substr(2, 5)
f. str.substr("tri")

5.4　ostream 和 istream 的成员函数

istream 和 ostream 是分别为我们提供输入和输出功能的两个类。

ostream::width

width 成员函数的作用是修改名为 cout 的 ostream 对象的状态。

```
#include <iostream>
using namespace std;
int main() {
  cout << 1;
  cout.width(5);
  cout << 2;
  cout << 3;
  return 0;
}
```

程序输出

1   23

默认情况下，cout 的状态是被设置为以最小列数继续下一项输出——也就是说，这些输出项之间是没有空格的。我们可以用 cout.width(5)这个消息来临时改变 cout 的默认状态，将其到下一项输出之间的距离设置成 5 列宽度。但在下一项输出之后，默认状态会重新生效，所以你会看到 3 紧接着出现在 2 的后一列中。

ostream::precision

如果我们想控制浮点数输出的外观，就需要用到 ostream 的成员函数 precision。precision 消息的作用是告诉 ostream 对象 cout 以指定的小数位来显示浮点数。和 width 不一样的是，precision 的作用是会被保持下去的，一直到 cout 收到另一个 precision 消息为止。

```
// Send two precision messages to the ostream object named cout
#include <iostream>
using namespace std;
```

```
int main() {
    double x = 1.23456;

    cout << x << endl;      // Default (1.23456)
    cout.precision(1);      // Modify the state of cout
    cout << x << endl;      // Show only one significant digit (1)
    cout.precision(4);      // Modify the state of cout
    cout << x << endl;      // Show four digits rounded (1.235)
    cout << x << endl;      // Precision of 4 still in effect

    return 0;
}
```

程序输出

```
1.23456
1
1.235
1.235
```

istream::good

istream 类的成员函数 good 的作用是返回某个输入对象（通常是 cin）的状态。一般情况下，cin.good() 返回的是 1，表示"true"，代表 cin 还能继续读取数据。反之，如果某人输入了错误的值，比如在该输入数字的情况下输入了一个"BAD"，那么 good 消息会返回 0，代表其状态变成了"false"。

```
cout << cin.good(); // Returns 1 for good, 0 for bad
```

每当 cin.good() 返回的状态为 false 时，除非我们采取其他步骤修复该状态，否则就无法进行更多的输入了。所以，如果你输入了一个无效的数字（这种输入错误并不少见），就会出现一些意想不到的情况。

```
// Demonstrate what happens with bad input
#include <iostream> // For the cout and cin objects
using namespace std;

int main() {
    int x = 0.0;

    cout << "Is cin good? " << cin.good() << endl;
    cout << "Enter an int: ";
    cin >> x;
    cout << "Is cin still good? " << cin.good() << endl;

    return 0;
}
```

程序会话 1：1 代表 true	程序会话 2：0 代表 false
Is cin good? 1	Is cin good? 1
Enter an int: 123	Enter an int: NotAnInt
Is cin still good? 1	Is cin still good? 0

类成员函数的头信息

当某个函数成为某个类的成员时，其函数头信息就要用类名加::操作符来加以限定。在下一章中，我们将会看到::是成功构建C++类过程中必须要用到的操作符。它还有助于读者分辨何时该用点号来发送消息。下面，我们来看一下如何将函数头信息标识为类成员函数：

通用格式 5.4：类成员函数的头信息

class-name :: *function-name*(*parameters*)

例如，int string::length()就代表length是string类的一个成员，它与sqrt和pow这样的非成员函数是不同的。下面，我们来看一些目前已经发布的类成员函数的头信息（事实上远不止这些）。

一些类成员函数头信息的实例

类型	成员函数

string	`int string::length() const;`
	// Return the number of characters in this string
	
	`int string:: find(string subString);`
	// Return position of first substring
	
	`string string::substr(int pos, int n) const;`
	// Return the n characters to the right of
	// string[pos] or up to this string's length
	
	`string insert (int pos, const string& str);`
	// Inserts additional characters into the string right
	// before the character indicated by pos.

ostream	`int ostream::width(int nCols);`
	// Next output to this ostream object will be
	// displayed in nCols. Returns the current value
	// of the date member width.
	
	`int ostream::precision(int nDigits);`
	// Show floating-point output with nDigits of digits.
	// Also returns the current precision.

istream	`int istream::good();` // post: Return 1 if istream can read or 0 if corrupt

BankAccount	`BankAccount::BankAccount(string aName, double initBalance);`
	// post: Construct a BankAccount with two arguments
	
	`void BankAccount::deposit(double amount);`
	// pre: amount >= 0
	// post: amount is credited to this object's balance
	
	`void BankAccount::withdraw(double amount);`
	// pre: amount >= 0 and <= this object's balance
	// post: amount is debited from this object's balance
	
	`double BankAccount::getBalance() const;`
	// post: Return this object's current balance
	
	`string BankAccount::getName() const;`
	// post: Return this object's name

这种类名加::的形式可以帮助我们识别自己是否在调用非成员函数（自由函数），也就是

我们应该使用函数名来调用，还是用类名后面跟着点号的形式来发送消息。

自由函数的头信息	函数调用

double pow(double base, double power)
// post: Return base to the power power
	double answer = 0.0;
	double x = 1.023102;
	answer = pow(x, 360.0);

string string::substr(int pos, int n)
// post: Return n characters of this
//   string beginning at index pos
	string name("Doe, Jo");
	int n = name.find(",");
	string last =
	name.substr(0, n);

另外，我们还需要在文档中说明这是一个需要用类名加点号来调用的类成员函数。我们将会经常看到一些没有写明形参表和返回值类型的成员函数文档（比如 string::length）。本教材以及其他很多在线资料和书籍都是这样处理文档的。

自测题

5-7．请写出下面程序将会输出的内容。在此过程中，请确保所有的输出都位于正确的列数上。

```
#include <iostream>
using namespace std;
int main() {
  cout << "123456789012345" << endl;
  cout.width(3);
  cout << 1;
  cout.width(5);
  cout << 2.3;
  cout.width(6);
  cout << "who" << endl;
  return 0;
}
```

5-8．请写出下面的程序确切会输出的内容：

```
#include <iostream>
using namespace std;
int main() {
  cout.precision(3);
  cout << 9.876543 << endl;
  cout.precision(1);
  cout << 1.2 << endl;
  cout.precision(8);
  cout << 1.2 << endl;
  return 0;
}
```

5-9．请根据下面的输入，写出以下程序会产生的完整会话内容：

a．用户输入 *123*

b．用户输入 *XYZ*

```
#include <iostream>
using namespace std;
int main() {
  int anInt(0);
```

```
    cout << "Enter an integer: ";
    cin >> anInt;
    cout << "Good? " << cin.good() << endl;
    return 0;
}
```

5-10. 请说出以下成员函数所需的类：

a. istream::clear
b. Grid::move
c. ostream::width
d. string::replace
e. BankAccount::withdraw
f. istream::good

5.5 另一个非标准类：Grid

在这一节中，我们将介绍另一个非标准类。我们在以后的章节中还会偶尔用到这个类，它有助于我们更深入地去思考对象的概念，这对提高解决问题的技能还是很有帮助的。

下面我们来介绍如何将 Grid 类型实现成 C++类。但在正式进入本节的学习内容之前，我们需要先说明一件事：这里所设计的这个 Grid 类仅用于本教材的教学自用。我们会在后续章节中偶尔把它拿出来，利用其可视化的方式来演示一些新概念。但是，这并不意味着 Grid 对象本身在这些新概念上体现了任何优势，我们只是希望通过 Grid 对象的图形化状态让读者更容易理解用发送消息这种方式来访问或修改对象状态的过程。我们接下来要完成的一些项目都只用向对象发送消息即可。

另外需要说明的是，Grid 这个类是基于 Rich Pattis 的 *Karel the Robot: A Gentle Introduction to the Art of Programming* 一文的成果以及迪斯尼世界的 Epcot 中心的一个游戏来完成的。该游戏会问一个问题"Could you be a programmer?"，在这个游戏里玩家需要引导一条海盗船避开一系列障碍物，最终到达宝藏所在的地方。

Grid 对象中要存储的是一个用行列式矩阵来表示的地图和一个要被移动的对象。所以，Grid 对象的初始化过程需要我们提供以下 5 个实参。

Grid *Grid-name* (*rows*, *cols*, *mover-row*, *mover-col*, *direction*);

前两个实参指定的是 Grid 对象中矩阵的行数和列数，接下来两个实参指定的是移动器（mover）最初所在的行数和列数，最后一个实参指定的是移动器的初始方向，这里有 north、south、east、west 四个方向。

在下面的程序中，我们示范了 Grid 对象的初始化过程，并展示了 Grid::display 这个消息的输出。程序员是通过这个消息来检查 Grid 对象的状态的。为了遵守 C++中从 0 开始计数的约定俗成，这里的第一行和第一列会被记录成 0 行和 0 列。因此，第一行第一列所在的位置应该被记录成"0, 0"。

```
// Initialize and display a Grid object
#include "Grid.h" // For the Grid class
```

```
int main() {
  // Arguments used to initialize a Grid object go like this:
  // #rows, #columns, StartRow, StartColumn, StartDirection
  Grid aGrid(8, 16, 4, 8, east);    // 4 is the fifth and
                                    // 8 is the ninth  column
  aGrid.display();
  return 0;
}
```

程序输出

```
The Grid:
. . . . . . . . . . . . . . . .
. . . . . . . . . . . . . . . .
. . . . . . . . . . . . . . . .
. . . . . . . . . . . . . . . .
. . . . . . . > . . . . . . . .
. . . . . . . . . . . . . . . .
. . . . . . . . . . . . . . . .
. . . . . . . . . . . . . . . .
```

可以访问 Grid 对象状态的类成员函数如下:

- int Grid::row() const
- int Grid::nRows() const
- int Grid::nColumns() const
- void Grid::display() const
- bool Grid::frontIsClear() const

尽管这些操作我们目前未必都需要,但只要想持续解决一些与 Grid 对象相关的问题,它们迟早都会派上用场。

```
// Access the state of a Grid object with messages
#include <iostream>   // For the cout object
using namespace std;
#include "Grid.h"     // For class Grid

int main() {
  Grid aGrid(7, 14, 5, 8, east); // Column 8 is the ninth column
  cout << "Current row        : " << aGrid.row()         << endl;
  cout << "Current column     : " << aGrid.column()      << endl;
  cout << "Number of rows     : " << aGrid.nRows()       << endl;
  cout << "Number of columns  : " << aGrid.nColumns()    << endl;
  cout << "Front is clear?    : " << aGrid.frontIsClear() << endl;
  return 0;
}
```

程序输出

```
Current row        : 5
Current column     : 8
Number of rows     : 7
Number of columns  : 14
Front is clear?    : 1
```

下面,我们来看 Grid::move()、Grid::turnLeft()和 Grid::turnRight()这 3 个可以修改 Grid 对象状态的消息。

```
#include "Grid.h" // For the Grid class
int main() {
  Grid aGrid(7, 9, 1, 3, east);
  aGrid.move();
  aGrid.move();
  aGrid.turnRight();
  aGrid.move();
  aGrid.move();
  aGrid.turnRight();
  aGrid.move();
  aGrid.move();
  aGrid.turnLeft();
  aGrid.move();
  aGrid.move();
  aGrid.display();
  return 0;
}
```

程序输出

```
The Grid:
. . . . . . . . .
. . . . . . . . .
. . . . . . . . .
. . . . . . . . .
. . . v . . . . .
. . . . . . . . .
. . . . . . . . .
```

自测题

5-11. 请写出下面程序会输出的内容：

```
#include <iostream> // For cout
using namespace std;
#include "Grid.h" // For the Grid class

int main() {
  Grid aGrid(6, 6, 4, 2, east);
  aGrid.move(2);
  aGrid.turnLeft();
  aGrid.move(3);
  aGrid.turnLeft();
  aGrid.move(2);
  aGrid.display();
  cout << "row: " << aGrid.row() << endl;
  cout << "col: " << aGrid.column() << endl;
  return 0;
}
```

5.5.1 Grid 对象的其他操作

Grid 对象中还有一些其他操作，我们将会在完成本章编程项目时用到它们。这些编程项目将会为我们提供实际向对象发送消息的实践机会（调用成员函数），通过开发算法产生出更多图形化的结果。在下面的类图中，我们列出了 Grid 类的所有成员函数，由于这些函数不需要知道其所作用对象的数据成员，因此我们在这里省略了对象的状态。

Grid 的成员函数

```
// -- Modifiers
  void move();
  void move(int spaces);
  void turnLeft();
  void turnRight();
  void putDown();
  void putDown(int putDownRow, int putDownCol);
  void toggleShowPath();
  void pickUp();
  void block(int blockRow, int blockCol);

// -- Accessors
  bool frontIsClear() const;
  bool rightIsClear() const;
  int row() const;
  int column() const;
  int nRows() const;
  int nColumns() const;
  void display() const;
```

尽管这幅类图为我们提供了该类合法消息的概要，但它并没有说明发送这些消息时所需实参的数量和类型。因此，我们接下来要提供一份这些成员函数头信息的子集（其中包含了在本章"编程项目"部分中会用到的那些成员函数），以及它们的前置条件和后置条件。

Grid 类成员函数的子集

这些信息将有助于我们理解每个函数的功能。前置条件告诉我们在发送消息之前必须要确定的事，而后置条件则会告诉我们在前置条件被满足之后该函数会做的事。

```
Grid::Grid(int Rows, int Cols,
           int startRow, int startCol,
           int direction)
// post: Construct a 10-by-10 Grid object with 5 arguments
//       Grid aGrid(10, 10, 0, 0, east);

void Grid::move()
// pre:  The mover has no obstructions in the next space
// post: The mover is 1 space forward

void Grid::move(int spaces)
// pre:  The mover has no obstructions in the next spaces
// post: The mover is spaces forward

void Grid::putDown(int putDownRow, int putDownCol)
```

```
// pre:  The intersection (putDownRow, putDownCol) has nothing at
//       it except, perhaps, the mover
// post: There is one thing at the intersection

void Grid::pickUp()
// pre:  There is something to pick up at the mover's location
// post: There is nothing to pick up from the current intersection

void Grid::turnLeft()
// post: The mover is facing 90 degrees counterclockwise

void Grid::block(int blockRow, int blockCol)
// pre:  There is nothing at the intersection (blockRow, blockCol)
// post: The intersection can no longer be visited

void Grid::display() const
// post: The current state of the Grid is displayed on the screen
```

例如，假设我们要写这样一个程序，它要能让图中的小人儿避开 3 个指定交汇点（用#表示），然后让他吃到两块饼干之后返回出发位置。该怎么做呢？首先，我们要发送一些 Grid::putDown 消息来放置"饼干"（你可以根据自己的喜欢来设置它，比如这里使用了 O 字母）。接下来，我们就可以根据 Grid 类的成员函数（比如 Grid::move）来发送相应的消息来移动小人儿，帮助他吃到饼干了。如果小人儿向南走，我们就会看到他变成了 v，向北则是^。同样的，如果小人儿向东移动，他就会变成>，向西则是<。另外，为了让小人儿完成"吃"饼干这个动作，我们还需要向其发送 Grid::pickUp 消息。下面我们具体来看一下这个程序：

```
// This program sets two cookies on the table and instructs a kid
// on how to locate them, "eat" them, and return home
#include "Grid.h" // For the Grid class

int main() {
  Grid kid(8, 12, 0, 0, south);
  kid.putDown(4, 0);
  kid.putDown(4, 3);
  kid.block(3, 2); // Can't move through a block #
  kid.block(4, 2);
  kid.block(5, 2);
  // Show the state of kid
  kid.display();

  // "Eat" two cookies
  kid.move(4);
  kid.pickUp();
  kid.move(2);
  kid.turnLeft();
  kid.move(3);
  kid.turnLeft();
  kid.move(2);
  kid.pickUp();

  // Get the kid back home
  kid.move(4);
  kid.turnLeft();
```

```
    kid.move(3);

    // Show the ending state
    kid.display();
    return 0;
}
```

程序输出

```
The Grid
v . . . . . . . . .
. . . . . . . . . .
. . . . . . . . . .
. . # . . . . . . .
O . # O . . . . . .
. . # . . . . . . .
. . . . . . . . . .
. . . . . . . . . .
. . . . . . . . . .
. . . . . . . . . .

The Grid
< . . . . . . . . .
. . . . . . . . . .
. . . . . . . . . .
. . # . . . . . . .
. . # . . . . . . .
. . # . . . . . . .
. . . . . . . . . .
. . . . . . . . . .
. . . . . . . . . .
. . . . . . . . . .
```

5.5.2 不满足前置条件的情况

我们也可能会向 Grid 对象发送许多"非法"的消息。例如，我们在向其发送 move 消息时会让移动器撞上障碍物（#）或者直接将其移出 Grid 的地图边界，以及所有不正确的消息（比如实际要移动的是 4 行而不是 3 行等）。

自测题

5-12. 如果是在为 Grid 对象设计操作，你会希望防止哪些情况发生？

当 Grid 对象收到一条无意义消息时，它应该怎么做呢？坦率地说，事情会有点尴尬。该对象通常做不了什么反应。在这种情况下，对象的状态可能会保持不变，或者对象会一步移到其网格的末端或直接穿过障碍物——这看起来似乎变成了一个超人对象。除此之外，我们对这个问题还有一个比较滑头的答案，那就是对象的行为是"未定义"的。

这种尴尬情景要利用前置条件的概念来避免。函数的"前置条件"是指该函数只能在某个假设成立时才能执行函数调用或发送消息的动作。例如，void move(int spaces)这个操作的前置条件是移动器的移动路径上不能撞上障碍物或网格边界。同样地，Grid::pickUp()的假设则是移动器所在的位置必须要有东西可以被拿起来。

```
void Grid::move(int spaces)
// pre:  The mover has no obstructions in the next spaces
// post: The mover is spaces forward
```

```
void Grid::pickUp()
// pre:  There is something to pick up at the mover's location
// post: There is nothing to pick up from the current intersection
```

当我们违反其中某个前置条件会怎样呢？如果你去研究一下与 Grid 相关的其他编程项目，就会找到答案。

5.5.3 即使函数没有任何实参也必须用()来调用

其实目前我们已经见过几个不需要实参的消息了。事实上，只要一个函数没有定义形参，它在被调用时就不需要提供实参。下面我们来看两个示例：

```
cout << aString.length() << endl;
cout << aGrid.row() << endl;
```

在做本章"编程项目"中的任何项目之前，读者还应该要注意，即使我们没有值需要通过实参传递给 string::length 或 Grid::row，在发送消息时也必须使用括号。像下面这样的话，代码是不会照你的预期来执行的：

```
cout << aString.length << endl;    // ERROR: Missing () after length
cout << aGrid.row << endl;         // ERROR: Missing () after row
```

这里的括号代表的是函数调用操作符。没有"("和")"，就没有函数调用操作——即使函数需要的实参个数为 0。

5.6 类和函数为何而存在

抽象（abstraction）是一个提炼并凸显复杂系统中相关特性的概念。这个概念的其中一个方面就是让我们从编程语言的层次来理解计算机，而不必再完全了解其更低层次的细节。所以，抽象化是我们对抗复杂性的一个武器。

正如大家所知，我们在 C++ 中会使用 sqrt、pow、Grid::move，以及任何由第三方程序员开发、并不了解其实现细节的函数。另外，抽象化也可以让程序员轻松地使用 int、double、string、BankAccount 和 Grid 这些对象，同样也不必知道它们的实现细节，比如 int 类型的数值特征（包括整数的取值范围）以及该类型支持的操作（包括加法、减法、赋值、输入与输出等），或者这些操作在硬件和软件中的具体实现。总而言之，抽象化可以让编程变得更友好，让我们生活得更轻松，而且有助于我们更理性地处理问题。程序员经常将被抽象化的代码说成是一个"黑盒子（black box）"。也就是说，当一个函数的实现设计对外界不可见时，程序员就将其称为"黑盒子"。这就是所谓的抽象化。

即便 C++ 本身自带了大量函数和类的抽象体集合，额外的函数和类显然还是会被需要的，因为新的抽象体是需要根据现有的对象、操作和算法来构建的。当我们在建立函数和类这些抽象体时，应该要为抽象体的构建设置一个目标，以便它们更容易被使用并能执行定义明确的操作。这样一来，即便我们在很长时间之后忘记了这些抽象体的具体细节，也能继续使用它们，因为这只需要我们知道它们会"做什么"，不必记得它们具体是怎么做的。

当然，我们也可以将所有代码都直接编码在 main 函数里，不把相关的代码分组封装成函数，然后用函数调用来替代这些语句。其结果就如下表所示的那样，这种直接编码的方式带来的代码行数是非常巨大的。

一条消息所代表的操作

操 作	面向对象的方式	直接编码的方式
构造 Grid 对象	`Grid g(15,15,9,4,east);`	需要 35 行代码
朝当前方向移动	`g.move(2);`	需要 112 行代码
输出 Grid 的状态	`g.display();`	需要 6 行代码
改变移动方向	`g.turnLeft();`	需要 10 行代码

在上述表中，中间一列所显示的那 4 条消息都是对其右边一列中那 163 行非函数化代码的抽象化。大家可以想象一下，如果我们现在发送 6 条消息，移动 3 次，转向 3 次，情况会如何呢？这 6 条消息的等效非函数化代码有足足 366 行！

如果将多行细节性的代码放入函数，程序员就可以用发送消息或函数调用的方式来执行相关操作了。而且，相同的消息还可以反复地发送多次。因此对于那些需要在程序中多次使用的代码，我们最好把它们写成自由函数（非成员函数）或对象可用的成员函数。函数调用和消息发送还有助于隐藏许多实现细节，程序员通常是不需要看到或了解所有实现细节的，而且将代码封装在函数中可以避免代码重复，而重复的代码往往是程序员会产生编码错误的一个信号。这里常提到的**抽象化**、**封装**、**黑盒**这些术语的核心含义都是在指隐藏信息。

自测题

5-13. 请遵照上面的表格写出，如果我们用面向对象的方式来对 Grid 对象的状态进行初始化，需要多少行代码？

5-14. 请遵照上面的表格写出，如果我们用直接编码的方式（表格的最右一列）来对 Grid 对象的状态进行初始化，需要多少行代码？

5-15. 请用纸和笔来编写这样一个程序：构建一个 Grid 对象，并依次向北、东、南、西 4 个方向都移动一格。

通过将底层细节分割到函数中，同样的实现我们只需要编写一次就可以了。函数的另一优势就是同一个操作可以通过一行消息反复多次使用。相较于一个巨大的 int main() { }，显然是由一组非成员函数（自由函数）的调用和类成员函数所构成的消息所组成的程序更容易被管理。下面，我们来总结一下程序员在 C++中使用现有的函数和对象能更好地管理软件开发复杂性的一些原因。

- 这样做可以重用现有的代码，不用一切从头开始写。
- 这样做可以将精力集中在手上较大的问题上。
- 函数只需编写一次，就可以进行彻底的测试，有助于减少错误。

在早期的编程中，程序经常会被写成一个巨大的主程序。随着程序的规模越来越大，**结构化编程**（structured programming）逐渐成为流行趋势。结构化编程的主要特征之一就是它主张将程序划分为一系列函数，以便更好地管理代码。程序员也发现这种方式能帮助人们更好地理解他们的程序，而且在独立的函数中维护相关的细节，也要比面对一整个主程序容易多了。毕竟，在一个拥有 200 个函数的程序中修复一个 20 行的代码，要比修复一个 2000 行的程序容易得多。除此之外，我们会将程序分割成函数的理由还包括：

- 将实现细节放入函数或类中，能使代码更容易被理解。
- 这样做可以使我们在同一个程序中多次执行相同的操作。
- 这些函数和类也可以在别的应用中被重用。

在我们使用自由函数时，数据会在非成员函数之间来回传递。当数据在整个大型程序中随处可见时，它被意外修改的概率就会大幅增加。

如今，随着软件越来越复杂，用对象技术来按操作的数据对函数进行分组封装的想法也被提了出来，以便开发人员不必在不同组的非成员函数之间乱抛数据，后者显然会为许多意外攻击打开方便之门。正如我们将会在下一章中看到的，在面向对象的编程中，数据和函数被封装在了一起——这种设计既优雅又安全。

程序被组成模块的历史发展过程：

```
早期              结构化           面向对象
main() {          one() {          class ONE {
  // 1            }                  one()
  _____          two() {             two()
  _____           }                  // ...
  _____          //...               ten()
  _____          ninety9() {        }
  _____           }                 // ...
  _____          hundred() {        class NINE {
  _____           }                  eighty1()
  //500          main() {            eighty2()
  _____           }                  // ...
  _____          }                   ninety()
  _____                             }
  _____                             //...
  _____                             class TEN {
  _____                              ninety1()
  //1000                             ninety2()
}                                    //...
                                     hundred()
                                    }
                                    main() {
                                    }
```

自测题

5-16. 对于你而言，使用函数最重要的原因是什么？

5-17. 请用一个实例说明一下抽象化在日常工作中是如何帮助我们的。

本章小结

- string 类由一组数量庞大的操作 string 对象中所有或部分字符的操作组成，其中包括 substr、find、at、replace 以及 length 等函数。
- 某些消息需要在其函数名之前加上对象名和点号（.），并配上实参才能调用。也

- 就是说，它们的调用形式应该是 aString.substr(2, 5)，而不是 substr(aString, 2, 5)。
- 我们可以用 cout.width(10)的列宽输出 10 列右对齐的数字（或是用 cout.width(9)的列宽输出 9 列等）。在这里，新列的起点位于前一个输出值之后，而不是其自身的左边距。
- 类成员函数通常要用类名加域操作符::的形式来表明这是一个对象类的消息，所以我们看到的是 ostream::width 而不是直接的 width。
- 类成员函数头信息所能给出的用法信息和非成员函数（sqrt、pow、fmod）是一样的，即给定的返回值类型、函数名以及调用时必须要使用的实参类型等。
- 类成员函数在外部被引用时必须要加上其所属的类名，比如 void Grid::move()。
- 本教材所使用的大部分类都是 C++标准库的一部分。额外的 BankAccount 和 Grid 这两个类也可以从本书的配套源代码中找到。
- 类图的作用就是通过类（对象）的任意实例来理解其消息的名称。当然，想要正确地发送信息，程序员必须要知道更多的信息（比如其实参所属的类和它们的数量）。这就是我们要说明前置条件和后置条件的原因。
- 在 20 世纪 60 年代，程序通常是以语句集的方式来编写的。到了 20 世纪 70 年代，程序就逐渐成了自由函数的集合。从 20 世纪 90 年代开始，越来越多的程序变成了一组可交互对象的集合，这里的每个对象都是一个包含某组成员函数的类的实例。每一次的改进都让我们可以构建出更复杂的软件。
- 抽象化意味着程序员可以在不知道实现细节的情况下调用函数或发送消息。确实在很多情况下，程序员只需要知道函数名、返回值类型、实参所属的类和它们的数量就可以了。

练习题

1. 请写出你认为下列程序会产生的输出内容：

```
#include <iostream>
using namespace std;
#include "BankAccount.h" // For class Grid

int main() {
  BankAccount b1("One", 100.00);
  BankAccount b2("Two", 200.00);
  b1.deposit(50.00);
  b2.deposit(30.00);
  b1.withdraw(20.00);
  cout << b1.getBalance() << endl;
  cout << b2.getBalance() << endl;
  return 0;
}
```

2. 在下面程序被执行时，如果用户的输入依次是 MyName、100、22.22、44.44，请写出其完整的会话过程。

```cpp
#include <iostream>          // For cout and endl
using namespace std;
#include "BankAccount.h"     // For the BankAccount class
int main() {
  string name;
  double start, amount;
                                        // Input:
  cout << "name: ";                     // MyName
  cin >> name;
  cout << "initial balance: ";          // 100
  cin >> start;

  // Construct a BankAccount
  BankAccount one(name, start);

  cout << "deposit? ";                  // 22.22
  cin >> amount;
  one.deposit(amount);

  cout << "withdraw? ";                 // 44.44
  cin >> amount;
  one.withdraw(amount);

  cout << "balance for " << one.getName() << " is "
                        << one.getBalance() << endl;
  return 0;
}
```

3. 请写出你认为下列程序会产生的输出内容:

```cpp
#include <iostream>          // For the object cout
using namespace std;
#include "Grid.h"            // For the Grid class
int main() {
  Grid aGrid(6, 6, 1, 1, south);
  aGrid.putDown(2, 3);       // Place thing at a specific intersection
  aGrid.block(0, 0);
  aGrid.block(5, 5);
  aGrid.move(2);
  aGrid.turnLeft();
  aGrid.putDown();           // Place thing where the mover is
  aGrid.move(3);             // located, which appears as &
  aGrid.turnLeft();
  aGrid.putDown();           // Place object where the mover is located
  aGrid.move(1);
  aGrid.turnLeft();
  aGrid.move(1);
  aGrid.display();
  cout << "Mover: row#" << aGrid.row() << " col#" << aGrid.column()
       << endl;
  return 0;
}
```

4. 请问在下面的程序中 position 的值是什么?

```cpp
string s("012345678");
// Initialize position to the first occurrence of "3" in s
int position = s.find("3");
```

5. 请问在下面的程序中 s2 的值是什么？

```
string s1("012345678");
string s2(s1.substr(3, 2));
// assert: s2 is a substring of s1
```

6. 请问在下面的程序中 lengthOfString 的值是什么？

```
string s3("012345678");
int lengthOfString = s3.length();
// assert: lengthOfString stores the number of characters in s3
```

7. 请在 double、int、ostream、istream、string、BankAccount、Grid 中选择最适合用来表述下面各项问题的类：

 a. 表示某一学科的学生人数。

 b. 表示某位学生的平均成绩。

 c. 表示某位学生的名字。

 d. 表示某测试中的问题数量。

 e. 表示某个人的储蓄账户。

 f. 模拟一个非常有限版的吃豆人游戏。

 g. 读取用户输入。

 h. 显示输出内容。

8. 请列举两个程序员会选择使用或实现函数的理由。

9. 程序员必须理解 Grid::move 的具体实现才能使用它吗？

10. 请根据以下成员函数的头信息回答下列问题：

```
void Grid::block(int blockRow, int blockCol)
// pre:  The intersection at (blockRow, blockCol) has nothing
//       at all on it, not even the mover
// post: The intersection at (blockRow, blockCol) is blocked. The
//       mover cannot move into this intersection.
```

 a. 该成员函数的名称是什么？

 b. 该成员函数的返回值类型是什么？

 c. 该成员函数所需的类是什么？

 d. 假设现在已经有了一个名为 aGrid 的 Grid 对象，请问如何向其发送一个有效消息？

11. 请编写一个完整的 C++程序，该程序会先初始化一个 BankAccount 对象，其账户余额为$500.00，账户名即你自己的名字。接着存款$125，取款$20.00。然后显示之后的账户名和账户余额。其大体输出应该如下：

```
name: Your Name
balance: 605
```

编程技巧

1. 我们待会需要用到作者提供的一些文件来完成一些编程项目，你需要用""而不是<>来包含这些文件（比如"Grid.h"和"BankAccount.h"）。这两个文件应该与我们 main 函数所在

2．在使用#include 引入文件时应注意区分标准库文件和非标准库文件（后者也叫用户定义文件）。引入标准库文件（包括类和对象）的#include 指令使用的是<＞，而非标准库的则是" "。下面来看一些示例：

```cpp
#include <string>       // For the standard string class
#include <iostream>     // For cout and cin
using namespace std;    // Required to avoid writing std::cout

#include "BankAccount.h"  // For class BankAccount
#include "Grid.h"         // For class Grid
```

3．即使没有实参，调用消息时也必须以()结尾，不要忘记不需要实参的消息后面也要加一对括号。

```cpp
cout << myAcct.balance;    // Error: This references a memory location
cout << myAcct.balance();  // Good
```

4．C++是从 0 而不是从 1 开始计数的，所以 string 对象中首字符的索引是 0 而不是 1。

```cpp
cout << aString[0];  // Return the first character
cout << aString[1];  // Return the second character
```

5．不要引用 aString[aString.length()]这个字符，因为这是在试图引用一个不在 0 到 aString.length()-1 区间内的单值。通常情况下，我们是不会引用一个 string 对象中不存在的字符的。

```cpp
string aString;
aString = "This string has 29 characters";
cout << aString[-1]; // ERROR: -1 is out of range, only use 0..28
cout << aString[aString.length()]; // ERROR: 29 is also out of range
```

6．只有一个实参的对象有两种不同的构造方法（当然，C++11 又定义了一种，但这种方式直到最近才被使用，这里就不与讨论了）：一种使用的是括号，另一种使用的是赋值操作符。

```cpp
string state1 = "Arizona";
string state2("Minnesota");

int n2 = 0;
int n1(0);

double x2 = 0.0;
double x1(0.0);
```

如果对象有两个以上的初始值，就只能使用括号了，比如：

```cpp
BankAccount anAcct("Skyler", 23.41);
Grid aGrid(12, 12, 0, 0, east);
```

7．::操作符的作用是标明一个函数所属的类，因此该操作符叫作"域解析操作符"。类名之后加上::操作符可以将一个函数标注为成员函数，这样一来，该类的所有实例都会将其理解成一个消息。因此，string::length 这个标注将会让所有的 string 对象将 length 理解成一个消息。然而，类名加::这种形式是不能用于调用消息的。

```cpp
BankAccount anAcct("Milan", 345.67);

// Need 'object-name.functionName' not 'class-name::functionName'
```

```
cout << BankAccount::balance();    // Invalid
cout << anAcct.balance();          // A valid message
```

编程项目

5A. 小型密码器

请编写一个 C++ 程序，目的是获取 5 个单词中的隐藏信息。我们要求该程序要能从 5 个输入字符串中各取一个字符，然后将它们拼成一个新的单词。该程序除了能按照下列过程运行两次之外，还能再补充一次会话：

```
Enter five words: cheap energy can cause problems
Enter five integers: 4 2 1 0 5
Secret message: peace

Enter five words: programming is very complex work
Enter five integers: 3 0 0 5 2
Secret message: giver
```

5B. 绘制字母 I

请编写一段代码，以 main 函数的形式构建一个 13×7 的 Grid 对象，然后指示移动器"绘制"出一个字母 I，其效果如下所示（移动器可以留在 I 旁边的任何位置）：

```
. . . . . . .
. . . . . . .
. . . . . . .
. . . . . . .
. . . . . . .
. . . . . . .
. . . . . . .
. . . . . . .
. . . . . . .
. . . . . . .
. . > . . . .
. . . . . . .
. . . . . . .
```

5C. 编写跳过障碍物函数

请编写一个函数 void jumpOneHurdle(Grid & g)，以指示移动器跳过一个"障碍物"（这里用#来表示）。要求在 main 函数中调用该函数 5 次，并在每次调用 jumpOneHurdle 之后都显示一次移动器的当前状态。

```
g.display(); // Show initial state, just after construction
jumpOneHurdle(g); g.display();
jumpOneHurdle(g); g.display();
jumpOneHurdle(g); g.display();
jumpOneHurdle(g); g.display();
jumpOneHurdle(g); g.display();
```

下面是第一次向 Grid 对象发送 display 消息时该对象的状态：

```
The Grid:
. . . . . . . . . . . . . . . . . . . . . . . . . .
. . . . . . . . . . . . . . . . . . . . . . . . . .
> . . # . . . . # . . . . # . . . . # . . . . # . . .
```

下面是第 6 次发送 display 消息时，移动器跳过第 5 个障碍物之后的情况：

```
The Grid:
. . . . . . . . . . . . . . . . . . . . . . . . . .
. .   #     #       #       #         #  > . .
. . . . . . . . . . . . . . . . . . . . . . . . . .
```

5D. 爬楼梯

请编写一个函数 void climbStair(Grid & g)，以指示移动器如何爬行一步，并通过对该函数足够次数的调用让移动器爬到指定楼梯的顶部。在这里，我们需要发送 6 次 block 消息来模拟下面这样的楼梯：

```
       Before                   After
       The Grid:                The Grid:
       . . . . . . . . .        . . . . . . . . >
       . . . . . # # #          . . . . . # # #
       . . . # # .              . . . # # .
       . # # .                  . # # .
       > # .                    . # .
```

5E. 10 个 String 处理函数

请编写一个 C++程序，使其能让以下测试驱动器中的 main 函数在调用其指定的 10 个自由函数时产生我们所预计的输出。

```cpp
// Test drive 10 String processing functions
int main() {
  cout << "       matterAntiMatter(\"LOL\"): " << matterAntiMatter("LOL")      << endl;
  cout << "         removeEnds(\"MarkeR\"): " << removeEnds("Marker")          << endl;
  cout << "              tripleUp(\"on\") : " << tripleUp("on")                << endl;
  cout << "  splitString(\"IU\", \"owe\"): " << splitString("IU", "owe")       << endl;
  cout << "      reverse7Chars(\"1234567\") : " << reverse7Chars("1234567")    << endl;
  cout << "         halfAndHalf(\"ABcde\") : " << halfAndHalf("ABcde")         << endl;
  cout << "nameRearranged(\"Li,Kim R\")   : " << nameRearranged("Li, Kim R")   << endl;
  cout << "          middleThree(\"123456\") : " << middleThree("123456")      << endl;

  // Use reference parameters instead of returning a string
  string str1("abacada");
  remove3(str1, "a");
  cout << "      remove3(\"abacada\", \"a\"): " << str1 << endl;

  string str2("ornoon");
  replace(str2, 'o', 'X');
```

```
        cout << "replace(\"ornoon\", 'o', 'X'): " << str2 << endl;

        return 0;
}
```
我们所预计的输出：

```
    matterAntiMatter("LOL"): Anti-LOL
        removeEnds("MarkeR"): arke
              tripleUp("on"): 1)on 2)on 3)on
    splitString("IU", "owe"): IoweU
    reverse7Chars("1234567"): 7654321
        halfAndHalf("ABcde"): cdeAB
nameRearranged("Li, Kim R"): Kim R. Li
       middleThree("123456"): 345
         remove3("abacada", "a"): bcda
    replace("ornoon", 'o', 'X'): XrnXXn
```

1. string antiMatter(string matter)

大家知道，星际航行所用的燃料通常是物质与反物质的混合。现在，请按照这个想法编写一个 antiMatter 函数，在实参字符串所指定的事物或思想名词之前加一个"Anti-"前缀。注意，不要忘了这里的连接符。

```
matterAntiMatter("Shoes") returns "Anti-shoes"
matterAntiMatter("noisy trucks") returns ""Anti-noisy trucks"
matterAntiMatter("LOL") returns "Anti-LOL"
```

2. string removeEnds(string str)

请编写一个 removeEnds 函数，令其返回实参字符串去除两端字母之后的子字符串。该函数的前置条件是其参数字符串中至少要有两个字符。

```
removeEnds ("MarkeR") returns "arke"
removeEnds ("mom") returns "o"
removeEnds ("to") returns ""
```

3. string tripleUp(string str)

请编写一个 tripleUp 函数，令其将实参字符串的内容分别以 1)、2)、3)为前缀重复 3 次，然后将其连接单一字符串并返回。该函数的前置条件是 str.length()大于等于 1。

```
tripleUp("top") returns "1)top 2)top 3)top"
```

4. string splitString(string str, string mid)

该函数所要处理的字符串必须长度在 2 以上，然后它会将第 2 个实参字符串插入到第 1 个实参字符串的中间，构成一个新字符串并返回。如果第 1 个实参字符串的长度为奇数，则允许后半部分字符串的长度大于前半部分字符串。

```
splitString("IU", "owe") returns "IoweU"
splitString("ab", "_ _") returns "a_ _b"
```

5. string halfAndHalf(string str)

请编写一个 halfAndHalf 函数，令其将实参字符串的前半部分与后半部分进行首尾互换位置，构成一个新字符串并返回。如果实参的字符数量为奇数，则允许分割后的后半部分比前半部分多一个字符。该函数的前置条件为 str.length()大于等于 2。

```
halfAndHalf("1234abcd") returns "abcd1234"
halfAndHalf("ABcde") returns "cdeAB"
halfAndHalf("Hello") returns "lloHe"
```

6. string nameRearranged(string name)

请编写一个 nameRearranged 函数，使其能将实参字符串所指定的姓名格式从 lastName+", "+firstName+initial 转换成 firstName+initial+". "+lastName 的格式，并以字符串的形式返回。

```
nameRearranged("Jones, Kim R") returns "Kim R. Jones"
```

7. string middleThree(string str)

请编写一个 middleThree 函数，令其返回实参字符串的中间 3 个字符（当然，该字符串的字符数必须在 3 以上）。如果实参字符串长度为偶数，就从右侧开始计数。该函数的前置条件为 str.length()大于等于 3。

```
middleThree("Rob") returns "Rob"
middleThree("Roby") returns "oby"
middleThree("Robie") returns "obi"
middleThree("123456") returns "345"
```

8. string reverse7Chars(string str)

请编写一个 reverse7Chars 函数，令其将实参字符串的内容反转并返回。该函数的前置条件是函数实参 str 要由 7 个字符组成。

```
reverse7Chars("1234567") returns "7654321"
reverse7Chars("morning") returns "gninrom"
```

9. void remove3(string & str, string sub)

请编写一个 remove3 函数，该函数会修改实参字符串 str，将其中前 3 次出现的 sub 参数所指定的子串移除。该函数的前置条件是 sub 所指定的子串至少要在 str 中出现 3 次。

```
string str("there is the other the");
removeThree(str, "he");    // str changes to " tre is t otr the"

string str2("to be or to be or to be");
removeThree(str2, "to "); // str2 changes to " be or be or be"
```

10. void replace(string & str, char oldC, char newC)

请编写一个 replace 函数，该函数会修改实参字符串 str，将其中前 3 次出现的 oldC 所指定的字符替换成 newC 所指定的字符。该函数的前置条件是 oldC 参数所指定的字符至少要在 str 中出现 3 次。

```
string str3("ornoono");
replace(str3, 'o', 'X');  // str3 changes to XrnXXno
```

第 6 章 成员函数的实现

前章回顾

经过之前的介绍，我们学习了如何用函数隐藏实现细节，可以让它被多次调用，并可以在其他程序中被重用。这种方法在大型程序设计中是非常有用的，我们可以将每个函数都看作一项被事先定义好的服务。

本章提要

当一个函数归属于某个类时，这个函数就被称为类成员函数（class member function）。类成员函数与非成员函数之间有很多共同之处。我们在第 6 章中将重点介绍如何在 C++中定义类并实现其成员函数。我们将会介绍如何阅读并理解类的**定义**（这其中包含了由成员函数头信息所定义的接口，以及由数据成员所定义的状态）。然后在本章的第二部分中，我们还将介绍如何实现类成员函数，并适当地介绍一些关于面向对象设计的准则，这些准则将有助于你理解相关类的设计缘由。我们希望在学习完本章后，你将能够：

- 阅读并理解类的定义（接口和状态）。
- 基于已有的类定义来实现其类成员函数。
- 掌握一些给予面向对象设计的指导原则。

6.1 在头文件中定义类

在程序设计中，抽象机制的作用就是让我们在使用并理解某些东西时并不需要知道它们的具体实现。换而言之，抽象机制致力于让程序员将注意力集中在表现数据特征和操纵状态的消息上。例如，使用 string 类的程序员既不需要知道其内部数据的具体表示方式，也不需要知道它如何在硬件和软件中实现这些操作，程序员们可以专注于思考该类所能允许的消息集，即**接口**上。

接下来，我们将介绍之前一直被避而不谈的一些实现。在本章的第一部分，我们将会在实现细节层面上继续研究 BankAccount 类。但在深入了解这些实现细节之前，先来回顾一下我们之前对 BankAccount 类做出了哪些设计决定。

首先，所有 BankAccount 的对象都应该支持 4 个操作，它们分别是 deposit、withdraw、getBalance 和 getName。当然，这些成员函数也可以定义得多一点或少一点，但原则上我们希望该类的成员函数设计是简洁的，我们只提供最具相关性的一组操作。这需要进行妥协，我们的设计决策也会受到具体场景的影响，我们在这里的第一个例子就是一个面向特定领域（银行业务领域）的 C++类。

当然，定义充当接口的 BankAccount 类成员函数只是学生们在面对该类设计时所需要做的其中一部分事，这些事决定了银行账户应该具备哪些功能。除此之外，定义数据成员也是学生们要回答的另一部分问题。这部分决定银行账户能知道关于自身的哪些信息。

通常情况下，学生们都会认为我们还可以为该类增加许多其他的操作（比如 transfer、applyInterest、printMonthlyStatement）和数据成员（比如账户类型、交易记录、地址、社会安全号码和母亲的婚前姓名），但这些不在我们的议题内。在这里，我们对类的设计目标是让这些对象尽可能简单明了，同时兼具一些实用性。当然这与现实中的大型银行应用程序是不一样的，在那种情况下，很多面向对象的设计人员开发很可能会采纳学生们上面所建议的那些应该增加的操作和属性。但总而言之，很少有一种设计能适用所有的情况。

设计任何东西都需要做出能让事情变"好"的决策。这里所谓的"好"可能指易于维护的软件组件，也可能指可以在其他应用中重用的类，又或者是指一个非常强健的系统，强健到几乎可以从任何灾难性事件中恢复。当然，这个"好"也可能是指一个易用性更好、更漂亮的设计。很少有设计是完美的，我们通常讲求的只是一种平衡，设计是一个随时间而逐渐演变的迭代过程。

软件的设计通常会受个人观点、研发进展与其所属领域的影响，它可能是银行应用、信息系统、过程控制、工程管理等。幸运的是，还是有一些设计指导原则是可以被总结成设计模式的。这些指导原则，我们留到后面的篇幅中来讨论。现在，让我们将注意力转向在基于面向对象的软件开发中可以囊括众多设计决策的结构描述，**类的定义**。

我们之前所学习的那些对象的类，例如 ostream、istream、string、BankAccount 和 Grid 等都属于用于建构更大型程序的材料。但是，构建程序通常还需要许多其他类。它们可能是标准库中的类、购买来的类或其他必须要由编程团队设计和实现的类。

由于全部掌握某大型程序中的所有类是非常困难的，因此我们接下来介绍一些不需要很熟悉就能理解通用技巧的类。这部分知识也是面向对象的软件开发中非常重要的一部分经验。

我们会从如何阅读类的定义开始介绍，逐步为你讲解如何实现成员函数、如何为现有类添加新的操作。完成这一教学目标还会有一个额外的好处——它也能让你更容易设计出属于自己的新类并将其实现。

在一个类的定义中，成员函数往往会被列在关键字 public: 之后，这组操作代表了类的接口。除此之外，类定义中还应该包含有**数据成员**——也就是那些被列在 private: 关键字之后的对象声明。数据成员集表示了对象的状态。①

通常，一份类的定义会为我们提供大量的信息。当然了，类的定义强调的是"它是什么"，而不是"它是如何实现的"。它会列出该类对象所能够理解的消息，并且指定了发送这些消息给对象时我们要提供的参数数量、类型和顺序。另外，在类定义中，我们还会将这些消息的前置条件、后置条件和示例文档化，类的定义本身也可以解释如何使用该类的实例。而且，这种文档化处理还可能提供其他相关信息。所有这些信息都可以帮助程序员在不了解实现细节的情况下使用一个类的对象。

---

① 译者注：个人认为作者这段陈述是有误导性的，成员函数有时也会被定义成 private 的函数，数据成员有时候也会被声明成 public，这并不是区分它们的方法。

通用格式 6.1：类的定义

```
class class-name {
public: // MEMBER FUNCTIONS (the interface)

//--constructor
  class-name(parameter-list) ;

//--modifiers
  function-heading;              // Member functions that
  function-heading;              // modifies the state

//--accessors
  function-heading const;        // Member function that access
  function-heading const;        // but can't change state
  . . .

private:   // DATA MEMBERS (the state)
  object-declaration             // Data member
  object-declaration             // Data member
  . . .
}; // Class definitions must end with a semicolon
```

定义 BankAccount 类

现在，让我们来看一个具体而熟悉的例子。还记得吗？我们之前说过，被标记为 private 的数据成员代表了对象的状态。每个 BankAccount 对象都会存储自身的私有名称和余额数据。而被标记为 public 的成员函数则代表的是每个 BankAccount 对象所能够理解的消息，它们分别是 withdraw、deposit、getBalance 和 getName。这两部分内容共同组成了类的定义，被放在了头文件 BankAccount.h 中。

BankAccount.h 文件：

```
#include <string>
// Do not place using statements in header files. Use std::

class BankAccount {
public:
  BankAccount(std::string initName, double initBalance);
  // post: Construct with two arguments, example:
  //       BankAccount anAcct("Hall", 100.00);

  void deposit(double depositAmount);
  // post: Credit depositAmount to the balance

  void withdraw(double withdrawalAmount);
  // post: Debit withdrawalAmount from the balance

  double getBalance() const;
  // post: Return this account's current balance

  std::string getName() const;
  // post: Return this account's name

private:
```

```
    std::string name;
    double balance;

};    // Don't forget the semicolon
```

在 BankAccount 类定义中，大多数成员函数的头信息与非成员函数的头信息很类似——它们通常声明了返回值类型和所需要的调用形参。显然有一种函数不在此列，你能否指出那个函数名为 BankAccount 的成员数函数的头信息有何不同之处？

首先，BankAccount::BankAccount 成员函数没有返回类型。而且，它与自身所属的类同名！我们通常将这类特殊的成员函数称为**构造函数**（constructor），因为它们主要就是用来"构建"对象的。具体而言，构造函数的作用就是将对象名称与某部分内存关联起来，并在 BankAccount 对象的构造过程中初始化其数据成员。例如，在下面的代码中，我们将会构造一个 BankAccount 对象，其 name 的初始值为 "Pat Barker"、balance 的初始值 507.34，并且该对象可以被一个名为 anAccount 的变量引用。

```
BankAccount anAccount("Pat Barker", 507.34);
```

接下来，我们可以再来构造一个对象：

```
BankAccount another("Skyler Boatwright", 437.05);
```

现在我们又有了一个独立的 BankAccount 对象，它的 name 值是 "Skyler Boatwright"、balance 的值是 437.05 元。这样一来，下面两个消息的返回值就分别是 507.34 和 437.05：

```
cout << anAccount.balance() << endl;     // 507.34
cout << another.balance() << endl;       // 437.05
```

自测题

请用下面的类定义来回答下列问题：

```
/*
 * Class definition for LibraryBook
 * file: LibraryBook.h
 */
#include <string>

class LibraryBook {
public:

//--constructor
  LibraryBook(std::string initTitle, std::string initAuthor);
  // post: Initialize a LibraryBook object

//--modifiers
  void borrowBook(std::string borrowersName);
  // post: Records the borrower's name
  //       and makes this book not available

  void returnBook();
  // post: The book becomes available

//--accessors
  bool isAvailable() const;
  // post: returns true if this book is not borrowed
```

```
    std::string getBorrower() const;
    // post: Return borrower's name if this book is not available

    std::string getBookInfo() const;
    // post: Returns this book's title and author

private:
    std::string author;
    std::string title;
    std::string borrower;
    bool available;
};
```

6-1. 请写出上面所定义类的类名。
6-2. 请列举出该类所有会修改对象状态的成员函数。
6-3. 请列举出该类所有可访问对象状态但不修改该状态的成员函数。
6-4. 请列举出该类所有的数据成员。
6-5. 请写出 LibraryBook::getBorrower 的返回值类型。
6-6. 请写出 LibraryBook::isAvailable 的返回值类型。
6-7. 请用你喜欢的图书和作者初始化一个 LibraryBook 对象。
6-8. 请以你自己的名字为实参来发送消息，以借阅你喜欢的书。
6-9. 请编写一个可以返回借阅人名字的信息。

6.2 实现类的成员函数

虽然类成员函数的实现与非成员函数很相似，但它们之间也有以下差异：

1. 在类定义之外实现的类成员函数必须使用类名和作用域解析运算符::来定义。这样做是为了告诉编译器它们是特定类的成员函数，以便编译器允许它们直接引用私有数据成员。

2. 构造函数也属于类成员函数，只不过特殊之处在于它的函数名与其所属类相同，并且没有返回类型。因为构造函数的返回值类型是无需声明的，它只会返回其所属类的新实例。

接下来，我们将用大家相对熟悉的 BankAccount 类来演示成员函数的实现。首先，对于每个.h 文件，我们都会有一个.cpp 文件与之对应，并在其中使用#include 指令引用这个带有类定义的.h（头文件）文件，然后在.cpp 文件实现这些成员函数。

6.2.1 实现构造函数

构造函数是一种特殊的成员函数，它的函数名总是与其所属的类相同。而且，构造函数从不声明返回值类型。虽然我们也可以直接在类定义中实现这些成员函数，但是在本书中我们还是希望尽量遵循软件工程原则，即在单独的文件中实现成员函数，做到接口与实现分离。在这种情况下，所有成员函数的名称之前都必须加上 class-name:: 前缀。

在下面的代码中，我们实现了一个具有两个形参的构造函数：

```
// File name: BankAccount.cpp
```

```
#include "BankAccount.h"          // Allows for separate compilation
BankAccount::BankAccount(string initName, double initBalance) {
  name = initName;
  balance = initBalance;
}

// . . . more member functions need to be implemented . . .
```

如你所见，该函数会在我们创建 BankAccount 对象时用两个参数将其初始化，第一个参数为字符串，第二个参数为数字。

接下来，在下面这段代码中，我们会将账户名 Corker 传递给该构造函数的形参 initName，而后者会转而将值赋给该类的私有数据成员 name。同样地，账户的起始余额 250.55 也会被传递给构造函数的形参 initBalance，该形参也会将值赋给类的私有数据成员 balance。这样一来，在对象被创建的同时，其状态也完成了初始化。

```
// Call the two-parameter constructor
BankAccount anInitializedAccount("Corker", 250.55);
                                                         // Output:
cout << anInitializedAccount.getName() << endl;          // Corker
cout << anInitializedAccount.getBalance() << endl;       // 250.55
```

类成员函数的实现和非成员函数的一个主要差异在于，我们在实现类成员函数时，函数名前面必须加上其所属的类名和::操作符。例如，在实现 BankAccount 类的构造函数时，我们必须在其函数名之前加上 BankAccount:: 前缀。只有这样，编译器才会知道它是一个类成员函数，并允许它访问该类对象的私有数据成员。如果没有 BankAccount::，那么这个函数就变成了无法引用类数据成员的非成员函数了。在这种情况下，如果我们尝试访问类的私有数据成员（例如 name 和 balance），就会产生 BankAccount:: is missing 这样一条编译器报错信息。

```
BankAccount(string initName, double initBalance) {  // <-- WHOOPS
  name = initName;             // ERROR: name is not known
  balance = initBalance;       // ERROR: balance is not known
}
```

C++类的作用域规则

类的私有成员的作用域只限于其所属类的成员函数。换而言之，只有类的成员函数才能访问该类的私有成员。

6.2.2 实现修改型的类成员函数

成员函数既可以修改也可以访问类实例的状态。例如，在下面的 BankAccount::deposit 函数中，我们就修改了私有数据成员 balance。

```
void BankAccount::deposit(double depositAmount) {
  balance = balance + depositAmount;
}
```

然后，当我们像下面这样发送 deposit 消息时，实参 157.42 就会以值传递的方式被复制给形参 depositAmount，并经由后者将值赋给该对象的数据成员 balance：

```
anAcct.deposit(157.42);
```

请注意，函数头信息（heading）必须与类定义中的内容匹配。具体来说，就是在实现 BankAccount::deposit 这个成员函数时，它的返回值类型应该为 void，并且有一个类型为 double 的参数。

```
// function headings in BankAccount.h//--modifiers
  void deposit(double depositAmount);
  void withdraw(double withdrawalAmount);
  // . . .
```

如你所见，BankAccount::withdraw 函数是另一个会修改 BankAccount 对象状态的成员函数。具体而言，就是 withdraw 消息会从对象的数据成员 balance 中扣除 withdrawAmount 所指定的额度：

```
void BankAccount::withdraw(double withdrawalAmount) {
  balance = balance - withdrawalAmount;
}
```

然后，当我们像下面这样发送 withdraw 消息时，实参 50.00 就以值传递的方式被复制给形参 withdrawAmount，然后从 balance 中减去这个值：

```
anAcct.withdraw(50.00);
```

在实现类成员函数时，请确保所有函数的头信息都与类定义中对应的函数头信息是相匹配的。存储在不同文件中的成员函数实现必须与类定义中已经存在的对应函数具有完全相同的返回值类型、函数名以及数量、类型、顺序完全一致的形参。在这个问题上，我们会认为直接将类定义中的所有函数头信息复制到实现文件中是一个不错的主意，这样做不仅可以确保所有成员函数的头信息保持一致，也可以确保我们不会漏掉某个成员函数的实现。我们只需要用相应的函数体替换掉每个成员函数头信息后面的分号，并将 class-name:: 添加到每个成员函数的函数名前面即可。

当然需要提醒的是，在类成员函数的函数体内，具体的实现是可以有更多处理操作。我们在介绍成员函数实现的过程中，是刻意让这些成员函数的实现保持一种相对简单的形态。

6.2.3 实现访问型的成员函数

将数据成员设为 private，并提供一些允许访问这些状态的函数是一种很好的设计。这些函数中的一部分会直接返回数据成员的值。

```
string BankAccount::getName() const {
  return name;
}

double BankAccount::getBalance() const {
  return balance;
}
```

由于这些访问型的函数在类定义中都被标识了关键字 const，因此我们对成员函数的实现还必须放在函数头信息之后。也就是说，在实现函数体的语句块（从{开始的部分}之前还应该包含 const 关键字，以表示这个成员函数不会修改对象的状态。如果你仔细检视一下上面的访问器实现，就会注意到其函数体的语句块中的操作不会涉及数据成员的更改。getName 和 getBalance 的作用只是返回相应数据成员的值。如果我们用 const 引用的方式来传递对象，是可以在其他函数中使用这些 const 方法的。另一方面，由于之前那些修改型的 withdraw 和 deposit 会改变对象的状态（具体来说就是修改 balance）。在这种情况下，如果我们用 const 引用来传递对象，就会因为这些修改型的（非 const）方法而收到编译器的报错信息。总而言之，在执行 const 引用传递的时候，我们只能调用 const 函数。

另外，请务必要记得确保所有成员函数的头信息与类定义中对应的函数头信息是完全匹配的（不包含;）。并且不要忘了在.cpp 文件中对应的成员函数的名称之前加上其所属类的类名和:: 操作符。下面我们来看一下 BankAccount 类的所有成员函数在 BankAccount.cpp 文件中的实现。

成员函数实现：BankAccount

BankAccount.cpp 文件：

```cpp
/*
 * Implement the member functions dened in BankAccount.h
 *
 * File name: BankAccount.cpp
 */
#include "BankAccount.h"
using namespace std;

//--constructor
BankAccount::BankAccount(string initName, double initBalance) {
  name = initName;
  balance = initBalance;
}

//--modifiers
void BankAccount::deposit(double depositAmount) {
  balance = balance + depositAmount;
}

void BankAccount::withdraw(double withdrawalAmount) {
  balance = balance - withdrawalAmount;
}

//--accessors
double BankAccount::getBalance() const {
  return balance;
}

string BankAccount::getName() const {
  return name;
}
```

自测题

6-10. 如何将一个函数实现为一个类的成员？

6-11. 类的成员函数可以引用该类的私有数据成员吗？

6-12. 非成员函数可以引用类的私有数据成员吗？

6-13. 请根据以下 LibraryBook 类的成员函数实现来编写能产生如下输出的程序：

```
/*
 * Implement the member functions defined in LibraryBook.h
 *
```

```cpp
 * File name: LibraryBook.cpp
 */
#include <string>
using namespace std;
#include "LibraryBook.h"

const std::string AVAILABLE_MESSAGE = "CAN BORROW";

//--two argument constructor
LibraryBook::LibraryBook(std::string bookTitle,
                         std::string bookAuthor) {
  title = bookTitle;
  author = bookAuthor;
  available = true;
  borrower = AVAILABLE_MESSAGE;
}

// -- modifiers --
void LibraryBook::borrowBook(std::string borrowersName) {
  borrower = borrowersName;
  available = false;
}

void LibraryBook::returnBook() {
  borrower = AVAILABLE_MESSAGE;
  available = true;
}

//--accessors
bool LibraryBook::isAvailable() const {
  return available;
}

std::string LibraryBook::getBorrower() const {
  return borrower;
}

std::string LibraryBook::getBookInfo() const {
  return "'" + title + "' by " + author;
}
```

下面是一段基于 LibraryBook 这个新类型当前的实现来使用这个 C++类的程序：

```cpp
// Send every possible message to a LibraryBook object
#include <iostream>
using namespace std;
#include "LibraryBook.h" // For class LibraryBook definition

int main() {
  LibraryBook aBook("Tinker Tailor Soldier Spy", "John le Carre");
  cout << aBook.getBookInfo() << endl;
  cout << aBook.getBorrower() << endl;
  cout << aBook.isAvailable() << endl; // 1 if true, 0 if false
  aBook.borrowBook("Charlie Archer");
  cout << aBook.getBorrower() << endl;
  cout << aBook.isAvailable() << endl;
  aBook.returnBook();
  cout << aBook.isAvailable() << endl;
```

```
    cout << aBook.getBorrower() << endl;
    return 0;
}
```

程序输出

```
'Tinker Tailor Soldier Spy' by John le Carre
CAN BORROW
1
Charlie Archer
0
1
CAN BORROW
```

6.3 默认构造函数

通常情况下，每个类都至少会有一个构造函数，但同一个类也可以有多个构造函数，只要这些构造函数的形参在数量、类型或顺序上不尽相同即可。下面我们带你来看一个拥有两个构造函数的简单类 Adder，其中没有声明形参的那个构造函数被我们称为默认构造函数。程序员可以在默认构造函数中指定该类对象的所有默认状态，比如在下面的示例中，我们将数据成员 sum 的值设置为 0.0。

```
// File: Adder.h
#include <string>

class Adder {

public:

  // Default constructors have no parameters.
  // Construct an Adder with sum staring at 0.0
  Adder();

  // Construct an Adder with sum starting at start
  Adder(double start);

  void add(double number);
  // post: add number to sum

  double getSum() const;
  // post: Return the sum of all added numbers
private:
  double sum; // total of all scores added
};
```

由于 Adder 类有两个构造函数，因此我们构造 Adder 对象也会有两种不同的方式。

```
Adder adder1(123.45);  // Call one argument constructor
Adder adder2;   // New: Call the default constructor, no ()
```

如你所见，adder1 所引用的对象是用单实参构造函数 Adder::Adder（double start）构建的。而 adder2 引用的对象则是用默认构造函数 Adder::Adder()构建的，后者将 sum 初始化为 0.0。下面我们来看看该类的实现文件 Adder.cpp：

```
#include "Adder.h"
using namespace std;
Adder::Adder() {
  sum = 0.0;
}
Adder::Adder(double start) {
  sum = start;
}
void Adder::add(double number) {
  sum = sum + number;
}
double Adder::getSum() const {
  return sum;
}
```

在下面的程序中，我们会同时使用这两个构造函数，以凸显它们之间的不同：

```
#include <iostream>
using namespace std;
#include "Adder.h"
int main() {
  Adder adder1(123.45);
  cout << " Initial sum: " << adder1.getSum() << endl;
  Adder adder2;
  cout << " Default sum: " << adder2.getSum() << endl;
  adder2.add(1.1);
  adder2.add(2.2);
  adder2.add(3.3);
  cout << "After 3 adds: " << adder2.getSum() << endl;
  return 0;
}
```

程序输出

```
Initial sum: 123.45
Default sum: 0
After 3 adds: 6.6
```

一个类在有了其他构造函数之后，还要再设置默认构造函数的原因可能有以下几条：

- 它们需要构建对象集合（请参见第 10 章）。
- 它们需要确保对象会被初始化到某个特定的状态。程序员总是知道会发生什么（未来总是会发生一些更为古怪的情况）。
- 它们需要在调用其他默认构造函数时定义自己所用的默认值。例如，string 的默认状态是空字符串""。

函数重载

读到这里，我们可能会产生一个疑问：为什么会出现有两个构造函数，它们的函数名是相同的呀？答案是我们可以通过一种被称为**函数重载**（function overloading）的技术来实现这种多个同名函数的共存。即便如此，这些同名函数之间还必须要有些特征来区分彼此。

其中之一就是形参的数量，函数重载技术允许程序员将拥有一个或多个形参的一般构造函数和拥有 0 个形参的默认构造函数放在相同的作用域照片。换句话说，C++可以对类定义中两个构造函数的头信息进行区分。

当两个同名函数的形参类型不同时，即使它们的形参数量相同，也会构成函数重载。以下 3 个函数可能存在于同一作用域内，因为它们各自拥有不同类型的一个形参。

```
void aFunction(int n);
void aFunction(long n);
void aFunction(string str);
```

除此之外，当两个同名函数在形参的顺序不同时，它们也是可以存在于同一个作用域内的，比如：

```
void aFunction(int n, string s);
void aFunction(string s, int n);
```

如果两个同名函数在返回值类型上不一致时，它们就无法实现重载了，比如：

```
void aFunction(int n);
string aFunction(int n); // <- Error
```

6.4 状态型对象模式

尽管在特定的操作与状态之间有着许多不同，但 string、BankAccount 和 LibraryBook 这些类型的对象之间都拥有以下共同特征：
- 它们都使用私有数据成员来存储对象的状态。
- 它们都使用构造函数来初始化对象的状态。
- 它们都设有一些可用于修改对象状态的消息。
- 它们都设有一些可访问对象当前状态的其他消息。

这些共同特征指明了上述这些类型以及相似类型的对象的有效使用方向。这些使用模式有助于程序员了解某些新对象的使用方法。具体来说，就是在这些对象的类定义中，public: 段中的构造函数、修改型函数和访问型函数都是可用于该类所有实例的操作。

6.4.1 构造函数

我们需要构造函数的原因有很多，用它来初始化当前类所有实例的状态就是其中之一。正如我们之前所见过的那样，对象的初始化操作通常是这样的：

```
string aString("initial string"); // State is "initial string"

BankAccount anAcct("Xi Grey", 215); // name and balance are set

LibraryBook aBook("Tale of Two Cities", "Charles Dickens");
// Title and author are set and this book is available to borrow
```

6.4.2 修改型函数

修改函数会更改对象的状态。由于各种原因，修改函数也被认为是状态型对象模式的一部分。也许最好的解释就是直接来看一些修改对象状态的消息示例：

```
aString.replace(1, 3, "NEW");
// assert: s2 is "iNEWial string"

g.move(5);
// assert: The mover is five spaces forward

anAcct.withdraw(50.00);
// assert: The balance of anAcct is 50.00 less

aBook.borrowBook("Fred Featherstone");
// assert: aBook's borrower has become Fred Featherstone
```

发送修改消息会导致目标对象的状态发生变化。另外，修改型消息在头信息中是不能有 const 声明的，只有访问型消息可以做这样的声明。

6.4.3 访问型函数

访问型函数之所以会成为状态型对象模式的一部分，是因为程序员经常需要访问对象的状态。访问型函数会返回目标对象相关的状态信息。访问型函数可以像 LibraryBook::borrower 和 BankAccount::balance 一样简单地返回数据成员的值。访问型函数可能还需要使用对象的状态进行一些内部处理以返回信息（例如，employee::incomeTax）。下面我们来看一些可访问对象状态的消息的具体示例：

```
s2.length()              // Return the number of characters in s2
g.row()                  // Return the mover's current row
anAcct.getBalance()      // Return the current balance of anAcct
aBook.getBorrower()      // Return the borrower's name of aBook
```

6.4.4 命名约定

通常情况下，我们都会为修改操作取一个浅显易懂的名称，以提示相关消息会更改目标对象的状态。如果类的设计者都会为他们定义的操作提供描述性名称，就会让事情变得很容易。这些名称应该尽可能地描述其所指的操作实际上做了些什么，以帮助程序员在使用类时区分修改型函数和访问型函数。当然，另一种区分方式是给修改型函数的名称加上一个动词修饰（比如 withdraw、deposit、borrowBook 和 returnBook），而访问型函数的名称则一律都以"get"开头（比如 getBorrower 和 getBalance）。另外，还要考虑之前提到的构造函数在名称上必须与其所在类相同的规则。总而言之，我们得出一系列设计和阅读类定义的准则，对于一般的状态型对象来说，它可能执行的 3 类操作可以按以下命名约定来加以区分：

操作种类	命名约定
构造函数	其名称必须与所在类相同
修改型函数	其名称之前有相应的动词做修饰
访问型函数	其名称以 get 开头

最重要的是，我们应该尽量使用能对目标对象进行描述的标识符。例如，不要使用 x 这样的名称来充当 BankAccount 对象中取款操作的函数名，也不要使用 turnRight 这个名称来表示向左转向。

6.4.5 public 还是 private

在进行类设计的时候，我们要考虑的其中一个问题就是决定各个成员函数和数据成员的声明是应该放在 public 段还是放在 private 段。类的公共成员可以被其所在类外部的其他函数调用，而私有成员的作用域则仅限于其所在类的成员函数。例如，BankAccount 类的数据成员 balance 仅为 BankAccount 类的成员函数所知。另一方面，在 public:段中声明的任何成员在类中的任何地方都是可访问的，并且它们在声明对象的源代码块中也是已知的（如果在块之外定义，则为全局的）。

访问模式	成员在多大范围内可见
public:	可见范围包括其所在类的所有成员函数，以及声明该类对象的客户代码块（例如，在 main 中）
private:	只在其所在类的成员函数内部可见。因为这些在类中的任何地方都是已知的，所以你不必在类成员函数中传递或返回这些值

尽管表示对象状态的数据成员也可以被声明在 public 段，但我们强烈建议将其声明在 private 段，这么做有以下几个原因。

首先，一致性有助于简化一些设计决策。更重要的是，当数据成员变为 private 时，它们就只能通过成员函数修改状态。这可以防止客户代码不加区别地更改对象的状态。例如，我们不能允许在类之外的任何地方意外地执行这样的设置账户余额的操作：

```
// An error occurs: attempting to modify private data
myAcct.balance = myAcct.balance + 100000.00;   // <- ERROR
```

或执行下面这样的借款动作：

```
// An error occurs: attempting to modify private data
myAcct.balance = myAcct.balance - 100.00;
```

6.4.6 将接口从实现中分离

软件工程的一个设计原则是让人们可以通过接口来了解类。它主张我们将接口从代表实际操作细节的实现中分离出来。在 C++ 中，我们通常会将完成的成员函数从其类定义中分离出来，放在一个独立的文件中。根据历史习惯，类定义通常保存在.h（头）文件中，而成员函数的实现则会被放在.cpp 文件中（这两种文件的扩展名各不相同）。当然，有一些程序员也会选择直接在与类定义所在的文件中实现这些成员函数。

在本教材中，我们选择约定将类定义与实现分开。也就是说，我们会将类定义存储在.h 文件中，并将成员函数的实现存储在.cpp 文件中。然后，通常我们会将这些文件组合成可执行程序。将它们组合成可执行程序的方法有几种，下图演示的是使用 GNU 编译器的命令来执行这些操作的方法。

```
g++ -c BankAccount.cpp
g++ -c main.cpp
g++ -o main main.o BankAccount.o
./main
```

```cpp
/*
 * Implement the member functions
 * defined in BankAccount.h
 *
 * File name: BankAccount.cpp
 */
#include "BankAccount.h"

//--constructor
BankAccount::BankAccount(std::string initName,
                         double initBalance){

  name = initName;
  balance = initBalance;
}
...
```

```cpp
/*
 * Define class BankAccount
 *
 * File name: BankAccount.h
 */
#ifndef BANKACCOUNT_H_
#define BANKACCOUNT_H_

#include <string>

class BankAccount {

public:
  BankAccount(std::string initName,
              double initBalance);
```

```cpp
#include <iostream>
using namespace std;
#include "BankAccount.h"

int main() {
  BankAccount ba1("Miller", 100.00);
  BankAccount ba2("Barber", 987.65);

  ba1.deposit(133.33);
  ba2.withdraw(250.00);
  cout << ba1.getName() << ": " << ba1.getBalance() << endl;
  cout << ba2.getName() << ": " << ba2.getBalance() << endl;

  return 0;
}
```

g++ -c BankAccount.cpp

BankAccount.o

g++ -o main main.o BankAccount.o

编译器

g++ -c main.cpp

main.o

连接器

main

./main
Miller: 233.33
Barber: 737.65

自测题

6-14. 当我们在类定义中在成员函数的头信息部分中加上 const 关键字时，这意味着什么？

6-15. 哪种成员函数拥有与其所在类相同的名称？

6-16. 访问型函数的作用是什么？

6-17. 修改型函数的作用是什么？
6-18. 构造函数的作用是什么？
6-19. 类数据成员的作用是什么？

6.5 面向对象设计准则

在面向对象设计中，我们所要做的决策之一就是要确定存储对象状态的数据成员应该放在什么地方。更具体地说，以本书所使用的 C++语言来说，设计人员就必须要决定这些数据成员和函数各自应该放在 public:段还是 private:段。对于这一点，我们应该遵守下面这条设计准则：良好的设计应该致力于保护对象的状态不受外界影响。

面向对象设计准则
类中所有的数据都应该被隐藏起来。

虽然数据成员也可以放在 public 段中，但本书所采用的约定（可能也是大多数设计良好的类的约定）是主张隐藏数据成员。在 C++中，我们要隐藏这些数据成员只需要将其声明在类定义的 private 段即可。这简化了一些设计决策。private 段的数据成员只能通过类的消息来进行修改或访问。

这样做不仅可以防止类的用户不加区别地更改某些数据（例如账户余额），也可以保护对象的状态免于意外或不正确地更改。对于在 private 段中声明的数据成员，任何对象的状态只能通过其所在类的消息来对其进行更改，这有助于杜绝像下面这样的意外操作：

```
// Compile time error: attempt to modify private data
// If balance is public:, what is the new balance?

myAcct.balance = myAcct.balance - myAcct.balance;
```

但是，如果上面的 balance 这个数据成员被声明在了其所在类的 public 段，编译器就不会对上述操作做出任何提醒了。其生成的程序将允许你销毁任何对象的状态。事实上，被隐藏的 balance 数据成员只有在按照某种既定策略执行被许可的交易操作时，它才能得到更正确的修改。例如，在 withdraw 消息中，如果我们的提款金额超过了当前的账户余额，会发生什么？有些账户会允许从储蓄账户转账，而其他银行账户可能会以 100.00 美元为单位来增加该账户的贷款。

只要我们将 balance 这个数据成员声明在 private:段，该类的用户就必须改为发送 withdraw 消息来完成这些动作。这样一来，其客户代码就得依赖于 BankAccount 类自身来确定是否允许提款。BankAccount 对象可能会询问其他对象是否允许提款。也可能会将权限委托给一些看不见的 bankManager 对象。当然，BankAccount 对象本身也可以自己决定要怎样做，虽然我们这里在 BankAccount 的实现中并没有做太多，但实际的取款操作往往是会做的。

通过隐藏 BankAccount 类的数据和其他细节，我们可以迫使所有信贷和借款的操作都必须通过"适当的渠道"来执行。这些操作可能相当复杂，例如，每个提款或存款操作都需要被记录在交易文件中，以备后续为每个 BankAccount 对象产生一份月报表。提款和存款操作中可能还会需要做些额外的处理，以避免出现未经授权的信贷和借款。除此之外，这些操作中可能还会有一些隐藏的繁文缛节。例如，在主办银行手动核实存款或支票清算的操作，在实际获得任何信贷之前可能存在的某种人为或计算机干预。总而言之，在存款和取款操作中设计这些额外处理和保护措施有助于让 BankAccount 类"更安全"。如果我们将数据成员放在 public 段，使其对外公开的话，上述所有的隐性处理和保护都很容易被规避，因此对象设计者必须通过隐藏数据成员来规范对象的用法，对其执行适当的保护。

6.5.1 类的内聚力

我们知道，类的接口所描述的消息集应该是密切相关的。除此之外，类中也会存储一些数据，这些数据之间也应该密切相关。事实上，类中的所有元素之间都应该有一种强而有力的联系。这种联系就是类设计理念中的高内聚力（要求类元素之间应相互支持、呼应、依存、整合）。例如，我们原本就不应期待 BankAccount 类对象能理解 isPreheated 这一类的消息，这类消息显然更适合 oven 类对象，而不是 BankAccount 类对象。下面，我们将关于类的内聚力的设计准则总结如下：

面向对象设计准则
把相关的数据和行为放在相同的地方。

BankAccount 类应该要隐藏某些处理策略，例如当提款额度大于账户余额时要执行的处理。这样的话，当相关的数据和行为被结合在一起完成提款的算法时，系统的设计就会自然得到改进。客户代码则只需像下面这样干净利落地发送消息：

anAccount.withdraw(withdrawalAmount);

这句客户代码会产生什么效果将完全取决于 BankAccount 对象。总而言之，我们应该将相关的行为内置到拥有必要数据的对象中。或许算法允许提取金额大于余额——额外的现金作为贷款或来自储蓄账户的转账。虽然我们这里所设计的 BankAccount 类没有做多少事，但真正的银行账户对于每次的提款操作可能都会有 8 种不同的应对操作，这些操作全都会由其背后设定的使用场景来触发。

6.5.2 为什么 const 只用来修饰访问型函数，却不用于修改型函数

读者们可能想知道，为什么 const 这个关键字可以加在访问型函数的头信息中，却不能加在会修改对象状态的函数头信息中。这其中的答案与 3 种不同的形参模式有关。

当一个对象以值或引用的形式被传递给某个函数时，该函数也可以将其转发给所属对象内任何一个可能的函数。但当我们采用的是 const 引用来传递对象时，该函数就必须要承诺不会更改该对象了，它事实上也修改不了。为了说明这个问题，我们下面来看一个无法编译通过的函数。正如你在下面的代码中所看到的，当 const 引用的形参 ba 要执行 withdraw 操作时，编译器就会抛出一条编译时错误。当然，这实际上是一件好事，毕竟，我们采用 const 引用型形参原本就是为了避免它被意外修改。

```
// Illustrate connection between member functions tagged as const
// functions and passing objects of that class as const parameter
```

```cpp
#include <iostream> // For cout and endl
using namespace std;
#include "BankAccount.h" // For the BankAccount class

void display(const BankAccount & ba) {
  // Can send accessing messages--they are declared const
  cout << "{ BankAccount: " << ba.getName()
       << ", $" << ba.getBalance() << " }" << endl;

  // This modifier was not tagged with const. A compile time
  // error will be generated since ba is a const parameter.
  ba.withdraw(234.56);    // <-- ERROR at compile time
}

int main() {
  BankAccount anAcct("Angel Draper", 1234.56);

  display(anAcct);
  return 0;
}
```

上面这种保护措施比较适合于 string 这样的标准库类型。而对于我们自己新建的类，更合适的做法是将访问型函数标记为 const，这样所有的修改型函数就自动成为非 const 函数。这种措施能起到相同的保护效果。

访问型函数在加上 const 修饰之后，这些函数就可以作为消息发送给 const 参数了。同时，我们也通过不为修改型函数添加 const 防止了客户代码向 const 参数发送会更改对象的消息。

面向对象设计准则

const 形参只能调用 const 函数。换句话说，const 形参只能发送不修改对象的消息。只要程序员能尽可能地使用 const 来修饰他们的类成员函数，并记得同时筛选出不能用该关键字标识的函数，他们就等于为自己的类构建出了一道安全网。

```cpp
class BankAccount {

public:
//--modifiers
  void deposit(double depositAmount);  // No const or modifiers
  void withdraw(double withdrawalAmount);

//--accessors
  double getBalance() const;   // Use const on accessors
  string getName() const;
// . . .
```

我们从中又可以总结出另一条设计准则：

面向对象设计准则

访问型成员函数应该始终被声明为 const 函数。

也许，这个设计准则最大的问题在于如何让人记住它。因为这条准则是很容易被违反的。而且在有人用 const 引用的形参传递类实例之前，我们可能永远不会知道违反这条准则的后果。下面我们再来看一个示例，在下面这个 Grid 类中，我们设计了一些修改型函数（非 const 函数）和一些访问型函数（const 函数）：

```cpp
class Grid {
public:
```

```
  ...
//--modifiers
  void move(int spaces);
  ...
//--accessors
  int row() const;
  int column() const;
  ...
};
```

如前所述，相关函数被声明为 const 就是告诉编译器，该类的对象即使在以 const 引用的形式被传递的时候，这些函数也是可以作为消息发送给该对象的（比如下面的 g）：

```
void doSomething(const Grid & g) {
  cout << g.row() << endl;           // OKAY
  cout << g.nColumns() << endl;      // OKAY
  g.display();                       // OKAY
  g.move();                          // Compile time ERROR
  g.pickUp();                        // Compile time ERROR
}
```

当然，在另一方面，我们对该对象发送非 const 函数的消息（比如 Grid::move）会导致怎样的编译时错误信息还得取决于具体的编译器，它们可能像下面这样（也可能是其他更诡异的错误消息）：

```
        non-const member function 'Grid::move()' called for const object
- or -
        attempt to modify a const object
- or -
        member function 'pickUp' not viable: 'this' argument has type
             'const Grid', but function is not marked const
```

总之，将访问型函数声明为 const 函数可以让已有的对象安全地被传递给 const 形参。但是，我们必须要为自己所编写的新类尽心尽责地维护这道安全网，时刻将下面这两条设计准则熟记于心：

1. 不要将修改型函数声明为 const 函数，以便让编译器可以捕获企图修改 const 对象的操作。

2. 将访问型函数一律声明为 const 函数，以便让目标对象可以安全地被传递给 const 形参，并向其发送非修改型函数的消息。

当然了，选择完全无视这些设计准则，事情可能会更简单一点，但真正能回避这些设计准则的唯一方法应该是：永远不要将对象传递给 const 形参。我们在本书中之所以会将成员函数标识为 const，是因为这样做可以清晰地说明一个函数是否会修改对象的状态，这是学习面向对象设计的程序员必须要了解的东西。一个类的消息是否能修改该类的示例，决定权必须仍保留在该类的设计者手中。

自测题

6-20. 请根据下面 BankAccount 类的类定义，列出指定行（1、2、3 和 4）中存在的错误。要求使用符合 C++标准的 C++编译器。

```
#include <iostream>
```

```
using namespace std;
#include "BankAccount.h" // For the BankAccount class

void check(const BankAccount & b, double amount) {
  cout << b.getName() << endl;     // 1
  b.deposit(amount);               // 2
  b.withdraw(amount);              // 3
  cout << b.getBalance() << endl;  // 4
}

int main() {
  BankAccount myAcct("Me", 12345.00);
  check(myAcct, 50.00);
  return 0;
}
```

本章小结

- 在本章中，我们介绍的是类的定义，类的成员函数集代表的是类的接口，这些函数的头信息会被该类的所有对象理解成消息名称。
- 在类的定义中，我们通常会列出以下内容：
  - 类的成员函数（包含返回值类型和形参表），它们被统称为接口。
  - 类的数据成员，它们被统称为状态。
- 类的每个对象中都可以存储多个值，这些值可以属于不同的类。例如：每个 BankAccount 对象中都存储着一个 string 类型的数据 name 和一个数字类型的数据 balance。
- 当某类对象的主要功能为存取数据时，我们可以用状态型对象模式来指导类的设计。在 C++ 中，状态型对象模式会建议我们在类的定义中应包含以下项：
  - 构造函数，它会用程序员提供的状态初始化对象。
  - 修改型函数。
  - 访问型函数。
  - 私有数据成员，用来存储每个对象的状态。
- 修改型的类成员函数会修改其所属类对象的状态。
- 访问型函数可用来访问其所属类对象的状态。
- 访问型函数会在其头信息中加上 const 关键字。
- "类中所有的数据都应该被隐藏起来"这条面向对象设计准则的优缺点：
  - 优点：不会扰乱对象的状态（从而导致编译出错）。
  - 缺点：需要额外实现一个相应的访问型函数（比如 getBalance）。
- "把相关的数据和行为放在相同的地方"这条面向对象设计准则的优缺点：
  - 优点：使设计更直观。
  - 优点：维护起来更方便。
- "访问型成员函数应该始终被声明为 const 函数"这条面向对象设计准则的优缺点：

- 优点：能有助于用户区分修改型函数和访问型函数。
- 优点：能让我们遵守尽可能用 const 引用来传递对象的原则，这样做可以让函数在作为消息发送时不会意外修改对象。
- 缺点：const 修饰符是很容易被忘记的，并且在类对象以 3 种不同模式传递之前是不会显示错误的。这需要我们进行更广泛的测试，以确保使用 const 的安全性，以及使用 const 引用形参的效率。
- 类成员函数的实现方式与非成员函数的实现很类似。只不过，类成员函数在函数名之前必须加上其所属类的类名和::（作用域操作符）的前缀来做作用域限定，只有这样，该函数才能访问其所属类的私有数据成员。
- 类的定义按照历史习惯通常会被存储在.h 文件中。
- 类成员函数的实现按照历史习惯通常会被存储在.cpp 文件中。
- 类在设计上应该具有高内聚性。
- 数据与操作之间应该密切相关。
- 各消息之间应该密切关联。

练习题

1. 类的接口是指该类的成员函数还是它的数据成员？
2. 客户代码是否需要知道其所用类对象的数据成员的名称？
3. 请说明一下类公共成员的作用域涵盖哪些地方。
4. 请说明一下类私有成员的作用域涵盖哪些地方。
5. 请给出一个将类数据成员设定为私有的理由。
6. 如果 BankAccount 类的设计者将其数据成员 balance 的名称更改为 my_Balance，我们是否需要同比修改使用 BankAccount 类的程序？
7. 如果 BankAccount 类的设计师在几十个程序中已经使用该类之后，将其 withdraw 消息的名称更改为 withdrawThisAmount，那么几十个程序是否需要进行同步修改？
8. 能决定特定 LibraryBook 类对象是否可调用 withdraw 的是哪一方？是 LibraryBook 类还是使用 LibraryBook 的程序？
9. BankAccount 对象是否应该理解 isThisBrakeLockingUp 这个消息？
10. 如果我们按值传递对象，可以向该对象发送哪种消息？修改型消息？访问型消息？还是两者皆可？
11. 如果我们以引用方式来传递对象（使用&），可以向该对象发送哪种消息？修改型消息？访问型消息？还是两者皆可？
12. 如果一个对象是以 const 引用的形式来传递的，比如声明形参为 const Grid& aGrid，可以向该对象发送哪种消息？修改型消息？访问型消息？还是两者皆可？
13. 请根据下面给出的 Counter 类的定义写出后面的测试驱动程序预计会输出的内容：

```
/*
 * Filename: Counter.h
```

```
*/
class Counter {
public:
//-- constructor
  Counter(int maxValue);
  // post: Initialize count to 1 and set the maximum count

// modifiers
  void click();
  // post: If count is at maximum, set count to 1, otherwise add 1
  // to the count. This uses the % operator when adding to count.

  void reset();
  // post: Resets the counter to 1

// accessor
  int getCount() const;
  // post: Return the current count

private:
  int count;       // Current count, always start at 1
  int max;         // The largest value count can reach
};
```

测试驱动程序如下：

```
#include <iostream>
using namespace std;
#include "Counter.h" // For the counter class definition

int main() { // Test drive counter class
  Counter aCounter(3);
  cout << "a: " << aCounter.getCount() << endl;
  aCounter.click();
  cout << "b: " << aCounter.getCount() << endl;
  aCounter.click();
  cout << "c: " << aCounter.getCount() << endl;
  aCounter.click();
  cout << "d: " << aCounter.getCount() << endl;
  aCounter.click();
  cout << "e: " << aCounter.getCount() << endl;
  aCounter.reset();
  cout << "f: " << aCounter.getCount() << endl;
  return 0;
}
```

14. 请在 Counter.cpp 文件中实现所有在 Counter.h 中定义的成员函数，使得上面的驱动程序能产生正确的输出。

编程技巧

1. 虽然处理 3 个文件确实要比一个文件麻烦得多，但是目前的一些编程项目组通常都会要求我们使用 3 个文件的模式，而不是单一文件模式。只要假以时日，我们都会慢慢习惯这种多文件模式。现在我们只需先记住：.h 文件中存放的是类的定义，.cpp 文件中存放的是所有成员函数的实现，第 3 个文件则是 main 函数所在的地方。

2．将类提供给别人可以有各种不同的方式。我们甚至也可以将.h 和.cpp 的内容放在同一个文件里，这种做法也很常见，而且这样做有时可以让事情变得简单一点，使代码更符合标准（毕竟减少了不少要#include 的.h 文件）。但总有一天，有人会要求我们创建相应的对象文件或项目文件，以便编译并链接其他人写的类。这时候我们的程序就只能#include 他们提供的.h 文件了，这样程序才能完成编译和后续的链接。

```
#include " BankAccount.h "   // Other steps required to link
int main(){
  // . . .
}
```

3．非成员函数在头信息方面的语法规则同样也适用于类成员函数。在编写类成员函数实现时，必须确保函数的头信息与类定义中声明的函数头信息相匹配。也就是说，它们在下面这几项上必须保持一致：

- 返回值类型（不包括构造函数）
- 函数名称
- 形参的数量
- 形参的类型
- 形参的顺序
- 都标识为 const（或都不标识）

4．不要在头文件中写"using namespace std;"，因为命名空间一旦被引用，就无法被取消了。虽然这样做可能并不会让本书中的程序出现什么问题，但是我们希望大家从一开始就养成良好的习惯，以避免将来遇到不必要的编程问题。

5．实现文件（.cpp）中的函数头信息与头文件（.h）中的函数头信息存在着以下两点区别：

- 函数名之前需要加上 classname::。
- 我们会用函数体{}来代替原本的分号。

```
/*
 * File name: CD.h
 */
#include <string>
class CD {
public:
  CD(std::string initArtist, std::string initTitle);
  std::string getArtist() const;

private:
  std::string artist, title;
};

/*
 * File name: CD.cpp
 */
#include "CD.h"
using namespace std;
```

```
CD::CD(string initArtist, string initTitle) {
  // . . .
}
string CD::getArtist() const {
  // . . .
}
```

编程项目

6A. 为 BankAccount 类增加 int getTransactionCount 成员

该成员的作用是允许 BankAccount 对象跟踪并报告该对象完成初始化之后所执行的交易、存款和取款的数量。为此，你还需要额外编写一个名为 getTransactionCount()新函数。我们的要求是，你编写的代码应该要让下面这段测试驱动器通过编译，并匹配它所输出的内容：

```
#include <iostream>
using namespace std;
#include "BankAccount.h"

int main() {
  BankAccount anAcct("Do 3", 3.00);
  cout << "0? " << anAcct.getTransactionCount() << endl;
  anAcct.deposit(10.00);
  anAcct.withdraw(20.00);
  anAcct.deposit(30.00);
  cout << "3? " << anAcct.getTransactionCount() << endl;

  BankAccount another("Do 1", 1.00);
  another.withdraw(25.00);
  cout << "1? " << another.getTransactionCount() << endl;

  return 0;
}
```

程序输出

```
0? 0
3? 3
1? 1
```

6B. 为 Grid 对象增加 turnAround 和 turnRight 方法

请将下面的函数声明添加到 Grid.h 文件中 Grid 类的定义中：

```
void turnAround();
// post: The mover is facing the opposite direction

void turnRight();
// post: The mover is facing 90 degrees clockwise
```

然后在 Grid.cpp 文件的顶部添加这两个类成员函数，请忽略那个相当大的文件中的所有其他内容。在此过程中，你会发现利用现有的成员函数 turnLeft 来实现这两个新函数会更容易一些。

```
#include "Grid.h"                    The grid:
                                     . . . . . . . . . . . .
int main() {                         . . . . . . . . . . . .
  Grid g(6, 12, 1, 9, east);         . . . . . . . . . > . .
  g.display();                       . . . . . . . . . . . .
  g.turnAround();                    . . . . . . . . . . . .
  g.move(5);                         . . . . . . . . . . . .
  g.turnLeft();                      The grid:
  g.move(2);                         . . . . . . . . . . . .
  g.turnRight();                     . . . . . . . . . . . .
  g.move(3);                         . . . . . . . . . . . .
  g.display();                       . < . . . . . . . . . .
  return 0;                          . . . . . . . . . . . .
}                                    . . . . . . . . . . . .
```

6C. Averager 类

请根据下面给出的 Averager.h 文件中 Averager 类的定义，在新文件 Averager.cpp 中为其实现所有的成员函数。要求该类可以添加任意数量的测试或测验分数，并能随时返回所有成绩的平均分和输入了多少份测试成绩。

```
/*
 * Define class Averager that maintains the average for
 * any number of quiz or test scores.
 *
 * File name: Averager.h (available on this book's website)
 */
class Averager {
public:
  // Construct an Averager with no scores added.
  Averager();

//-- modifiers
  void addScore(double score);
  // post: Add a score so the count and average are correct.

//--accessors
  double getAverage() const;
  // post: Return the average of all scores entered.

  int getScoresAdded() const;
  // post: Return how many scores were added

private:
  int n; // number of scores added so far, initially 0
  double sum; // total of all scores added, initially 0.0
};
```

该类的实现应该能让下面这段测试驱动器产生我们所预计的输出：

```
#include <iostream>
using namespace std;
```

```
#include "Averager.h"

int main() {
  Averager averager;
  cout << "     0? " << averager.getScoresAdded() << endl;

  averager.addScore(90.0);
  cout << "    90? " << averager.getAverage() << endl;
  cout << "     1? " << averager.getScoresAdded() << endl;

  cout << endl;
  averager.addScore(100.0);
  averager.addScore(80.0);
  averager.addScore(70.0);
  averager.addScore(60.0);
  averager.addScore(53.0);
  cout << "Scores Added 6? " << averager.getScoresAdded() << endl;
  cout << "  Average 75.5? " << averager.getAverage() << endl;
  return 0;
}
```

我们所预计的输出:

```
     0? 0
    90? 90
     1? 1

Scores Added 6? 6
  Average 75.5? 75.5
```

6D. PiggyBank 类

PiggyBank 类中应该封装了与现实世界的储钱罐操作相对应的消息。该类的对象应要能识别每一种硬币（pennies、nickels、dimes 和 quarters），并计算出总金额。除此之外，PiggyBank 类对象还能使用 drainTheBank 消息清空存款，并返回清空前的总金额。下面是具体的类定义：

```
/*
 * This class models a piggy bank to which pennies, nickels, dimes,
 * and quarters can be added. A PiggyBank object maintains how many
 * of each coin it holds and can tell you the total amount of money
 * in it.
 *
 * File name: PiggyBank.h (available on this book's website)
 */
class PiggyBank {
public:
  PiggyBank();
  // post: An PiggyBank is built with no coins

  void addPennies(int penniesAdded);
  // pre: penniesAdded > 0
  // post: This PiggyBank has penniesAdded more pennies

  void addNickels(int nickelsAdded);
  // pre: nickelsAdded > 0
  // post: This PiggyBank has nickelsAdded more nickels
```

```cpp
    void addDimes(int dimesAdded);
    // pre: dimesAdded > 0
    // post: This PiggyBank has dimesAdded more dimes

    void addQuarters(int quartersAdded);
    // pre: quartersAdded > 0
    // post: This PiggyBank has quartersAdded more quarters

    double drainTheBank();
    // post: Remove all of the coins from this PiggyBank
    // and returns how much there was before it was emptied

//-- Accessors
    int getPennies();
    // post: Return the total number of pennies in this bank

    int getNickels();
    // post: Return the total number of nickels in this bank

    int getDimes();
    // post: Return the total number of dimes in this bank

    int getQuarters();
    // post: Return the total number of quarters in this bank

    double getTotalCashInBank();
    // post: return the total cash in the bank. Pennies are
    // $0.01, nickels are $0.05, dimes are $0.10, and quarters
    // are $0.25 (no half or one dollar coins).

private:
    int pennies, nickels, dimes, quarters;
};
```

我们要求该类的实现要能让下面这段测试驱动器产生我们所预计的输出：

```cpp
#include <iostream>
using namespace std;
#include "PiggyBank.h"

int main() {
    PiggyBank pb;
    cout << "   0? " << pb.getTotalCashInBank() << endl;
    pb.addPennies(4);
    pb.addNickels(3);
    pb.addDimes(2);
    pb.addQuarters(1);
    cout << "   4? " << pb.getPennies() << endl;
    cout << "   3? " << pb.getNickels() << endl;
    cout << "   2? " << pb.getDimes() << endl;
    cout << "   1? " << pb.getQuarters() << endl;
    cout << "0.64? " << pb.getTotalCashInBank() << endl;
    cout << "0.64? " << pb.drainTheBank() << endl;
    cout << "   0? " << pb.getTotalCashInBank() << endl;
    return 0;
}
```

我们所预计的输出:

```
    0? 0
    4? 4
    3? 3
    2? 2
    1? 1
 0.64? 0.64
 0.64? 0.64
    0? 0
```

6E. Employee 类

请注意:该类的实现在第 7 章中将会被要求增加新的成员函数。

Chrystal Bends 公司的程序员在设计薪资系统时发现,应该要专门为这个系统设计一个 Employee 类。让这个 Employee 类的对象来负责维护为按时计薪的员工发放工资所需的信息。每个 Employee 对象会根据这些信息计算出自己总薪资和净工资,并计算出每周应扣缴的社会保障税(总薪酬的 6.2%)和医疗保险税(总薪酬的 1.45%)的金额。Chrystal Bends 公司的编程团队最终设计出了下面这个 C++类。接下来,我们希望你能根据这个类的定义来实现它的成员函数,并让其通过测试驱动器的检验。

```cpp
/*
 * Model a weekly employee who gets paid on an hourly basis.
 * Only two taxes are included so far: Medicare and Social
 * Security. You may be asked to add Federal Income tax later
 *
 * File name: Employee.h (available on this book's website)
 */
#include <string>
#include <iostream>
#include <cmath>

class Employee {
public:
  // Constants for two taxes. C++11 needed for initialization.
  const double SOCIAL_SECURITY_TAX_RATE = 0.062;
  const double MEDICARE_TAX_RATE = 0.0145;

  // Contructor
  Employee(std::string initName, double hourlyRate);
  // post: A Employee is built with 0.00 hours worked.

  void giveRaise(double raise);
  // pre: raise > 0. The argument 3.5 means a 3.50% raise.
  // post: The hourly rate of pay has changed

  void setHoursWorked(double hoursWorked);
  // pre: hoursWorked >= 0.0
  // post: hours worked for the current week is set.
  //       Gross pay, net pay, and taxes can now be computed.

//--accessors
  std::string getName();
```

```
    double getHoursWorked();
    double getHourlyRate();
    double getSocSecurityTax();
    double getMedicareTax();
    double getGrossPay();
    double getNetPay();

private: // data members
    std::string name;
    double rate;
    double hours;
};
```

在该类的测试驱动器中,我们将 Employee 类对象所有可能的消息都发送了一遍。首先,它必须通过 setHoursWorked 消息来设置每周工作小时数,然后计算总工资税和净工资。下面是这段测试驱动器的具体代码以及我们预计它会产生的输出:

```
#include <iostream>
#include "Employee.h"
using namespace std;

// Test Driver
int main() {
    Employee emp1("Ali", 10.00);
    cout << "    Ali? " << emp1.getName()           << endl;
    cout << "     10? " << emp1.getHourlyRate()     << endl;
    cout << "      0? " << emp1.getHoursWorked()    << endl;
    cout << "      0? " << emp1.getGrossPay()       << endl;

    // Record the hours worked in the current week
    emp1.setHoursWorked(40.00);
    cout << "    400? " << emp1.getGrossPay()       << endl;
    cout << "   24.8? " << emp1.getSocSecurityTax() << endl;
    cout << "    5.8? " << emp1.getMedicareTax()    << endl;
    cout << "  369.4? " << emp1.getNetPay()         << endl;
    cout << endl;

    emp1.giveRaise(10); // 10% raise

    cout << "     11? " << emp1.getHourlyRate()     << endl;
    cout << "    440? " << emp1.getGrossPay()       << endl;
    cout << "406.34? " << emp1.getNetPay()          << endl;
}
```

我们所预计的输出:

```
   Ali? Ali
    10? 10
     0? 0
     0? 0
   400? 400
  24.8? 24.8
   5.8? 5.8
 369.4? 369.4

    11? 11
   440? 440
406.34? 406.34
```

第 7 章 选择操作

前章回顾

虽然目前为止，本书中所有的程序都是按顺序来执行其全部语句的，从每个语句块的第一条语句执行到最后一条语句，但是其实我们所调用的函数和执行的消息里早已包含了其他的语句控制形式。

本章提要

在第 7 章中，我们将要研究如何选择性地执行语句。也就是说，程序将根据当前的情况来选择执行的操作，这个操作也许这次会执行，下一次就不会执行了。这种选择判断在 C++ 中可以通过 if、if...else 以及 switch 语句来实现。我们希望在学习完本章后，你将能够：

- 认识保护性动作模式，并了解何时使用该模式（仅在某些条件下做某事）。
- 学会使用 C++ 的 if 语句来实现保护性动作模式。
- 学会使用<、>这一类的关系运算符。
- 学会用逻辑运算符来创建表达式，并对其进行求值。
- 学会 bool 对象的用法。
- 认识替代性动作模式。
- 学会使用 C++ 的 if ... else 语句来实现替代性动作模式。
- 学会使用 if ... else 和 switch 语句来实现多重选择模式。
- 学会用多重选择模式来解决问题。

7.1 实现选择控制

程序通常必须要对各种可能的情况进行预判。举个例子，自动提款机（ATM）当然必须要为银行客户提供有效的服务，但它同时也必须要能拒绝无效的访问。只要能通过身份验证，客户就可以要求它执行余额查询、提取现金或进行存款等业务。控制 ATM 的代码必须要能允许这些不同的请求。如果没有选择控制的操作形式（本章将要介绍的新语句），所有银行的客户就只能执行某种单一的业务了。而且更糟糕的是，无效的 PIN 也不会被拒绝！

任何 ATM 在被投入使用之前，程序员都必须要为它实现好应对所有可能业务的代码。这些代码必须要能拒绝使用无效 PIN 的客户，必须有能力防止客户的无效业务操作，比如提取现金额度未达到适当的递增单位，该单位通常为 20.00 美元。当然，它们也必须要能处理提款金额超过账户余额的情况。如果想要完成上述这些任务，我们就需要有一种新的程序控制形式，这种形式要能根据输入来决定是允许还是拒绝某些语句的执行。

7.1.1 保护性动作模式

程序中通常都会需要设置一些不太执行的动作。这一类动作在某个时刻上是必须要执行的，但在另一个时刻（可能是明天，也可能是下一毫秒），同一动作又是必须要忽略的。例如，有一名学生因为平均成绩（GPA）高于 3.5，他被列入了系主任的名单，而另一名学生的 GPA 低于 3.5，他就不该被列入系主任的名单。也就是说，将学生加入系主任名单这个动作是受到了某种保护，我们称这种行动模式为**保护性动作模式**（Guarded Action pattern），下面我们来看看如何用 C++实现这个模式。

算法模式	保护性动作模式
模式	保护性动作模式
问题	只在某特定条件成立时执行某操作
纲要	if(条件成立) 　　执行某些操作
代码示例	if(GPA>=35) 　　cout<< "Made the deans list" <<endl;

7.1.2 if 语句

在 C++中，保护性动作模式通常是用 if 语句来实现的。

通用格式 7.1：if 语句

```
if (logical-expression)
    true-part;
```

在这里，*logical-expression* 可以是任何计算结果为 true 或 false 的表达式。*true-part* 可能是任何有效的 C++语句，包括用花括号{}括起来的多条语句，这种语句块也通常会视为单条语句。

代码示例：if 语句

```
cin >> hoursStudied;
if (hoursStudied > 4.5)
  cout << "You are ready for the test" << endl;

if (hours > 40.0) {
  regularHours = 40.0;
  overtimeHours = hours - 40.0;
}
```

当程序执行到 if 语句时，就会去判断其 *logical-expression* 的值是 false（零）还是 true（非零），只有在该逻辑表达式为真时 *true-part* 才会被执行。因此，在上述例子的第一条 if 语句中，程序只有在用户输入的小时数大于 4.5 的情况下才会输出 "You are ready for the test" 这条信息。当输入值小于等于 4.5 时，这条输出语句就会被跳过，这个动作将会被保护起来。下面我们来看看保护性动作模式的流程图：

if 语句的流程图：

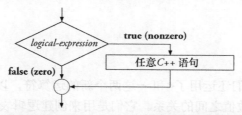

接下来,我们用一个程序来具体说明一下选择操作是如何控制程序的流程的。该程序的每个会话样例演示了它由于相应的条件判断而执行的不同操作。更具体地说,就是 musicAward 函数因 main 函数中 3 次不同实参的调用而返回了不同的字符串。

```
// Show that the same code can return three different results.
// showAward has three instances of the Guarded Action pattern.

#include <iostream>   // For cout and endl
#include <string>     // For the string class
using namespace std;

string musicAward(long int recordSales) {
  // pre: Argument < maximum long int (usually 2,147,483,647)
  // post: Return a message appropriate to record sales
  string result;

  if (recordSales < 500000)
    result = "--Sorry, no certification yet. Try more concerts.";

  if (recordSales >= 500000)
    result = "--Congrats, your music is certified gold.";

  if (recordSales >= 1000000)
    result = result + " It's also gone platinum!";

  return result;
}
int main() {
  // Test drive showAwards three times with different results
  cout <<    123456 << musicAward( 123456) << endl;
  cout <<    504123 << musicAward( 504123) << endl;
  cout <<   3402394 << musicAward(3402394) << endl;
  return 0;
}
```

程序输出

```
123456--Sorry, no certification yet. Try more concerts.
504123--Congrats, your music is certified gold.
3402394--Congrats, your music is certified gold. It's also gone platinum!
```

如你所见,通过 if 语句强大的功能,我们可以让完全相同的代码在语句执行上产生 3 种不同的版本。这就是 if 语句对程序执行的控制,因为 true 部分的语句只有在其逻辑表达式的值为 true 时才会执行,当该表达式为 false 时,if 语句就会忽略这部分语句,达到控制程序员执行的目的。例如,在上述程序中,当 recordSales 的值小于 100 万时,唱片的白金信息就无须显示了。

7.2 关系运算符

在上面的代码中，我们还运用了<和>=这两个新的运算符，以测试 recordSales 的值与 500000 和 1000000 这些数值之间的关系。它们是用来创建逻辑表达式的关系运算符集，后者是 if 语句的一个重要部分（见下表）：

关系运算符	具体含义
<	小于
>	大于
<=	小于或等于
>=	大于或等于
==	等于
!=	不等于

当关系运算符作用于两个可比较的操作数时，其结果只能是 true 或 false。我们在下表中列出了一些简单的逻辑表达式及其对应的结果值。请注意，double 和 string 这些类的对象在同类之间是可以进行比较的。其中，string 对象之间的比较是按字母顺序来进行的，例如"A"小于"B"或"D"大于"C"。

逻辑表达式	结 果	逻辑表达式	结 果
double x = 4.0;		string name = "Bill";	
x < 5.0	true	name == "Sue"	false
x > 5.0	false	name != "Sue"	true
x <= 5.0	true	name < "Chris"	true
5.0 == x	false	"Bobbie" > "Bobby"	false
x != 5.0	true	"Bob" < "Bobbie"	true

现在也是一个很好的机会，我们需要在这里提醒大家一个很容易造成严重错误且非常难以追踪的常见错误。我们在数学中通常是用=来表示相等的，但在 C++中，=执行的是赋值操作，==才是相等运算符。问题是 C++编译器并不能检测到这类用法上的错误，比如在下面这个 if 语句中：

```
int x = 0;
if (x = 3)
  cout << x << " equals 3" << endl;
```

程序输出

```
3 equals 3
```

x 的值原本是 0，但在 if 语句测试 x = 3 这个所谓的逻辑表达式时，该值变成了 3，因为它执行的其实是一个赋值操作。

这件事也证明了 C++中的赋值操作会返回一个值。也就是说，表达式 x = 3 不仅会将 3

赋值给 x，还会将其赋值的值作为表达式的结果返回，在这里就是 3，或者说是非零或 true。
如果你是想拿 x 的值与 3 进行比较，就应该使用==，比如：

```
int x = 0;
if (x == 3)
  cout << x << " equals 3" << endl;
```

程序输出

There is no output.

自测题

7-1. 如果 j 和 k 的值被初始化如下，请问下列选项中哪些表达式的值为 true？

```
int j = 4;
int k = 8;
```

a. (j+4) == k   d. j != k   g. j = 0 （请小心）
b. 0 == j   e. j < k   h. j = 165 （请小心）
c. j >= k   f. 4 == j

7-2. 请写出下列代码预计会产生的输出：

a.
```
string option = "A";
if (option == "A")
  cout << "addRecord";
if (option == "D") {
  cout << "deleteRecord";
}
```

b.
```
string option = "D";
if (option == "A")
  cout << "addRecord";
if (option == "D")
  cout << "deleteRecord";
```

c.
```
string option = "a";
if (option == "A") {
  cout << "addRecord";
}
if (option == "D") {
  cout << "deleteRecord";
}
```

d.
```
int grade = 45;
if (grade >= 70)
  cout << "passing" << endl;
if (grade < 70)
  cout << "dubious" << endl;
if (grade < 60)
  cout << "failing" << endl;
```

e.
```
int grade = 65;
if (grade >= 70)
  cout << "passing" << endl;
if (grade < 70)
  cout << "dubious" << endl;
if (grade < 60)
  cout << "failing" << endl;
```

f.
```
int g = 45;
// Careful!
cout << "g: " << g << endl;
if (g = 70)
  cout << "at cutoff" << endl;
  cout << "g: " << g << endl;
if (g = 1)
  cout << "you get one" << endl;
cout << "g: " << g << endl;
```

7.3 替代性动作模式

程序通常必须要在各项动作里面选择其中一个来执行。比如说，如果一名学生的期末成绩

>=60.0，我们就让他通过考试；期末成绩<60.0，我们就不能让他通过，这就是一个典型的替代性动作模式案例。在这种模式下，程序必须要在某一动作及其替代动作之间做一个选择。

算法模式	替代性动作模式
模式	替代性动作
问题	需要从两种可相互替代的动作中选择一种

纲要	if(条件成立)
	　执行动作 1
	else
	　执行动作 2

代码示例	if(finalGrade>=60.0)
	　cout<<"passing"<<endl;
	else
	　cout<<"failing"<<endl;

if...else 语句

在 C++中，替代性动作模式可以用 if … else 语句来实现。该控制结构可用于让程序在两个不同动作之间选择要执行的动作（稍后我们还会看到，两种以上的备选动作也是可以实现的）。

通用格式 7.2：if...else 语句

```
if(logical-expression)
     true-part;
else
     false-part;
```

如你所见，if … else 语句由一个 if 语句，以及后面 else 所代表的备用执行路径组成，上面的 *true-part* 和 *false-part* 都可以是任何有效的 C++语句或语句块。

```
if (sales <= 20000.00)
  cout << "No bonus this month" << endl;
else
  cout << "Bonus coming" << endl;
```

当程序执行到 if … else 语句时，就会判断其 *logical-expression* 是 false 还是 true。如果为 true，*true-part* 就会被执行，而 *false-part* 则不会执行。反之，如果表达式为 false，那就只有 *false-part* 会被执行。

下面，我们用一个具体示例来演示一下 if … else 的工作原理。正如你将看到的，当 x 的值小于或等于零时，程序的输出为 FALSE。当 x 为正数时，程序才会执行其 *true-part* 语句，输出 TRUE。

```
double x;
cout << "Enter x: ";
cin >> x;
if (x > 0.0)
```

```
    cout << "TRUE" << endl;
else
    cout << "FALSE" << endl;
```

替代性动作模式的流程图：

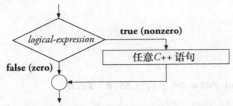

下面再来看一个 if ... else 语句的示例。我们可以看到，确定替代性动作的是其逻辑表达式（miles> 900000），当 miles 大于 90000 时，程序执行的是 *true-part* 中的语句，反之，当 miles 不大于 90000 时，程序就会执行 *false-part* 中的语句。

```
int miles;
cout << "Enter miles: ";
cin >> miles;
if (miles > 90000) {
    cout << "Tune-up " << (miles-90000) << " miles overdue" << endl;
}
else {
    cout << "Tune-up due in " << (90000-miles) << "miles" << endl;
}
```

当输入的 miles 值为 96230 时，程序的输出是"Tune-up 6230 miles overdue"，但当输入的 miles 值为 89200 时，该程序就会执行 *false-part* 的语句，输出为"Tune-up due in 800 miles"。

自测题

7-3．请问在上述程序中，当 miles 的值为 90000 时会产生什么输出？

选择能力是任何一种编程语言都应该具备的强大特性。if ... else 语句让程序具备了根据各种不同数据产生相关有用信息的能力。例如，员工的总薪酬可以根据其工作时数是否小于或等于 40 来进行计算，但某些雇主也必须为每周工作时数超过 40 小时的员工支付相当于其工资一半的加班费，加班费的计算公式可能如下：

$$pay = (40 * rate) + (hours - 40) * 1.5 * rate;$$

通过实现替代性动作模式，我们可以用一个程序来计算出工作时数小于 40、等于 40 以及大于 40 各种形式的总薪酬。下面我们用一段完整的程序来看一下替代性动作模式的具体运用。

```
// Illustrate the flexibility offered by Alternative Action
#include <iostream>
using namespace std;

int main() {
    double pay = 0.0;
    double rate = 0.0;
    double hours = 0.0;

    cout << "Enter hours worked and rate of pay: ";
    cin >> hours >> rate;

    if (hours <= 40.0)
```

```
        pay = hours * rate; // True part
    else
        pay = (40 * rate) + (hours - 40) * 1.5 * rate; // False part

    cout << "pay: " << pay << endl;

    return 0;
}
```

程序会话 1

Enter hours worked and rate of pay: **38.0 10.0**
pay: 380

程序会话 2

Enter hours worked and rate of pay: **42.0 10.0**
pay: 430

大家应该会注意到，if ... else 语句中分号（;）所在的位置可能会让第一次接触该语句的人有些困惑。所以，如果编译器在 if ... else 语句附近报告了编译时错误，请务必仔细检查分号的位置是否正确，或是否在某处漏写了分号。另外请注意，不要在逻辑表达式后立即放置分号，这是一个常见的错误。如果你这样做的话，该语句的 true-part 就会变成一个空的语句，它不会做出任何反应，而 ";" 后面的部分将不会被视为 if 语句的一部分。

自测题

7-4. 请根据下面的代码：

```
if (hours >= 40.0)
    hours = 40 + 1.5 * (hours - 40);
```

计算出当 hours 载入值为下列各项的时候，它的最终值是多少？

a. 38   c. 42
b. 40   d. 43.5

7-5. 请根据下面对 n 和 x 的初始化操作，写出下列各项中的代码会输出的内容：

```
int n = 8;
double x = -1.5;
```

a. ```
   if (x < -1.0)
       cout << "true" << endl;
   else
       cout << "false" << endl;
   cout << "after if...else";
   ```

c. ```
   if (x >= n)
       cout << "x is high";
   else
       cout << "x is low";
   ```

b. ```
   if (n >= 0) {
       cout << "zero or pos";
   }
   else {
       cout << "neg";
   }
   ```

d. ```
   // true part is another if...else
   if (x <= 0.0) {
       if (x < 0.0)
           cout << "neg";
       else
           cout << "zero";
   }
   else
       cout << "pos";
   ```

7-6. 请编写一个 if ... else 语句，使其在 option 的值为 1 时输出你的名字，如果是其他值，输出你的学校。

7.4 选择操作结构中的语句块

我们通常会用 { } 这样一对特殊符号将一组语句聚集在一起，使得这些语句在函数体中会被当作一条语句来处理。这对特殊符号被称为语句块的分隔符（标记边界）。我们可以利用这种语句块的分割将多个操作组合在一起，然后将其视为一个操作来处理。语句块在 if ... else 语句中也是非常有用的，它可以将多个操作各自分组到该语句的 *true-part* 和 *false-part* 中。

```
// This program uses blocks for both the true and false parts. The
// block makes it possible to treat many statements as one.
#include <iostream>
using namespace std;

int main() {
  double GPA = 0.0;
  double margin = 0.0; // How far from dean's list cut-off

  cout << "Enter GPA: ";
  cin >> GPA;
  if (GPA >= 3.5) {
    // True part contains more than one statement in this block
    cout << "Congratulations, you are on the dean's list." << endl;
    margin = GPA - 3.5;
    cout << "You made it by " << margin << " points." << endl;
  }
  else {
    // False part contains more than one statement in this block
    cout << "Sorry, you are not on the dean's list." << endl;
    margin = 3.5 - GPA;
    cout << "You missed it by " << margin << " points." << endl;
  }
  return 0;
}
```

由于语句块可以将其中的多条语句被当作一条语句来处理，因此当上述程序的用户输入的 GPA 值为 3.7 时，即 GPA >= 3.5 为 true，其产生的会话信息就会如下：

```
Enter GPA: 3.7
Congratulations, you are on the dean's list.
You made it by 0.2 points.
```

当用户输入的 GPA 值为 2.9 时，即 GPA >= 3.5 为 false，程序则会输出如下信息：

```
Enter GPA: 2.9
Sorry, you are not on the dean's list.
You missed it by 0.6 points.
```

所以如你所见，这种替代性执行让程序可以通过评估逻辑表达式 GPA >= 3.5 来提供两种可能的结果。如果该表达式为 true，就执行 *true-part* 中的操作，如果为 false，就执行 *false-part* 中的操作。

忘记使用{}的后果

忽略语句块的用法可能会导致各种错误。我们可以通过修改上述示例来说明一下如果没有用语句块将 cout 语句组合在一起会产生什么问题。

```
if (GPA >= 3.5)
  margin = GPA - 3.5;
  cout << "Congratulations, you are on the dean's list." << endl;
  cout << "You made it by " << margin << " points." << endl;
else // <- ERROR: Unexpected else
```

在移除{}这对符号之后，语句块就不存在了。这样一来，两条被高亮显示的语句事实上就不属于上面的 if … else 语句了，即使缩进格式上看起来还是这样。上述代码实际上就是一条 if 语句后面跟着两条 cout 语句，接下来再跟一个保留字 else。而当编译器遇到 else 时就会报错了，因为 C++中没有以 else 开头的语句。

下面再来看一个忽略语句块语法导致出错的例子，这次我们省略的是 else 部分的{ }。

```
else
  margin = 3.5 - GPA;
  cout << "Sorry, you are not on the dean's list." << endl;
  cout << "You missed it by " << margin << " points." << endl;
```

这回倒是没有编译时错误，但代码在执行意图上是错误的。因为最后两条语句始终会被执行！它们并不属于 if … else 语句的一部分。在这种情况下，当 GPA >= 3.5 为 false 时，代码就会按照我们所预期的样子执行，但当该逻辑表达式为 true 时，其输出不但不符合预期，而且信息会相当混乱：

```
Congratulations, you are on the dean's list.
You made it by 0.152 points.
Sorry, you are not on the dean's list.
You missed it by -0.152 points.
```

尽管不是必需的，但为了让代码读起来更容易，我们会建议始终使用语句块的形式来编写 if 语句和 if … else 语句的真假部分。而且这样做也有助于防止上面这种执行意图上的错误。当然，这样做的一个缺点就是会增加一些代码的行数，以及一些花括号的排列组合。另外，稍后你在本章第二部分中还会看到多重选择模式，该模式下的各项可选动作通常都是单一语句的，那时就不需要使用语句块了。

7.5　bool 对象

在 C++中，我们通常用 bool 类型的对象来存储 true 和 false 这两种常量，该类型的名称取自数学家 George Boole。bool 类型的对象有助于我们简化逻辑表达式。关于这点，我们可用下面这段程序来演示一下：

```
// Demonstrates bool initialization and assignment. A standard C++
// compiler has bool, true, and false built in.
#include <iostream>
```

7.5 bool 对象

```cpp
using namespace std;

int main() {
  // Initialize three bool objects to false
  bool ready, willing, able;
  double credits = 28.5;
  double hours = 9.5;
  // Assign true or false to all three bool objects
  ready = hours >= 8.0;
  willing = credits > 20.0;
  able = credits <= 32.0;
  // If all three bools are true, the logical expression is true
  if (ready && willing && able)
    cout << "YES" << endl;
  else
    cout << "NO" << endl;

  return 0;
}
```

程序输出

```
YES
```

和其他类型的对象一样，bool 类型的对象也可以被声明、被初始化并被赋值。其赋值表达应该是一个逻辑表达式——计算结果为 true 或 false 的表达式被认为是逻辑表达式。另外，该类型也为我们新增了两个常量：true 和 false。对于这些内容，上述程序在初始化其 3 个 bool 对象过程中都做了演示。

bool 类型也常常被用作非成员函数和类成员函数的返回值类型。比如说，LibraryBook 类有一个成员函数，它会在相关图书可借时返回 true，如果该书已经被借出，就返回 false。

```cpp
bool LibraryBook::isAvailable()
// post: Return true if this book is available, or false if not
```

接下来，我们再来看看自由函数的例子，下面这个函数在其收到的整数实参为奇数时会返回 true：

```cpp
// Demonstrate a simple bool function
#include <iostream>
using namespace std;

bool isOdd(int n) {
  // post: Return true if n is an odd integer
  return (n % 2) != 0;
}

int main() {
  int j = 3;

  // Ensure j is an even number
  if (isOdd(j)) {
    j = j + 1;
  }
  cout << j << endl;

  return 0;
```

}

程序输出

4

7.5.1 布尔运算

C++提供了3个布尔运算符，它们分别是！（非）、||（或）和&&（与）。我们可以用这些运算符来创建更复杂的逻辑表达式。例如，下面这个逻辑表达式：

```
(test >= 0) && (test <= 100)
```

如你所见，这里演示的是如何将逻辑"与"运算符（&&）作用于两个逻辑操作数。由于逻辑运算的结果只有true和false这两种值，因此我们用下面这张表就可以列出！、||和&&这3种逻辑运算符的每一种组合及其结果：

！（非）		||（或）		&&（与）	
表达式	结果	表达式	结果	表达式	结果
! false	true	true || true	true	true && true	true
! true	false	true || false	true true	true && false	false
		false || true	false	false && true	false
		false || false		false && false	false

接下来，我们来演示如何在逻辑表达式中用布尔运算符&&（逻辑"与"）来确保test的值在0到100之间（包括0和100）。也就是说，当且仅当test的值大于或等于0（test >= 0），且同时小于或等于100（test <= 100）时，该逻辑表达式才被评估为true。

```
if ((test >= 0) && (test <= 100))
    cout << "Test is in range";
else
    cout << "**Warning--Test is out of range";
```

下面是test的值分别为97和977时，该if语句对逻辑表达式的处理过程（这里模拟的是用户在输入97时不小心按了两次7的意外情况）：

test 的值为 97 时	test 的值为 977 时
(test >= 0) && (test <= 100)	(test >= 0) && (test <= 100)
(97 >= 0) && (97 <= 100)	(977 >= 0) && (977 <= 100)
true && true	true && false
true	False

7.5.2 运算符优先规则

任何编程语言在运算符作用在操作数上的先后顺序都有一套自己的优先规则。例如，在没有括号的情况下，关系运算符（>=和<=）应该会先于&&运算符被计算。通常情况下，大部分运算符都是分组按从左到右的顺序来进行计算的，也就是说：a / b / c / d 通常就等同于 (((a / b) / c) / d)。

这里也需要格外提醒一种例外情况，即赋值运算符也可以进行多重赋值，但它的操作顺序是从右到左的。例如：x = y = z = 0.0 这个表达式就等于（x =（y =（z = 0.0）））, 它会先由表达式 z = 0.0 返回 0.0，然后将其返回值赋值给 y，最后到 x。

7.5 bool 对象

我们在下表中按优先顺序列出了一些（当然不是全部）C++运算符。根据该表，我们最先要计算的是::和()运算符（它们的优先级最高），最后要计算的是赋值运算符=。虽然 C++ 中的运算符要比我们表中列出的多，但该表已经涵盖了我们在本书中所会用到的所有运算符，并且在这里我们也对这些运算符做了相关的说明。

C++运算符的优先级规则（不完整列表）

优先级	运算符	相关说明	组内顺序
最高级	::、()	作用域解析、函数调用	从左到右
单目运算	!、+、-	逻辑非、正、负号	从右到左
乘法运算	*、/、%	乘法、除法、余数	从左到右
加法运算	+、-	二元加法、二元减法	从左到右
输入/输出	>>、<<	流提取操作、流插入操作	从左到右
关系运算	<、>、<=、>=	小于、大于、小于或等于、大于或等于	从左到右
等值运算	==、!=	等于、不等于	从左到右
"与"运算	&&	逻辑与	从左到右
"或"运算	||	逻辑或	从左到右
赋值操作	=	将右边的值赋给左边	从右到左

这些优先规则显然是经过精心设计的，问题是我们能确定自己记得住它们吗？如果不能确定，最好还是使用括号来阐明优先规则。而且使用括号也可以让代码更具有可读性，因而也更容易被理解。

自测题

7-7. 请评估下面的表达式是 true 还是 false：

 a. (false || true)
 b. (true && false)
 c. (1 * 3 == 4 - 1)
 d. (false || (true && false))
 e. (3 < 4 && 3 != 4)
 f. (! false && ! true)
 g. ((5 + 2) > 3 && (11 < 12))
 h. ! ((false && true) || false)

7-8. 请编写一个表达式，让其在当且仅当名为 score 的 int 对象的值在 1 到 10 之间（包括 1 和 10）时为 true。

7-9. 请编写一个表达式，让其在 test 的值不在 0 到 100 之间时为 true。

7-10. 请写出以下代码会产生的输出（请务必要看仔细一些）：

```
double GPA = 1.03;
if (GPA = 4.0)
    cout << "President's list";
```

7.5.3 布尔运算符||与 grid 对象

在接下来的示例中，我们要来演示一下如何在逻辑表达式中用运算符||（逻辑"或"）来

判断 grid 对象中的移动器是否位于其 4 个边界中的任何一个边界上。具体来说，就是该逻辑表达式应该在移动器位于第 0 行、第 0 列、最后一行或最后一列时为 true。

```
   (g.row() == 0)
|| (g.row() == g.nRows()-1)
|| (g.column() == 0)
|| (g.column() == g.nColumns()-1)
```

也就是说，当该移动器位于 6×6 大小的 grid 对象的第 1 行第 5 列时，上述表达式的评估结果应如下（|| 运算符按从左到右的顺序来进行评估）：

```
The grid:
. . . . . .
. . . . . >
. . . . . .
. . . . . .
. . . . . .
. . . . . .

g.row()==0 || g.row()==g.nRows()-1 || g.column()==0 || g.column()==g.nColumns()-1
    1==0   ||        1==5          ||     5==0      ||           5==5
    false  ||        false         ||     5==0      ||           5==5
              false                       false                  5==5
                                          false                  true
                                           true
```

如你所见，上述表达式只有在 4 个子表达式都为 false 时才会为 false。只要它们中的任何一个为 true，该表达式的评估结果就会为 true。事实上，其计算速度比我们想象中的更快（关于这点，请参阅我们下面关于短路式布尔评估的介绍）。接下来，我们将这个表达式放入一个具体的函数中，用这个函数来判断 grid 对象的移动器是否位于它的**任何一条边界上**：

```cpp
// Show a more complex logical expression inside a bool function

#include <iostream>   // For cout
using namespace std;
#include "Grid.h"     // For class Grid

bool moverOnEdge(const Grid & g) {
  // post: Return true if the mover is on an edge or false if not
  bool result;

  result =    (g.row() == 0)                        // On north edge?
           || (g.row() == g.nRows()-1)              // On south edge?
           || (g.column() == 0)                     // On west edge?
           || (g.column() == g.nColumns()-1);       // On east edge?

  return result;
}

int main() {
  // Test drive moverOnEdge
  Grid tarpit(6, 6, 2, 5, east);

  if (moverOnEdge(tarpit)) {
    cout << "On edge" << endl;
  }
  else {
```

```
        cout << "Not on edge" << endl;
    }
    return 0;
}
```

程序输出

```
On edge
```

自测题

7-11. 上述 moverOnEdge 函数还应该经过更多的测试，请写出当移动器位于下表中列出的每个行列交叉点时，该程序所产生的相应输出：

行	列	程序输出（是否位于边界上）
3	4	
4	3	
2	2	
0	2	
2	0	

7.5.4 短路式布尔评估

在逻辑表达式（E1 && E2）中，程序会先对 E1 进行评估，如果其评估结果为 false，E2 就不必再评估了，我们称这种评估策略为**短路式评估**。这种策略是合理的，因为 false && false 的结果是 false，false && true 也一样是 false，所以在这种情况下，我们对第二个表达式 E2 的评估就没有必要了。这就是 C++评估逻辑表达式的方式，尽可能快地停止评估。当然，这种短路式评估也适用于"或"运算符||，即在表达式（E1 || E2）中，程序评估 E1，如果 E1 为 true，E2 就不必再评估了。在实际代码中，程序员通常是这样做的：

```
if ((x >= 0.0) && (sqrt(x) <= 4.0))
```

因为这样做之后，当 x 为负数时，程序就不必执行带有 sqrt(x)的第二个表达式了。也就是说，通过让程序先检查 x >= 0.0 这个表达式，我们就可以避免对负数进行平方根运算。如果我们调换了这两个表达式在语句中的顺序，该程序在 x < 0.0 时就会发生运行时错误了。

下面让我们回到之前的示例，再来讨论一下那个 bool 函数 moverOnEdge 所执行的布尔评估。当移动器位于第 2 行和第 5 列时，其 if 语句中逻辑表达式的前 3 个布尔子表达式皆为 false。因此，其评估过程必须持续到第 4 个（也是最后一个）子表达式。换句话说，只要移动器不在边界上，整个逻辑表达式就都会被评估，结果是其 4 个子表达式全都为 false，但如果移动器位于第 0 行，我们可以再来看看这个表达式的评估过程：

```
The grid:
. . . . . . >
. . . . . . .
. . . . . . .
. . . . . . .
. . . . . . .

       g.row()==0              true
```

```
|| g.row()==g.nRows()-1                    not evaluated
|| g.column()==0                           not evaluated
|| g.column()==g.nColumns()-1 not evaluated
```

如你所见，只要 g.row()==0 的评估结果为 true，后续 3 个子表达式就无须再评估了。因为 true||后面跟任何东西其结果依然是 true。这种短路式布尔评估是 C++语言的一部分，有助于提高程序的运行时效率。我们可以想象一下，程序在数百万个子表达式中只需执行其中一两个时产生的效果。

自测题

7-12. 请评估下面的逻辑表达式在 x 和 y 为下列各组值时的结果：

```
((fabs(x - y) >= 0.001) && (x >= 0.0) && (sqrt(x) < 6.5))
```

a. x = 1.0   c. x = -1.0
   y = 2.0   y = 2.0

b. x = 56.77779   d. x = -1.0
   y = 56.77777   y = 1.0

7-13. 请问在一个 6*6 的 grid 对象中，当移动器位于第 5 行第 3 列时，下面的逻辑表达式需要评估多少个子表达式？

```
   g.row()==0
|| g.row()==g.nRows()-1
|| g.column()==0
|| g.column()==g.nColumns()-1
```

7.6 bool 成员函数

在 BankAccount 类的定义中，其成员函数 void withdraw 有一个前置条件，即其提款金额不得大于账户余额。我们当前的做法是，当客户代码违反这个前置条件时，允许账户余额呈现为负值（下面的代码来自之前的实现源文件 BankAccount.cpp）。

```
void BankAccount::withdraw(double withdrawalAmount) {
  // pre: withdrawalAmount <= balance
  balance = balance - withdrawalAmount;
}
```

更好的设计是禁止账户余额出现负值。这样的话，客户代码就不必去操心自己是否违反该函数的前置条件了。withdraw 消息可以自己负责避免账户余额出现负值。为此，我们也需要将该函数的返回值类型改为 bool，以便客户代码可以了解自己发送的 withdraw 消息是否操作成功。下面，我们先来修改类的定义，将之前在 BankAccount.h 文件中该函数的返回值类型 void 更改为 bool：

```
bool withdraw(double withdrawalAmount);
// post: If withdrawalAmount <= balance && withdrawalAmount > 0.0,
//       debit withdrawalAmount from this balance and return true.
//       Otherwise don't change anything--just return false.
```

接下来，我们更改 BankAccount 类中的实现。用替代性动作模式让程序自行选择是完成账户提款并返回 true，还是因账户余额不足而返回 false。

```cpp
bool BankAccount::withdraw(double withdrawalAmount) {
  bool result = true;
  if ((withdrawalAmount > balance) || (withdrawalAmount <= 0.00))
    result = false;
  else
    balance = balance - withdrawalAmount;

  return result;
}
```

下面我们用一段程序来测试一下刚刚实现的新行为。由于现在 withdraw 返回的是 true 或 false，我们可以将该消息的发送操作当作是一个测试表达式。

```cpp
// Test drive the "safe" BankAccount::withdraw
#include <iostream>
using namespace std;
#include "BankAccount.h"    // A modified "safe" BankAccount

int main() {
  BankAccount aSafeAccount("Charlie", 50.00);
  double withdrawalAmount;

  cout << "Enter amount to withdraw: ";
  cin >> withdrawalAmount;
  if (aSafeAccount.withdraw(withdrawalAmount)) {
    cout << "Balance = $" << aSafeAccount.getBalance() << endl;
  }
  else {
    cout << "Could not withdraw " << withdrawalAmount << endl;
  }

  // Can ignore return result
  aSafeAccount.withdraw(10000);
  return 0;
}
```

程序会话 1

```
Enter amount to withdraw: 75.00
Could not withdraw 75.00
```

程序会话 2

```
Enter amount to withdraw: 20.00
Balance = $30
```

在 C++中，所有函数的返回结果都是可以忽略的。因此，我们完全可以像以前一样使用这个新版本的 withdraw 函数。也就是说，它的调用可以是独立的语句，而不是非得是 if 语句的一部分。比如，上述 main 函数在返回 0 之前的最后一条语句就是要求提款 1000.00 美元的独立操作。

自测题

7-14. 请根据上面这个新的安全版本的 BankAccount::withdraw 函数，写出下面程序在 wAmount 为下列各项值时会产生的输出：

a. double wAmount = 100.00;   c. double wAmount = 112.50;
b. double wAmount = -100.00; d. double wAmount = 200.00;

```
#include <iostream>          // For cout
using namespace std;
#include "BankAccount.h"  // For the BankAccount class

int main() {
  BankAccount b("Kilroy", 112.50);
  double wAmount = -100.00; // Substitute new values here
  if (b.withdraw(wAmount)) {
    cout << "okay" << endl;
  }
  else {
    cout << "failed" << endl;
  }
  return 0;
}
```

7.7 多重选择操作

多重选择操作模式要求程序每次都要在多个可选的动作中选择其中一个来执行。这种要求在编程中是很常见的。我们可以用 if ... else 语句来解决这个模式的实现问题。具体来说，就是我们要将别的 if 语句嵌套在该语句的 false-part 中。然后，可选的动作越多，我们嵌套的 if 语句就越多。下面同样用一张表来总结一下该模式：

算法模式	多重选择操作模式
模式	多重选择操作
问题	程序必须从 3 个以上的可替代动作中选择一个来执行

纲要	if (条件 1 成立)
	　　执行动作 1
	else if(条件 2 成立)
	　　执行动作 2
	// ...
	else if(条件 n-1 成立)
	　　执行动作 n-1
	else
	　　执行动作 n

代码示例	if (grade < 60.0)
	　result = "F";
	else if (grade < 70)
	　result = "D";
	else if (grade < 80)
	　result = "C";
	else if (grade < 90)
	　result = "B";
	else
	　result = "A";

下面，我们通过一个程序来具体看看多重选择操作模式的实现，该示例程序要在 3 个可

选动作中选择一个来执行：

```cpp
// Multiple selection where exactly one cout statement executes.
// The output is dependent on the input value for GPA.

#include <iostream>
using namespace std;

int main() {
  double GPA;
  cout << "Enter your GPA: ";
  cin >> GPA;

  if (GPA < 3.5) {
    cout << "Try harder" << endl;
  }
  else {
    // Execute this multiple selection statement
    if (GPA < 4.0)
      cout << "You made the dean's list" << endl;
    else
      cout << "You made the president's list" << endl;
  }
  return 0;
}
```

请注意，第一个 if ... else 语句的 false-part 现在是另一个 if ... else 语句。也就是说，如果 GPA 小于 3.5，上述程序就会输出"Try harder"，然后跳过嵌套的 if ... else 语句。如果该逻辑表达式为 false（也就是当 GPA 大于或等于 3.5 时），该程序就会在第二个 if ... else 语句中判断 GPA 的分数是符合进入系主任名单还是总统名单。所以这里实际上是在一个替代性选择实现中嵌套了另一个替代性选择。

在实现多重选择操作模式时，选择合适的缩进格式是非常重要的。这样做可以让代码的执行与代码书面呈现的一致。良好的缩进习惯可以大大改善实现代码的可读性，从而节省我们在实现程序上所花的时间，包括测试时间。为了体现这种格式上的灵活性，我们可以重新用一种经过优化的格式来实现多重选择操作模式，以下面这种控制结构的形式来呈现这 3 个执行路径：

```cpp
if (GPA < 3.5)
  cout << "Try harder" << endl;
else if (GPA < 4.0)
  cout << "You made the dean's list" << endl;
else
  cout << "You made the president's list" << endl;
```

上述格式将是我们在本书中的首选格式。当然，我们也可以在多重选择操作模式的实现中使用语句块，就像下面这样：

```cpp
if (GPA < 3.5) {
  cout << "Try harder" << endl;
}
else if (GPA < 4.0) {
  cout << "You made the dean's list" << endl;
}
else {
  cout << "You made the president's list" << endl;
}
```

7.7.1 另一个示例：字母等级评定

有些教师喜欢用下面这种比例值来对学生进行字母等级的评定。这种字母等级实际上是对某种百分制成绩（percentage）进行加权平均的表示方法。

百分制分数 （该值应该在0到100之间， 包括0和100）	评定等级
90.0 ≤ percentage	A
80.0 ≤ percentage < 90.0	B
70.0 ≤ percentage < 80.0	C
60.0 ≤ percentage < 70.0	D
percentage < 60.0	F

下面，我们用 if 语句来将上述内容实现成一个函数：

```
if ( percentage >= 90.0 )
  result = "A";

if ( percentage >= 80.0 && percentage < 90 )   // Not necessary
  result = "B";

if ( percentage >= 70.0 && percentage < 80 )   // Not necessary
  result = "C";
// . . .
```

然而，我们在这里给出的问题是从 5 种不同的动作中选择一个来执行，这是多重选择操作模式，不是保护性动作模式。而且多重选择操作模式在运行时也有效率更高、不容易出现违背设计意图的优点。

```
string letterGrade(double percentage) {
  // pre: percentage >= 0.0 && percentage <= 100.0
  // post: Return letter grade according to external documentation
  string result;
  // Determine the proper result . . .

  if (percentage >= 90.0)
    result = "A";
  else if (percentage >= 80.0)
    result = "B";
  else if (percentage >= 70.0)
    result = "C";
  else if (percentage >= 60.0)
    result = "D";
  else
    result = "F";

  return result;
}
```

如你所见，上述代码的输出将取决于 percentage 的值。如果 percentage 大于或等于 90.0，程序就会执行 result="A"; 这条语句，然后跳过第一个 else 之后所有的语句。如果 percentage == 50.0，则上述代码中所有逻辑表达式的评估都将为 false，这种情况下，程序就会去执行最后一个 else 之后的动作"result = "F"; "。

当 percentage 的值介于 60.0 和 90.0 之间时，上述这些逻辑表达式就会依次被评估，直至遇到首个被评估为 true 的表达式。具体来说，就是当 percentage >= 90.0 时被评估为 false，其反向的逻辑 percentage < 90.0 就会为 true。然后，第二个逻辑表达式 percentage >= 80.0 就会在第一个表达式为 false 时被评估，以此类推。当程序最终遇到首个被评估为 true 的逻辑表达式时，该表达式后面的 true-part 才会被执行，其他备选项就会被跳过。

当然，上述函数还能再做些改进，确保其只在 percentage 的值位于 0.0 到 100.0（包括 0.0 和 100.0）之间时返回相应的字母等级。例如，函数收到的实参也有可能由原先想输入的 77 而变成了误输入的 777。这样一来，其正确结果就会因为 777 >= 90.0 为 true 而由原本的 "C" 变成了 "A"，这会导致函数返回错误的结果。为此，我们可以将 letterGrade 函数修改成检查输出参数是否超出指定范围的版本。也就是说，我们现在的第一个逻辑表达式应该先检查 percentage 是否小于 0.0 或者大于 100.0。

```
if ((percentage < 0.0) || (percentage > 100.0))
    result = "**Error--Percentage is not in range [0...100]";
else if (percentage >= 90)
    result = "A";
```

如果 percentage 超出我们指定的取值范围，result 就会变成一条错误信息，并且程序就会跳过上述嵌套 if ... else 结构的其余部分。这时候，该程序就不会再为小于 0 或大于 100 的 percentage 返回不正确的字母等级了，而是会针对 777 这个实参返回以下字符串：

```
**Error--Percentage is not in range [0...100]
```

7.7.2 多路返回

在上面的 letterGrade 函数实现中，我们所做的是将正确的字母等级赋值给一个名为 result 的局部变量。对于该函数，我们还可以选择另一种实现法，那就是使用多条 return 语句。由于函数会在执行其遇到的第一条 return 语句时终止，因此我们也可以用多条 return 语句的方式来编写函数：

```
string letterGrade(double percentage) {
    if (percentage >= 90)
        return "A";
    if (percentage >= 80)
        return "B";
    if (percentage >= 70)
        return "C";
    if (percentage >= 60)
        return "D";
    if (percentage >= 0)
        return "F"; // ERROR: runtime error when percentage < 0
}
```

当然，如果我们确定要使用这种多路返回的技术，就必须确保函数始终会返回某些内容。例如，上面的代码在其实参小于 0.0 时是不会返回任何东西的，这样就很容易收到编译器的警告甚至产生编译时错误。更糟糕的是，有些系统甚至会等到其出现运行时错误，那就太晚了。要想消除这个问题，我们需要将上述语句块的末尾修改成这样：

```
// . . .
if (percentage >= 0)
    return "F";
```

```
      return "Error: argument to letterGrade < 0";
}
```

另外,我们在编写该函数时还需考虑到 percentage > 100 也是一种实际会发生的错误,这种可能性也应该被放在函数返回的错误信息中。

7.8　测试多重选择操作

现在,我们应该用多次函数调用来测试这个实现了多重选择操作模式的 letterGrade 函数,或者说,任何实现多重选择操作模式的函数和代码段都应该做这样的测试。针对眼下这个特定实例,我们的测试是要确保该函数提供的多个选项在收到任何可能的 percentage 实参时都能给出正确的选项。我们可以使用从-1.0 到 101.0 这个区间里的所有数字来调用该函数。但这样做,岂不是意味着该函数要被调用无数次?这倒是完全没有必要!

我们首先要考虑的一组数据是,它们得让程序途经 if ... else 嵌套结构中每个可能的分支。我们可以观察 if ... else 嵌套结构中的每个语句(其 true 或 false 部分)所执行的操作,然后对它们进行分支覆盖测试。为了能正确地执行分支覆盖测试,我们必须做以下 3 件事:

- 选定一组能执行到多重选择操作模式中所有分支的数据。
- 根据我们选定的数据设计测试驱动器,然后让程序去执行多重选择操作模式中设定的各个部分。
- 观察程序在所有数据下所执行的操作是否正确。

例如,我们可以用下面这组数据去执行 letterGrade 函数中的所有分支:[1]

-1.0 55.0 65.0 75.0 85.0 95.0 101.0

下面,我们可以这样开始该函数的测试驱动器:

```
int main() {
  cout << "-1.0 = " << letterGrade(-1.0) << endl;
  cout << "55.0 = " << letterGrade(55.0) << endl;
  cout << "65.0 = " << letterGrade(65.0) << endl;
  // . . .
```

然后,我们通过程序输出来观察一下每个函数调用是否都返回了正确的值:

```
-1.0 = **Error--Percentage is not in range [0...100]
55.0 = F
65.0 = D
    . . .
```

边界测试

所谓边界测试,就是我们要观察程序在每个截止(边界)值上的执行情况。这种测试的影响可能是很深远的。例如,边界测试可以避免成绩为 90 的学生在字母等级评定时被意外

---

[1] 译者注:在原文中,该段落也属于上面列表项中的一项,但从上下文来看,译者认为这应该是一个独立段落。

地评定为 B 而不是 A。当逻辑表达式（percentage >= 90）被意外编码为（percentage > 90）时，就会发生这种情况。所以针对上述代码，实参值为 60、70、80 和 90 的情况都应该完成相应的边界测试。

也许最好的测试策略是选定一组可以同时进行分支测试和边界测试的测试值。比如当 percentage 的值为 90.0 时，程序应该返回 A。由于 90.0 本身是个截止点，所以 90 这个值不仅可以用来检查相关分支，还可以被用来进行边界测试。所以，我们以整十为阶梯，一直递减到 60 的一组数据来测试驱动器就可以对所有的边界进行检查了。当然，还有等级 F 的分支没有检查到，所以我们在测试驱动器完成之前还要加上 59.9 这个数据。

```cpp
int main() {
  // A test driver for string letterGrade(double percentage)
  cout << "90.0? " << letterGrade(90.0) << endl;   // 90.0? A
  cout << "80.0? " << letterGrade(80.0) << endl;   // 80.0? B
  cout << "70.0? " << letterGrade(70.0) << endl;   // 70.0? C
  cout << "60.0? " << letterGrade(60.0) << endl;   // 60.0? D
  cout << "59.9? " << letterGrade(59.9) << endl;   // 59.9? F
  return 0;
}
```

7.9　assert 函数

到目前为止，我们的测试都是通过让 cout 打印相关的内容来进行的。这样做需要我们自己仔细检查 cout 语句的输出内容，并将预期的输出放在同一行以供比对，就像我们之前测试 letterGrade 函数时做的那样。这样一来，输出时预期值和实际值就会彼此相邻。如果它们不匹配，我们就要去判断是预期值不正确还是返回值不正确，或是两者都不正确。在这里，我们也可以用 C++ 的 assert 函数来对比函数调用或消息发送的结果值和预期值。

assert 函数会接收一个 bool 类型的实参。如果它收到的实参值为 false，C++ 就会输出一行以 "Assertion fail" 开头的错误信息告知我们。并且在这种情况下，assert 会终止程序的执行。

如果所有调用 assert 函数的表达式都为 true，程序就不会有任何输出。因此，如果我们使用 assert 函数来编写测试驱动器。程序执行后就只需查看有没有错误信息输出即可。下面这个 main 函数对 letterGrade 做的测试与之前用 5 条 cout 语句来做测试的版本是等效的。如果它没有任何输出，就表示所有的 assert 都通过了测试，也就是说，在将 "A" 等预期值与 letterGrade(90.0) 等调用返回的实际值进行比对的过程中，程序没有检测到错误。

```cpp
/*
 * Test letterGrade using assert
 *
 * File name: main.cpp
 */
#include <cassert> // Required for the assert function
#include <string>
using namespace std;

string letterGrade(double percentage) {
  // pre: percentage >= 0.0 && percentage <= 100.0
  // post: Return letter grade according to external documentation
```

```
    string result;
    if (percentage >= 90.0)
      result = "A";
    else if (percentage >= 80.0)
      result = "B";
    else if (percentage >= 70.0)
      result = "C";
    else if (percentage >= 60.0)
      result = "D";
    else
      result = "F";
    return result;
}
int main() {
    assert("A" == letterGrade(90.0));
    assert("B" == letterGrade(80.0));
    assert("C" == letterGrade(70.0));
    assert("D" == letterGrade(60.0));
    assert("F" == letterGrade(59.9));
}
```

上述代码应该是没有任何输出的。下面，我们将其中的"C"改为"D"，使其所在的表达式以 false 值调用 assert 函数：

```
assert("D" == letterGrade(70.0));
```

现在，我们就会获得这个 assert 函数输出的"Assertion failed"信息了。我们甚至还能看到该 assert 所在的文件及其行号。

程序输出：

```
Assertion failed: ("D" == letterGrade(70.0)), function main, file main.cpp, line 32.
```

我们建议读者在完成本章末尾的编程项目时采用 assert 函数来编写你们的测试。那里有几个拥有多个分支的函数，assert 函数可以让这些测试变得更容易一些。

自测题

7-15. 对于下面的代码，用什么 percentage 值可以检测到违反设计意图的错误？

```
if (percentage >= 90)
  result = "A";
else if (percentage >= 80)
  result = "B";
else if (percentage > 70)
  result = "C";
else if (percentage >= 60)
  result = "D";
else
  result = "F";
```

7-16. 针对你在上一题中回答的 percentage 值，哪个字符串被错误地赋予了 letterGrade 函数？

7-17. 如果你的成绩是用这个实参来评估等级，你会对结果满意吗？

7-18. 请根据下面的嵌套结构，写出用-40、20、-1、42、15、31 这 6 个不同实参调用 weather 函数时各自所返回的值：

```
string weather(int temp) {
  if (temp <= -40)
    return "extremely frigid";
  else if (temp < 0)
    return "below freezing";
  else if (temp < 20)
    return "freezing to mild";
  else if (temp < 30)
    return "warm";
  else if (temp < 40)
    return "very hot";
  else
    return "toast";
}
```

7-19. 请写出能让上述函数输出"warm"的整数区间。

7-20. 请写出能让上述函数输出"below freezing"的整数区间。

7-21. 请使用 assert 函数来为这个叫作 weather 的自由函数编写完整的测试驱动器。

7.10　switch 语句

在 C++ 中，我们也可以使用 switch 语句来实现多重选择操作模式。虽然 if ... else 语句的嵌套结构可以执行所有 switch 语句能做的任何事情，但它仍然在我们的学习内容里，因为我们总会在其他 C++ 程序中看到它，并且有些程序员也喜欢用该语句来实现多重选择操作模式。

通用格式 7.3：C++ 的 switch 语句
```
switch (switch-expression) {
  case constant-value-1:
      statement(s)-1;
    break ;
  case constant-value-2:
      statement(s)-2;
    break ;
      ...
  case constant-value-n:
      statement(s)-n;
    break ;
  default :
    default-statement(s);
}
```

当程序执行到 switch 语句时，它会拿 *switch-expression* 的值去与 *constant-value-1*、*constant-value-2*、*constant-value-n* 进行比对，直到找到匹配项为止。一旦 *switch-expression* 找到它的匹配项，该项冒号后面的语句就会被执行。如果该表达式最终没有找到匹配项，程序就会执行 default 项后面的语句。

关键字 default 是专门为处理 *switch-expression* 找不到匹配项的情况而准备的。如果没有设定这个 default，switch 语句在这种情况下就没有语句可执行了。当然，有时候不执行语句也是一种合适的设计。

下面，我们用 switch 语句来实现一个根据输入值进行三选一的操作。如果用户输入 1，程序就会执行第一个 case 后面的代码，然后由第一个 break 终止整个 switch 语句的执行。

```
int option = 0;
cout << "Enter option 1, 2, or 3: ";
cin >> option;

switch(option) {
  case 1:
  cout << "option 1 selected" << endl;
    break;
  case 2:
    cout << "option 2 selected" << endl;
    break;
  case 3:
    cout << "option 3 selected" << endl;
    break;
  default:
    cout << "option < 1 or option > 3" << endl;
} // End switch
```

如果用户输入的内容与 1、2、3 都不匹配，程序就会去执行 default:后面的语句。

在这里，switch 语句的表达式（上面的 option）和 case 后面的每个常量（也就是上面的 1、2、3）必须要是可以比对的。实际上，这些常量都必须是 C++的整数类型之一（也就是 int、long 等整数类型加上 char 类型，我们将会在下一节中讨论这些类型）。

至于 break 语句，这是我们要学习的一个新的保留字，它的作用是让程序退出正在执行的控制结构。通常情况下，每个 case 部分都会有一个 break 语句，以确保程序能跳出 switch 语句。实际上，switch 语句往往需要设置多个这样的 break 语句，以避免让程序无意中去执行 switch 语句的其余部分。

char 对象

char 类对象在本质上是属于整数类型的，它通常会被用来充当 switch 语句中的常量。char 对象中存储的是一个字符常量，我们通常会用一对单引号括起来的单字符来表示这类常量：

'A' 'b' '?' '8' ' ' ','

字符常量中存在着一些具有特殊含义的转义字符，我们通常用反斜杠（\）加上这些具有特殊含义的字符来表示它们（请参见下表）。

转义字符	具体含义
'\n'	换行符
'\"'	双引号字符
'\''	单引号字符
'\\'	反斜杠符
'\t'	制表符

char 对象可以执行声明、初始化、赋值等动作，其输出显示的方式也与其他基本类型（比如 int）相同。

```
// Use some char objects
#include <iostream>
```

```cpp
using namespace std;

int main() {
  // Declare and initialize some char objects
  char one, two;
  char letterGrade = 'A';
  char newLine = '\n';

  // Assignment is possible with character expressions
  one = 'T';
  two = 'o';

  // Output some char objects, char constants, and escape sequences
  cout << "letterGrade is " << letterGrade << endl;
  cout << one << two << newLine << one << '\t' << two << endl;
  cout << '\"' << 'A' << ' ' << '\\' << ' ' << 'S' << 't'
       << 'r' << 'i' << 'n' << 'g' << '?' << '\'' << endl;

  return 0;
}
```

程序输出

```
letterGrade is A
To
T       o
"A \ String?'
```

char 类型也有一组专属的非成员函数,这些函数都被包含在 cctype 这个头文件中。例如,下面的 toupper 函数会返回 68,该数字是该函数实参的大写形式的 ASCII 码(数字格式的)。如果你想看到该数字代表的实际字符,可以用 char()对其进行类型转换,就会看到它输出的是'D':

```cpp
cout << toupper('d') << endl;         // Output: 68
cout << char(toupper('d')) << endl;   // Output: D
```

接下来,我们要将字符运用到 switch 语句的常量表达式上去。下面的程序将根据 char 对象 option 的值在 5 条可选路径中选择一条来执行:

```cpp
// Illustrate another switch statement
#include <iostream> // For cout <<
using namespace std;
#include <cctype> // For toupper(char) returns uppercase char

int main() {
  char option;
  cout << "B)alance W)ithdraw D)eposit Q)uit: ";
  cin >> option;
  switch(toupper(option)) {
    case 'B':
      cout << "Balance selected" << endl;
      break;
    case 'W':
      cout << "Withdraw selected" << endl;
      break;
    case 'D':
      cout << "Deposit selected" << endl;
      break;
```

```
      case 'Q':
        cout << "Quit selected" << endl;
        break;
      default:
        cout << "Invalid choice" << endl;
    } // End switch

    return 0;
}
```

其中一种可能的程序会话：

```
B)alance  W)ithdraw  D)eposit  Q)uit: D
Deposit selected
```

如果程序从 option 中提取到的值为 B，它就会输出"Balance selected"这条消息，然后执行 break 语句退出该 switch 控制结构。同样地，如果输入的值是 Q 或 q，程序就输出"Quit selected"并执行另一个 break 语句。总而言之，这个示例程序会拿 option 的值与每个 case 后面的 char 值进行比对，除非在这 4 个值中找到了匹配项；否则就说明 option 是其他值，如果是这样，程序就会显示"Invalid choice"这条信息。

在 switch 语句上，我们的最后一条建议是：不要忘记在 switch 语句的每个 case 部分中加入可选的 break 语句。如果没有这个 break 语句，程序可能会将 switch 语句的其余部分都执行了。虽然在某些特殊情况下，这是我们想要的结果，但通常情况下这不会是一个好主意。举个例子，我们将上述 switch 语句中的所有 break 语句都移除掉：

```
switch(toupper(option)) {
  case 'B':
    cout << "Balance selected" << endl;
  case 'W':
    cout << "Withdraw selected" << endl;
  case 'D':
    cout << "Deposit selected" << endl;
  case 'Q':
    cout << "Quit selected" << endl;
  default:
    cout << "Invalid choice" << endl;
} // End switch
```

这时如果我们输入 B，那么整个结构中的每个语句都会执行，甚至连 default 的部分也不例外！

```
B)alance  W)ithdraw  D)eposit  Q)uit: B
Balance selected
Withdraw selected
Deposit selected
Quit selected
Invalid choice
```

自测题

7-22. 请写出下面的 switch 语句会产生的输出：

```
char option = 'A';
switch(option) {
  case 'A':
    cout << "AAA";
```

```
      break;
    case 'B':
      cout << "BBB";
      break;
    default:
      cout << "Invalid";
    }
```

7-23. 当 option 的值为 B 时，上面的代码会输出什么？

7-24. 当 option 的值为 C 时，上面的代码会输出什么？

7-25. 当 option 的值为 D 时，上面的代码会输出什么？

7-26. 请编写一个 switch 语句结构，让程序在 int 对象 choice 的值为 1 时显示你喜欢的音乐，在 choice 的值为 2 时显示你最喜欢的食物，在 choice 的值为 3 时显示你最喜欢的教师，如果 choice 是其他内容就显示一条错误信息。请不要忘记 break 语句。

本章小结

- 在执行选择操作时，我们需要用到用来评估 true/false 值的逻辑表达式。逻辑表达式通常由下面一个或多个关系、等值或逻辑运算符组成：

  <　>　<=　>=　!=　==　!　||　&&

- 保护性动作模式是用 if 语句来实现的，该语句会根据具体情况来决定是让程序执行某一组语句还是跳过它们。
- 在 C++中，替代性动作模式是用 if ... else 语句来实现的，其作用是让程序在一个动作与其替代动作之间做选择。
- 多重选择操作模式可以用 if ... else 语句的嵌套结构或 switch 语句来实现。只要程序有 3 个或更多可选的动作，就应该引用多重选择操作模式。
- 选择控制结构让程序具有了以适当方式响应各种情况的能力。
- bool 类和 bool 常量（true 和 false）有时会被用作函数的返回值，以便返回相关对象的状态信息。比如我们可能需要了解相关图书是否可借阅、withdraw 消息是否执行成功、相关等式是否成立。
- 多重选择操作模式的实现通常需要用若干个例子来对其进行彻底的测试。
- 在实现多重选择操作模式时，必须要对该模式各选项的代码进行彻底测试。为此，我们需要选定一组数据，以便能执行模式中的所有分支，并测试其所有截止（边界）值。
- 如果程序没有经过彻底的测试，它可能会出现在某个值下尚可工作、换了个值就不能工作的情况。

练习题

1. 请判断对错：当程序执行 if 语句时，该语句的 true-part 始终会被执行。

2. 请判断对错：当程序执行 if 语句或 if...else 语句时，有效的逻辑表达式评估结果不是 true 就是 false。

3. 增加恰当的缩进和间隔，有助于改善代码的可读性。下面这段代码就是没有缩进格式的不良示范，请你试着预测一下它的输出。

```
int j=123;if (j>=0)if (0==j)cout<<"one";else cout<<"two";else cout<<"three";
```

4. 请写出下面各段代码会产生的输出：

a.
```
double x = 4.0;
if (10.0 == x)
   cout << "is 10";
else
   cout << "not 10";
```

b.
```
string s1 = "Ab";
string s2 = "Bc";
if (s1 == s2)
cout << "equal";
if (s1 != s2)
 cout<<"not";
```

c.
```
int j = 0, k = 1;
if (j != k) cout << "abc";
if (j == k) cout << "def";
(j <= k) cout << "ghi";
if (j >= k) cout << "klm";
```

d.
```
double x = -123.4, y = 999.9;
if (x < y)  cout << "less ";
if (x > y)  cout << "greater ";
if (x == y) cout << "equal ";
if (x != y) cout << "not eq. ";
```

5. 请写出下面各段代码会产生的输出：

a.
```
string name = "Parker";
if (name >= "A" && name <= "F")
   cout << "A..F";
if (name >= "G" && name <= "N")
   cout << "G..N";
if (name >= "O" && name <= "T")
   cout << "O..T";
if (name >= "U" && name <= "Z")
   cout << "U..Z";
```

b.
```
int t1 = 87, t2 = 76, larger = 0;
if (t1 > t2)
   larger = t1;
else
   larger = t2;
cout << "larger: " << larger;
```

c.
```
double x1 = 2.89;
double x2 = 3.12;
if (fabs(x1 - x2) < 1)
   cout << "true";
else
   cout << "false";
```

6. 假设 int 类型的对象 j 和 k 的值分别为 25 和 50，请写出下面各段代码会产生的输出。

```
int j = 25;
int k = 50;
```

a.
```
if (j == k)
   cout << j;
cout << k;
```

c.
```
if (j > k || k < 100)
   cout << "THREE";
else
   cout << "FOUR";
```

b.
```
if (j <= k && j >= 0)
   cout << "ONE" <<
else
   cout << "TWO";
```

d.
```
if (j >= 0 && j <=100)
   cout << "FIVE";
else
   cout << "SIX";
```

7. 请编写一条语句，使程序在 intObject 为正数的情况下显示"YES"，在 intObject 为负数时显示"NO"，在 intObject 为零时显示"NEUTRAL"。

8. 请编写一条语句，使程序在 int 对象 counter 的值小于 int 对象 n 时给 n 的值加 1。

9. 请编写一条语句，使程序在 int 对象 hours 小于 8 时显示"Hello"，否则就显示"Goodbye"。

10. 请编写一段程序，以确保 int 对象 amount 始终为偶数，如果发现该对象的值变成了奇数，就给它的值加 1。

11. 请编写一段程序，让该程序在 int 对象 amount 的值小于 10 时，给该值加 1，并显示该对象小于 10；如果 amount 的值大于 10，程序就会给该值减 1，并显示该对象大于 10；如果 amount 的值等于 10，程序就只需要显示该对象等于 10 即可。

12. 请编写一个表达式，令其当且仅当 Grid 对象 myGrid 的移动器在其网格的 4 个角上时为 true。

13. 请编写函数 inc3，将 3 个形参所收到的实参值都递增 1.0。下面是该函数被调用之后相关对象应该产生的变化：

```
double x = 0.0, y = 0.0, z = 0.0;
inc3(x, y, z);
// assert x, y, and z all equal 1.0.
```

14. 请实现函数 bool turnTillClear(Grid & grid)，该函数会为移动器寻找无前进障碍的第一个方向（如下图左列的移动器）。在找得到方向的情况下，函数会返回 true；但在移动器障碍物包围时（如下图右列的移动器），它就只能返回 false 了。

```
网格：                          网格：
. . . . . . . . . . .          . . . # # # . . . .
. . . # < . . . . . .          . . . # < # . . . .
. # # # # # # # # # .          . # # # # # # # # .
移动器左转两次                  移动器被困住了

网格：                          网格：
. . . . . . . . . . .          . . . # # # . . . .
. . . # > . . . . . .          . . . # ^ # . . . .
. # # # # # . . . . .          . # # # # # # # # .
```

15. 请根据下列各项值，写出下面这段程序会产生的相应输出：

a. choice = 3   c. choice = 2
b. choice = 1   d. choice = 0

```
#include <iostream>
```

```
using namespace std;
int main() {
  int choice = 3; // Change 3 to 1, 2, and then 0
  switch(choice) {
    case 1:
      cout << "1 selected" << endl;
      break;
    case 2:
      cout << "2 selected" << endl;
      break;
    case 3:
      cout << "3 selected" << endl;
      break;
    default:
      cout << "Invalid choice" << endl;
  } // End switch
  return 0;
}
```

编程技巧

1. 请务必要留意=和==之间的区别。=是赋值操作符，==是比较运算符。我们经常会很容易甚至很自然地将==误写成=。比如，下面的代码始终会执行其 if 语句的 true-part，因为 grade = 100 返回的是 100，该值为非零，即为 true。

```
if (grade = 100)
  cout << "another perfect score" << endl;
else
cout << "this never ever executes" << endl;
```

这也许是 C++中最有名的"gotcha"了，即在 if 语句中用=来替代==。

2. 测试驱动器有助于避免错误的发生，请使用测试驱动器对实现了多重选择操作模式的函数进行多次调用。我们要通过这些调用向其发送各种实参，用这些实参来检查所有边界值，并确保每一个分支都至少执行过一次。

3. 即使在不必要的情况下，我们也可以坚持使用复合语句。这种语句形式始终会用一对花括号将 if...else 语句中 true-part 和 false-part 各自的起点和终点标识出来。为此，我们**必须**要将这些语句块中的若干条语句当作单条语句来看待。我们**可以**利用语句块来提高代码的可读性，并避免一些 bug。

4. 数学家编写表达式的方式在 C++中未必都适用。比如，我们可能很容易甚至很自然地写出下面的代码，以检查某个值是否在某个区间内：

```
int x = 2222;
if ( 0 <= x <= 100 ) {
  cout << x << " is in the range of 0 through 100" << endl;
}
```

如果运气好，我们可能会收到编译器的警告信息。但在任何一种情况下，这段程序都会通过编译，并能运行起来。然后，尽管 x 的值是 2222，但我们还是会得到如下输出，这显然是发生了意图性错误：

```
2222 is in the range of 0 through 100  // Wrong
```

因为该逻辑表达式的评估过程是这样的：

```
if ( 0 <= x <= 100 )
 0 <= 2222 <= 100
    true     <= 100 // True is like 1 and 1 <= 100 is true
       true
```

5. 短路式评估有助于提高程序的效率，在某些时候是很有用的。短路式布尔评估总是能提高程序的效率，尤其在执行数以百万计的比较操作时，它能让程序运行得更快。我们偶尔可能会发现该特性事实上很有用。我们在后面的章节中会用到一个特定的算法，它就是利用这种短路式评估来避免运行时错误的。

6. 请不要忘记用 break 语句来终止 switch 语句。C++程序在执行 switch 语句时会将所有代码一路执行到底，或直到它执行到第一个 break 语句。比如，在下面的代码中，当 option =='W'时，程序的执行是正常的。但还有一种情况，当 option =='B'时，两个 option 值所相关的输出都会被执行。

```
switch(option) {
  case 'B':
    cout << "Balance selected" << endl;
  case 'W':
    cout << "Withdraw selected" << endl;
}
```

程序输出（当 option == 'B'时）

```
Balance selected
Withdraw selected
```

编程项目

7A. 实现 6 个选择方法

请编写一个 C++程序。该程序的 main 方法应该是你自己设计的测试驱动器，作用是测试在同一文件中新实现的 6 个自由函数。在这里，建议你使用 assert 函数来编写这些测试。

```
/*
 * A test driver like this may be used to test the functions
 *
 * File name: TestSelectionFunctions (on the book's website)
 */
int main() {
  // Test isEven
  assert(isEven(-2));
  assert(isEven(0));
  assert(isEven(2));
  assert( ! isEven(-1));
  assert( ! isEven(1));
  // . . . many more asserts are available
```

1. **bool isEven(int number)**

请完成自由函数 isEven 的实现。该函数应该在其收到的整数实参值为偶数时返回 true。

```
isEven(-2) returns true
isEven(0) returns true
isEven(2) returns true
isEven(-1) returns false
isEven(1) returns false
```

2. **int largest(int a, int b, int c)**

请完成自由函数 largest 的实现。该函数应该要能返回其收到的 3 个整数中的最大值。

```
largest(2, 4, 6) returns 6
largest(1, 2, 2) returns 2
largest(-5, -2, -7) returns -2
```

3. **string firstOf3Strings(string a, string b, string c)**

请完成自由函数 firstOf3Strings 的实现。该函数应该要能返回其收到的 3 个 string 对象中"不大于"其他两个的那个 string 对象的引用。也就是说，该函数所返回的 string 对象在字母排序上要低于或等于其他两个 string 实参。这里要求使用关系运算符来比较 string 对象。请注意："abc" < "abc " 和 "A" < "a"。

```
firstOf3Strings("c", "b", "a") returns "a"
firstOf3Strings("B", "B", "a") returns "B"
firstOf3Strings("ma", "Ma", "ma") returns "Ma"
firstOf3Strings("x    ", "x ", "x ") returns "x "
```

4. **string letterGrade(double numericGrade)**

请完成自由函数 letterGrade 的实现。该函数应该要能按照下面的等级对应表返回反映相关成绩的（带加减号系统的）字母等级：

百分制成绩	等级
93.0 ≤ percentage	A
90.0 ≤ percentage < 93.0	A-
87.0 ≤ percentage < 90.0	B+
83.0 ≤ percentage < 87.0	B
80.0 ≤ percentage < 83.0	B-
77.0 ≤ percentage < 80.0	C+
70.0 ≤ percentage < 77.0	C
60.0 ≤ percentage < 70.0	D
percentage < 60.0	F

在实现该函数之后，请记得对其所有分支和边界值进行测试。另外，如果该函数收到的实参是 0.0 到 100.0 这个区间之外的值，就让其返回"Unkown"以代替表示字母等级的 string 对象。

5. **double salary(double sales)**

请完成自由函数 salary 的实现，该函数应该要能根据以下酬劳办法返回当月销售人员的酬劳：

销售金额	未完成金额	当月酬劳
0	$10,000	基本工资
$10,000	$20,000	基本工资加上销售额$10,000 的 5%
$20,000	$30,000	基本工资加$500.00，然后加上销售额$20,000 的 8%
$30,000		基本工资加$1300.00，然后加上$30,000 的 12%

基本工资是 1500.00 美元，就意味着 salary 返回的值应不低于 1500.00。当销售额超过 10000 美元时，就会有佣金加到基本工资中来。例如，当销售额等于 10001 时，销售人员的当月酬劳就应该是$1500.00 + ($1.00 * 5%)，总计 1500.05 美元；当销售额为 20001 时，销售人员的当月酬劳就应该为$1,500.00 + $500.00 + ($1.00 * 8%)，总计 2000.08 美元。

6. int romanNumeral(char numeral)

请完成自由函数 romanNumeral 的实现。该函数应该要能返回大写或小写罗马数字的等价数字。其实参实际上是一个字符，代表的是十进制的罗马数字，他们与现代数字的等值关系为'I'（或'i'）= 1、'V'（或'v'）= 5、'X'（或'x'）= 10、'L'（或'l'）= 50、'C'（或'c'）= 100、'D'（或'd'）= 500、'M'（或'm'）= 1000。另外，如果该函数的输入实参不是有效的罗马数字，就让它返回-1。

```
romanNumeral('i') returns 1
romanNumeral('I') returns 1
romanNumeral('v') returns 5
romanNumeral('X') returns 10
romanNumeral('L') returns 50
romanNumeral('c') returns 100
romanNumeral('D') returns 500
romanNumeral('m') returns 1000
```

7B. 实现 6 个日历函数

请编写一个 C++程序。该程序的 main 方法应该是你自己设计的测试驱动器，作用是测试在同一文件中新实现的 6 个自由函数。在这里，你可以使用输出语句或 assert 函数来编写这些测试。

```
/*
 * A test driver like this may be used to test the functions
 *
 * File name: TestCalendarFunctions (on the book's website)
 */
int main() {
  // Test isLeapYear
  assert(isLeapYear(2016));
  assert(isLeapYear(2020));
  assert( ! isLeapYear(2019));
  assert( ! isLeapYear(2100));
```

1. bool isLeapYear(int year)

请完成自由函数 isLeapYear 的实现。该函数应该在其收到的整数实参所表示的年份是闰年（该年的 2 月有 29 天而不是 28 天）时返回 true。之所以要这样做是因为一年的实际时间大约是 365.25 天[①]。闰年是 1582 年之后每一个可以被 4 整除的年份（该年份数除以 4 是没

[①] 译者注：地球公转的周期。

有余数的）。当然，代表世纪之末的年份是一个例外，对于这种情况，该年份数要同时被 100 和 400 整除才能算是闰年。例如，2000 和 2400 是闰年，但 1900 和 2100 就不是。总而言之，如果实参表示的是闰年，isLeapYear 函数就返回 true，否则返回 false。

```
isLeapYear(1580) returns false
isLeapYear(1584) returns true
isLeapYear(2020) returns true
isLeapYear(-2020) returns false
isLeapYear(2100) returns false
```

2. string dayOfWeek (int day)

请完成自由函数 dayOfWeek 的实现。该函数应该在其形参收到 int 实参值为 1 时返回字符串 "Monday"，在 int 实参值为 2 时返回 "Tuesday"，以此类推，一直到其实参值为 7 时返回 "Sunday"。另外，如果该函数收到的实参值不在 1 到 7 这个区间内，就让其返回 "Unknown"。

```
dayOfWeek(0) returns "Unknown"
dayOfWeek(3) returns "Wednesday"
dayOfWeek(4) returns "Thursday"
dayOfWeek(6) returns "Saturday"
dayOfWeek(8) returns "Unknown"
```

3. int daysInMonth(int month, int year)

请完成自由函数 daysInMonth 的实现。该函数应该要能返回指定年份的某一月的天数。其中 9 月、4 月、6 月和 11 月（也就是月份数为 9、4、6 和 11 的月）应该为 30 天。2 月除闰年是 29 天之外，其余年份都是 28 天。剩下的 1、3、5、7、8、10 和 12 月都为 31 天。这里你可以假设 year >= 1582。然后用已实现的 isLeapYear 函数来判别闰年。另外，如果 month 的值不在 1 到 12 这个区间内，就让函数返回-1。

```
daysInMonth(1, 2020) returns 31
daysInMonth(2, 2020) returns 29
daysInMonth(2, 2019) returns 28
daysInMonth(0, 2019) returns -1
daysInMonth(13, 2019) returns -1
```

4. int thanksDate(int firstDay)

在美国，在每年 11 月的第 4 个星期四是感恩节。请你完成 thanksDate 这个方法，无论 11 月从星期几开始，该方法都要能确定感恩节在该月的具体日期。在这里，我们会用星期数来表示 11 月的第一天，例如 1 表示星期一、7 代表星期日，它可以是一星期中的任何一天。举个例子，thanksDate(2)是一个有效调用，它指明了 11 月的第一天是星期二。然后，thanksDate 方法要返回感恩节是 11 月的第几天，这里应该是 24（如下面的日历所示）。请注意，该方法的实参值只能在 1（星期一）到 7（星期日）之间，如果该实参超出了 1 到 7 这个区间，就让该方法返回-1。

```
thanksDate(2) returns 24 // 1-Nov is Tue
thanksDate(5) returns 28 // 1-Nov is Fri
thanksDate(7) returns 26 // 1-Nov is Sun
```

| | November | | | | | |
Su	Mo	Tu	We	Th	Fr	Sa
			1	2	3	4	5
6	7	8	9	10	11	12
13	14	15	16	17	18	19
20	21	22	23	24	25	26
27	28	29	30			

5. **bool validDate(string date)**

请编写自由函数 validDate。该函数应该在其 string 实参为有效月历日期时返回 true。在这里，实参将始终采用月、日和年的格式。具体来说就是一组以/分割的整数字符串（比如"mm / dd / yyyy"）。如果该字符串不是一个有效日期，就让函数返回 false。在编写该函数的过程中，你会需要用到 std::stoi（string possibleInt）这个函数（该函数会将字符串转换成整数），用它来获取 string 实参所表示的整数值，使用该自由函数的前置条件是相关字符串实参必须是一个有效的整数。例如，它会在实参为 str（"08"）时返回 8、实参为 str（"2021"）时返回 2021。

```
validDate("01/31/2016") returns true
validDate("12/31/2017") returns true
validDate("06/15/2018") returns true
validDate("02/28/2019") returns true
validDate("02/29/2019") returns false
validDate("2019/06/06") returns false
```

6. **int dayNumber(string date)**

请编写自由函数 dayNumber。该函数应该要能返回其所收到的有效日期是一年当中的第几天。如果该函数收到的 string 实参不是有效日期，就让它返回-1。

```
dayNumber("01/03/2016") returns 3
dayNumber("12/31/2017") returns 365
dayNumber("12/31/2020") returns 366
dayNumber("13/11/2020") returns -1
```

7C. 实现 student 类

请根据下面给出的头文件 Student.h，在名为 Student.cpp 的新文件中实现 Student 类的所有成员函数。这些函数满足类定义中的所有后置条件（详情请参考下面的代码）。在这里，你可以利用下面这张表中的信息来满足 Student::standing 的后置条件：

已完成学分	函数返回的字符串值
30 学分以下	"Freshman"
30 学分以上，60 学分以下	"Sophomore"
60 学分以上，90 学分以下	"Junior"
90 学分以上	"Senior"

```
/*
 * Define a Student type that knows its GPA and class standing.
 *
 * File name: Student.h
```

```cpp
 */
#include <string>

class Student {
public:

  Student(std::string initName,
          double initCredits,
          double initQualityPoints);
  // post: Initialize a student with a 3 argument constructor
  // Student s("Ryan", 30.0, 120.0); // Straight A sophomore.

  void completedCourse(double credits,
                       double numericGrade);
  // post: Record a completed course by adding credits to credits
  // and incrementing the qualityPoints by credits*numericGrade.
  // aStudent.completedCourse(4.0, 3.67) is a 4 credit A-

  double getGPA() const;
  // post: return the current grade point average.

  std::string getStanding() const;
  // post: use selection to return the current standing as either
  // Freshman, Sophomore, Junior, or Senior.

  std::string getName() const;
  // post: return the student's name

private:
  std::string name;
  double credits; // Total credits completed
  double qualityPoints; // sum of credits multiplied by grades
};
```

总而言之，我们希望你在 Student.cpp 中实现上面定义的方法，并编写出属于自己的测试驱动器。对于测试，我们要求你要根据 standings 中定义的截止点来创建至少 4 个相对应的 Student 对象，确保该类中定义的每个消息都能被发送给一个以上的对象。

7D. 员工的加班费与联邦所得税

在完成此项目之前，你必须要先完成第 6 章中所有要求的 Employee 类项目。然后在上一章项目的基础上，我们要求你对其做以下 3 项更改。

1. 现在，Chrystal Bends 公司的业务规模扩展到了州际贸易。员工有权要求将一周工作时数超过 40.00 小时之后的加班费增加到平时工资的 1.5 倍。例如，对于每周工作 42 小时，每小时工资为 10.00 美元的员工来说，他的总薪资应该为 40 * 10.00 + 2 * 15.00 = 430.00。请更改 getGrossPay 方法，令其采纳新的加班费制度。

2. 添加一个名为 getIncomeTax 的方法，用该方法来计算薪水支票上预计算要交税的金额。

3. 添加两个数据成员，其中一个数据成员用于存储员工的婚姻状态（"S" 代表单身，"M" 代表已婚），另一个数据成员用于存储员工所拥有的扣税津贴数量（1 到 99）。为此，构造函数也要做相应的修改，以便接收与之对应的两个新实参。换句话说，你要让下面这段代码能通过编译：

```cpp
Employee we("Peyton", 9.70, "S", 2);
cout << we.getIncomeTax() << endl;
```

最后，请充分测试你所实现的这两个新方法，尤其是 getIncomeTax。毕竟没有人应该从员工的薪资中扣太多税。也许更重要的是，也没有人每周被扣除的联邦税过少，否则，公司就可能会让员工面临政府罚款，甚至因每周扣税过少而入狱。另外，对于单身和已婚员工，你可能需要在 getIncomeTax 消息中设置大量的类别。每周工资单上一共有 14 个预扣税类别。因此，你可能需要根据美国国税局（IRS）的第 15 版（E 轮）《雇主税务指南的百分比方法》来确定这些类别。下面，我们就来简单介绍一下这个《美国国税局雇主税务指南的百分比方法》的大概内容：

美国国税局雇主税务指南的百分比方法

根据这套百分比方法，我们可以运用下图中的"TABLE 1—Weekly Payroll Period"，根据 W-4 表格中所宣称的扣税津贴数和员工的总薪资计算出他应被扣缴的税金。具体来说就是，根据 IRS 颁布的百分比方法，我们可以通过以下步骤来确定员工应扣缴的所得税：

1. 将员工拥有的扣税津贴乘以他自称拥有的扣税津贴数，一份预扣津贴为 76.00 美元。
2. 从员工的总薪资中减去该金额。
3. 根据下面表中的对应项计算出该员工应扣缴的税金。

下面举一个具体的例子，某位未婚员工本周报酬为 600 美元。该员工的 W-4 表格上显示他有两份扣税津贴。根据 IRS 的百分比方法，该员工本周应扣缴的税金计算过程如下：

1. 总薪资：$600.00
2. 每份扣税津贴的金额：$76.90 （每年都有变化）
3. W-4 表中所声称拥有的津贴数：2
4. 第 2 行与第 3 行的结果相乘：$153.80
5. 预扣本金（第 1 行的结果减去第 4 行的结果）：$446.20
6. 根据表格计算出该员工应扣缴的税金（单身人士位于表中第二行 a 项）：$17.80 + 0.15 × ($446.20 − $222) = $51.43

请注意：下表列出的是 2015 年预扣本金的详细信息。对于其他年份，请执行查阅第 15 版（E 轮）《美国国税局雇主税务指南》中相关年份的信息。

TABLE1 　　　　　　　　　　　WEEKLY Payroll Period

(a)SINGLE person(including head of household)— If the amount of wages (after subtracting　　The amount of income tax withholding allowances) is:　to withhold is: Not over $44.................$0				(b)MARRIED person— If the amount of wages (after subtracting　　The amount of income tax withholding allowances) is:　to withhold is: Not over $165..................$0			
Over—	But not over—		of excess over—	Over—	But not over—		of excess over—
$44	—$222	$0.00 plus 10%	—$44	$165	—$520	$0.00 plus 10%	—$165
$222	—$764	$17.80 plus 15%	—$222	$520	—$1,606	$35.50 plus 15%	—$520
$764	—$1,789	$99.10 plus 25%	—$764	$1,606	—$3,073	$198.40 plus 25%	—$1,606
$1,789	—$3,685	$355.35 plus 28%	—$1,789	$3,073	—$4,597	$565.15 plus 28%	—$3,073
$3,685	—$7,958	$886.23 plus 33%	—$3,685	$4,597	—$8,079	$991.87 plus 33%	—$4,597
$7,958	—$7,990	$2,296.32 plus 35%	—$7,958	$8,079	—$9,105	$2,140.93 plus 35%	—$8,079
$7,990		$2,307.52 plus 39.6%	—$7,990	$9,105		$2,500.03 plus 39.6%	—$9,105

第 8 章 重复操作

前章回顾

到目前为止，我们已经讨论了两种重要的程序控制结构——顺序执行和选择操作。其中，顺序执行这种控制结构会让程序按时间顺序逐条执行每条语句，而选择操作提供的则是另一种程序控制。在这种控制结构中，我们可以跳过一条或多条语句。选择操作可以让程序在不同的情况下执行不同的操作。当然，作为程序员，我们的责任就是要确保程序始终能在适当的情况下采取适当的行动。

本章提要

在第 8 章中，我们将要开始学习第三种主要的程序控制结构——重复操作。对重复操作的讨论将主要通过两个算法模式来进行，它们分别是确定性循环模式和不确定性循环模式。在 C++ 中，这两种模式可以分别用 for 和 while 语句来实现。总而言之，重复操作是一种让程序反复执行某些动作，直到执行完指定次数或某个事件终止循环为止的控制结构。我们希望在学习完本章后，你将能够：

- 认识并使用确定性循环模式，实现以预定次数重复执行一组语句。
- 使用 C++ 中的 for 语句来实现确定性循环。
- 识别并使用不确定性循环，实现重复执行一组语句，直到某个事件终止循环（例如，该循环没有更多数据可用了）。
- 使用 C++ 中的 while 语句来实现不确定性循环。

8.1 实现重复控制

所谓**重复操作**，顾名思义就是让程序重复执行一组语句。重复操作在非计算机算法中是普遍存在的，例如：

- 根据出勤名单上的姓名逐一打电话确认，如果没有出勤，就将相应的姓名标记为"0"；如果出勤了，就在相应姓名上加上一个复选标记。
- 基本动作训练。
- 一次加入四分之一杯的面粉，然后将其搅打至光滑。

重复操作也常被用于计算机算法的实现。某件事只要做到一次，它就应该可以反复做。例如，下面这些示例都是基于计算机的应用：

- 自动提款机（ATM）应对任意数量的客户。
- 不断接受预订。
- 在食物品项变多时，统计各项的总和。
- 计算班级每个学生的课程成绩。

- 用微波炉加热食物,在其计时器达到 0 时按下取消按钮或打开箱门。

在本章,我们将着重于介绍执行重复操作的算法模式,以及用来实现这些算法模式的 C++语句。下面,我们就从一条以固定次数执行一组动作的语句开始介绍。

为何需要执行重复操作

如今,许多曾经需要人力来完成的工作交给计算机来做,往往会完成得更快一些。例如,负责发放薪资的部门,他们要负责计算员工的薪资。如果公司只有少量员工,这项任务当然可以用人力来完成。如果公司有上千名员工,这个部门本身就需要非常庞大的人力来计算薪资,而且该部门本身也会产生许多份薪资。除此之外,我们还会面对许多其他需要执行重复操作的情况,比如找出平均值、在一组对象中搜索特定项目、按字母顺序对名单进行排序,以及处理文件中的所有数据。下面让我们先来看一段代码,看看在没有实现重复操作的情况下,应该如何计算 3 个数字的平均值:

```
double sum = 0, average, number;
cout << "Enter number: ";      // <- Repeat
cin >> number;                 // <- these
sum = sum + number;            // <- statements

cout << "Enter number: ";
cin >> number;
sum = sum + number;

cout << "Enter number: ";
cin >> number;
sum = sum + number;

average = sum / 3.0;
cout << "average = " << average;
```

上面这种依靠蛮力来重复的做法有一个缺点,就是在对更多或更少的数字求平均值时,我们都需要修改这段程序本身。该程序没有足够的能力应对各种大小的输入集。以上述方法为例子,它需要为每个数字重复 3 条语句。也就是说,如果我们现在要求 100 个数字的平均值,这 3 条语句需要再额外增加 97 个副本。除此之外,"average = sum / 3.0;"这行代码中的常数 3.0 也必须改为 100.0。这种情况可以通过用重复操作的控制结构执行这 3 条语句来改善。

8.2 算法模式:确定性循环

如果没有第 7 章所介绍的支持选择操作的控制结构,计算机充其量不过是一台不可编程的计算器。选择控制的实现让计算机能更好地应对各种不同的情况。然而,计算机更强大的功能是它能以非常快的速度准确地重复相同的动作。这种能力为我们带来了两种算法模式。

第一种算法模式是以预定的次数重复某个特定的动作(也就是说,其重复的次数是预先设定的)。例如,要想计算出 142 个测验成绩的平均分,其中的一些处理过程就应该要重复 142 次。要想支付 89 名员工的薪资,其中某些计算就要重复 89 次。要想为 32675 名学生制作成绩单,其中一些处理过程就要重复 32675 次。显然,这些问题之间存在着某种模式。

在我们所举的这些例子中，每一个都会预先为程序要执行的重复操作设定确切的次数。在这些应用场景中，相关处理过程要重复的次数是预先设定并且不会发生变化的。重复的次数多一些或少一些都会被认为是算法出错。对于这种以预定次数重复执行某一组语句的模式，我们称之为确定性循环模式（Determinate Loop Pattern）。

确定性循环模式：

算法模式	确定性循环
问题	将某个动作执行 n 次，其中，n 是预先设定的

算法	确定 n 的值
	将下面的动作重复 n 次 {
	　要执行的动作
	}

代码示例	```double sum = 0.0;` `int n;` `double number;`  `cout << "Enter n: ";` `cin >> n;` `// do something n times` `for (int count = 1; count <= n; count = count + 1) {` ` cout << "Enter number: "; // <- Repeat these` ` cin >> number; // <- statements` ` sum = sum + number; // <- n times` `}`

如你所见，确定性循环模式是用一个变量名为 n 的整数来指定相关过程需要重复的次数的。当然，我们也可以用其他适当变量名来命名这个整数，例如 numberOfEmployees。因此，实现确定性循环模式的第一件事是以某种方式确定 n。

n = number of repetitions

在这里，重复次数既可以来自键盘输入（cin >> n;），也可以来自编译时定义（int n = 124;），甚至也可以作为实参传递给其他函数（比如 pow（x，n））。在我们定义完 n 之后，还需要定义一个叫作计数器的对象，以便用来控制循环迭代。例如，将其命名为 counter，当然，你也可以使用其他适当的名字。在 C++中，确定性循环模式通常是用 for 语句来实现的，下面我们就用一个小程序来做示范：

```cpp
// Determine the average of n inputs. The user must supply n.

#include <iostream> // For cout, cin, and endl
using namespace std;

int main() {
  int n = 0;                // The number of inputs--supplied by user
  double sum = 0.0;         // Keep running sum
  double number;            // Temporarily store each input
  double average;           // Holds the average for potential future use

  cout << "How many numbers do you need to average? ";
  cin >> n;
  for (int count = 1; count <= n; count = count + 1) {
```

```
    cout << "Enter number: ";
    cin >> number;
    sum = sum + number;
  }

  average = sum / n;
  cout << "Average of " << n << " numbers is " << average;

  return 0;
}
```

程序会话

```
How many numbers do you need to average? 4
Enter number: 70
Enter number: 80
Enter number: 90
Enter number: 100
Average of 4 numbers is 85
```

尽管 C++ 中有好几种结构都可以用来实现确定性循环模式，但 for 语句始终是最常用的一种，因为它整合了 n 值被确定之后所要做的所有事情。

8.2.1 for 语句

下面，我们就具体来看一下 C++ 中的 for 语句是如何将确定性循环模式的 3 个组件整合在一起的。

```
int n = 5;  // Predetermined number of iterations
for (int count = 1; count <= n; count = count + 1) {
  // Execute this block n times
}
```

在上面的 for 循环中，它首先声明了 count，并将其初始化为 1。接下来，由于 count <= n（1 <= 5）的评估结果为 true，所以语句块的部分将会被执行。在语句块执行完成后，count 将会自增 1（count = count + 1）。简而言之，该循环就是通过下面这 3 个组件来确保其语句块将执行 n 次的：

```
count = 1            // Declare and initialize counter
count <= n           // Loop test
count = count + 1    // Update counter
```

通用格式 8.1: for 语句

```
for (initial-statement; loop-test; update-step) {
  repeated-statements(s);
}
```

当程序执行 for 循环时，它会先执行 *initial-statement*，该部分操作只需执行一次。然后，程序会在每次执行 *repeated-statement(s)* 部分之前检查 *loop-test*。而在每次迭代执行 *repeated-statement(s)* 之后，都需要执行一下 *update-step* 部分的操作。整个过程会一直重复下去，直到 *loop-test* 被评估为 false。下面我们再用流程图来总结一下 for 循环的标准作业流程：

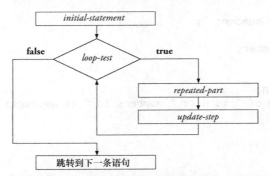

下面这条 for 语句将只用于输出 count 循环计数器的值,它的取值范围应该为 1 到 5:

```
int n = 5;
for (int count = 1; count <= n; count = count + 1) {
  cout << count << " ";
}
```

程序输出

```
1 2 3 4 5
```

虽然这里要重复的只有一条语句,并不需要将其写成一个语句块,但是我们建议你始终用语句块(即{})来编写 for 循环。毕竟,养成使用{}的习惯,对于日后避免难以检测的意图性错误是很有帮助的。

8.2.2 赋值操作符与其他增量运算的结合

即使在=左侧的对象也参与了右侧表达式运算的情况下,赋值操作也会改变计算机内存。例如,在下面的表达式中,我们通过赋值操作对 int 对象 count 的值进行了+1 式更新:

```
count = count + 1;
```

这种让对象递增的更新操作在编程中是很常用的,C++甚至为此提供了额外的递增运算符,即++和--,它们分别用于将对象的值递增和递减 1。例如,表达式"count++;"的作用就是将 count 的值加 1。同样地,表达式 x--的作用就是将 x 的值减 1。另外,++和--都属于单目运算符,它们都会修改自己所跟随的数字对象(请参见下表)。

语 句	count 的状态
int count = 0;	0
count++;	1
count++;	2
count--;	1

因此,在 for 循环与 count 相关的部分中,其实我们应该将其更新步骤写成 count++,而不是 count = count + 1。也就是说,对于下面这个 for 循环:

```
for (int count = 1; count <= n; count = count + 1)
  // ...
```

我们现在可以在其更新步骤中改用++运算符,将其改写成下面这个等效循环:

```
for (int count = 1; count <= n; count++)
  // ...
```

我们之所以要介绍这些新的赋值操作符，一方面是因为它们为 for 循环中的递增和递减操作提供了不少方便，另一方面是现存的大多数 C 和 C++ 程序在 for 循环中使用的都是++运算符，这一现实也是不能回避的。

除了=之外，C++还额外提供了另外几个赋值操作符。其中有两个操作符是用于将对象的值增加和减去指定值的。

操作符	使用效果
+=	让目标对象加上右边的值
-=	让目标对象减去右边的值

这两个新的操作符也会修改它们所跟随的数字对象（请参见下表）。

语　句	count 的状态
int count = 0;	0
count += 3;	3
count += 4;	7
count -= 2;	5

之前的运算符++和--的作用分别是将对象递增和递减 1，而这里的运算符+=和-=则可以将对象的值递增和递减任意数值。其中，+=最常见的应用场合是在循环中执行累计操作。例如，在下面的代码中，我们要将用户输入的值累加起来：

```
// Demonstrate the summing pattern
#include <iostream>
using namespace std;

int main() {
  int n;
  double aNum;
  double sum = 0.0;    // Maintains running sum, so start at 0.0

  cout << "How many numbers are there to sum? ";
  cin >> n;
  cout << "Enter " << n << " numbers now: ";
  for (int count = 1; count <= n; count++) {
    cin >> aNum;
    sum += aNum; // Equivalent to sum = sum + aNum;
  }
  cout << "Sum: " << sum << endl;
  return 0;
}
```

程序会话

```
How many numbers are there to sum? 4
Enter 4 numbers now: 7.5  3.0  1.5  2.0
```

for 循环的迭代次数	count 的状态	aNum 的状态	sum 的状态
0	0	0.0	0.0
1	1	7.5	7.5
2	2	3.0	10.5
3	3	1.5	12.0
4	4	2.0	14.0

我也可以用+=和-=运算符来实现递增和递减幅度为 1 以外的循环计数器：

```
for (int count = 0; count <= 10; count += 2) {  // Count by twos
  cout << count << " ";
}
// Output: 0 2 4 6 8 10
```

自测题

8-1. for 循环所做的第一件事是评估循环测试部分吗？
8-2. for 循环的更新步骤中计数器一定是递增 1 的吗？
8-3. 是不是所有的 for 循环都会至少执行一次重复部分的语句？
8-4. 请描述一下 for 循环在什么情况下会让其循环测试 count <= n 永远不为 false。
8-5. 请写出下列各段程序预计会产生的输出。

a. ```
for (int c = 1; c < 5; c = c + 1) {
  cout << c << " ";
}
```

b. ```
int n = 5;
for (int c = 1; c <= n; c++) {
  cout << c << " ";
}
```

c. ```
int n = 3;
for (int c = -3; c <= n; c += 2) {
  cout << c << " ";
}
```

d. ```
for (int c = 0; c < 5; c++) {
  cout << c << " ";
}
```

e. ```
for (int c = 5; c >= 1; c --) {
  cout << c << " ";
}
```

f. ```
cout << "before" << endl;
int n = 0;
for (int c = 1; c <= n; c++) {
  cout << c << " ";
}
cout << "after" << endl;
```

8-6. 请编写一个 for 循环，用它逐行输出从 1 到 100 之间的所有整数。
8-7. 请编写一个 for 循环，用它按照从 10 到 1 的递减顺序输出所有整数。

8.2.3 对 Grid 对象使用确定性循环

Grid 对象的行号通常在 0 到 aGrid.nRows()-1 的这个区间里，列号通常在 0 到 aGrid.nColumns()-1（含）这个区间里。我们可以利用这些事实和确定性循环模式让 Grid 对象中的操作变得更紧凑一些。例如，下面的 blockBorder 函数中有两个 for 循环，它的作用是在 Grid 对象 4 条边上的每个交叉点上都放置障碍物。

```
// Use for loops to set blocks around a Grid of any size
#include <iostream>
using namespace std;
#include "Grid.h" // For the Grid class

void setBorder(Grid & g) { // Changing g changes the argument
  // pre: The mover is not on an edge
  // post: The entire outside border is blocked
  int r, c;

  // It is useful that objects know things about themselves--number
```

```cpp
      // of rows and columns for example, which vary from Grid to Grid
      for (r = 0; r < g.nRows(); r++) {
        g.block(r, 0);                    // Block west edge
        g.block(r, g.nColumns()-1);       // Block east edge
      }

      // The first and last columns are blocked already so block
      // column #1 up to 1 less than the last column
      for (c = 1; c < g.nColumns() - 1; c++) {
        g.block(0, c);                    // Block most of the north edge
        g.block(g.nRows()-1, c);          // Block most of the south edge
      }
    }

    int main() {
      Grid aGrid(8, 10, 1, 1, east);
      Grid anotherGrid(3, 30, 1, 28, west);

      setBorder(aGrid);
      aGrid.display();

      cout << endl;

      setBorder(anotherGrid);
      anotherGrid.display();
      return 0;
    }
```

程序输出

```
 The Grid
 # # # # # # # # # #
 # > . . . . . . . #
 # . . . . . . . . #
 # . . . . . . . . #
 # . . . . . . . . #
 # . . . . . . . . #
 # . . . . . . . . #
 # # # # # # # # # #

 The Grid
 # # # # # # # # # # # # # # # # # # # # # # # # # # # # # #
 # . . . . . . . . . . . . . . . . . . . . . . . . . . . < #
 # # # # # # # # # # # # # # # # # # # # # # # # # # # # # #
```

这算是用 for 循环实现确定性循环模式的另一个应用实例，目的是减少指令数。例如，对于一个 20×20 的 Grid 对象，我们可能需要发送 76 次 block 消息。更重要的是，如果采用蛮力式的方法，我们所编写的函数就只能仅在 20×20 的 Grid 对象上工作。如果采用 Grid::nColumns 和 Grid::nRows 这样的访问器函数，再搭配确定性循环来编写函数，我们就能让它适用于任意大小的 Grid 对象，因为每个 Grid 对象都知道它自己的大小。

自测题

8-8. 请问如果我们将 setBorder 函数中的第一个 for 循环修改成 for (r = 0; r <= g.nRows(); r++)，情况会有什么不同？

8-9．请问如果我们将 setBorder 函数中的第二个 for 循环修改成 for (c = 1; c < g.nColumns(); c++)，情况会有什么不同？

8-10．请问如果我们将 setBorder 函数的头信息修改成 void setBorder(Grid g)，情况会有什么不同？

8.3 确定性循环模式的应用

待解决问题：编写一个程序，用该程序确定温度的变化范围，该范围用最高温度和最低温度之间的差值来定义。另外，用户必须首先提供温度读数。

在该应用中，用户在输入实际温度之前，需要先输入程序需要读取的温度总数。另外，程序的输出必须要被标记为 Range，然后在该标记后面跟上温度的变化范围（比如在下面的会话中，该值为 23-11 或 12）。程序的具体会话样例如下：

程序会话

```
Enter number of temperature readings: 6
Enter temperatures:
11
15
19
23
20
16
Range: 12
```

8.3.1 分析

首先，程序需要从用户那里获取其需要读取的温度总数，这个问题用一个名为 n 的整数就可以很好地处理掉了。接下来，我们需要用另一个数字对象来保存程序当前所读取的各个温度值，在这里姑且将其命名为 aTemp。最后，由于温度的变化范围是用最高温度与最低温度之间的差值来定义的，因此我们还需要用两个对象来记录最高温度和最低温度，这里姑且将它们命名为 highest 和 lowest。

接下来，我们可以假设自己需要在没有计算机辅助的情况下寻找温度的变化范围（为了让问题简单一些，这里只使用少量的温度数），那么这件事可以通过人工浏览下面的数字列表来完成。具体来说，就是在从上往下扫描列表的过程中，持续跟踪其中的最高值和最低值即可：

aTemp	highest	lowest
-5	-5	-5
8	8	-5
22	22	-5
-7	22	-7
15	22	-7

对于上述样例问题来说，显而易见，这组温度值的变化范围为 range = highest – lowest = 22 – (–7) = 29。

问题描述	对象名	样例值	输入/输出
计算温度变化范围	n	5	输入
	aTemp	-5, 8, 22, -7, 15	输入
	highest	22	处理
	lowest	-7	处理
	range	29	输出

8.3.2 设计

而对于更大的列表，就更适合用计算机方法来解决问题了，我们可以通过模仿上述人工处理的过程来设计一个可重复执行的算法。在该算法中，我们会用一个确定性循环来读取每个温度值，并通过比较—替换的方式找出其中的最高温度和最低温度。

确定变化范围的算法：

```
输入要读取的温度总数 (n)
for 读取每个温度值 {
    让用户输入一个温度值并将其存储到 aTemp 中
    if aTemp 大于目前的 highest,
        将它的值存入 highest
    if aTemp 小于目前的 lowest,
        将它的值存入 lowest
}
range = highest – lowest
```

和往常一样，我们始终认为使用算法之前，先验证一下它是否稳健是一个很不错的建议。

1．输入要读取的温度总数（n == 5）。
2．输入一个温度值，将该值存入 aTemp（aTemp == –5）。
3．如果 aTemp > highest（–5 > ……），就将 aTemp 的值存入 highest。

在这里，我们发现 highest 和 lowest 是没有设定值的。下面，让我们假设程序将它们的初始值都设为了 0：

```
lowest = 0; highest = 0;
```

1．输入要读取的温度总数（n == 5）。
2．输入一个温度值，将该值存入 aTemp（aTemp == –5）。
3．如果 aTemp 大于目前的 highest（–5 > 0），就将 aTemp 的值存入 highest（highest 的值仍为 0）。
4．如果 aTemp 小于目前的 lowest（–5 < 0），就将 aTemp 的值存入 lowest。嗯，看起来似乎没有问题。让我们再执行一轮迭代试试？
5．输入一个温度值，将该值存入 aTemp（aTemp == 8）。
6．如果 aTemp 大于目前的 highest（8 > 0），就将 aTemp 的值存入 highest（highest 的值变为 8）。
7．如果 aTemp 小于目前的 lowest（8 < –5），就将 aTemp 的值存入 lowest（lowest 的值仍为 –5）。

似乎一切正常，请读者自行输入第三个温度值，再次验证一下是否还能得到正确的 highest 和 lowest。然后是该算法的最后一个步骤（在完成重复操作之后）：计算出温度的变化范围，即 range = highest - lowest。

自测题

8-11. 当 n 的值为 4，用户输入的温度值分别为 1、2、3、4 时，温度的变化范围是多少？

如果你正确地使用了之前的程序来回答上面的自测题，应该会注意到程序最终得到的 lowest 为 0。因为 lowest 的初始值小于所有后续的输入值，所以这个程序看起来是无效的。显然，该程序只有在其第一组测试值中有负值的时候才有效，当所有温度值一开始就均为正值时它就无效了。这是一个不能在温暖的日子里工作的算法。因此，我们不应将 highest 和 lowest 的初始值设为 0，而应考虑将 highest 设置为一个可笑的低值，比如-9999，这样做的目的是确保任何输入值都会在它之上。同样地，lowest 也应被设置成像 9999 这样高得离谱的值，以至于任何输入都会在它之下。当然，更好的选择是，将 lowest 设置为 C++中定义为 INT_MAX 的最大整数，highest 则设置为 C++中定义为 INT_MIN 的最小整数。为此，我们可能会需要用到#include <climits>这条指令。

```
#include <iostream>
#include <climits>  // for INT_MIN and INT_MAX

int main() {
  std::cout << INT_MIN << std::endl;
  std::cout << INT_MAX << std::endl;
  return 0;
}
```

程序输出（具体内容因编译器而异）

```
-2147483648
 2147483647
```

8.3.3 实现

由于我们的问题明文要求用户必须先提供要输入的温度值总数，因此重复操作所要执行的次数是确定的，这是确定性循环模式的一个实例。

```
for (int count = 1; count <= n; count++) {
  // Process one input
}
```

下面，我们来演示一下更正了问题之后的算法实现（这回我们编写的是正确的 C++程序，而不是伪代码）。请注意，用户不应该重复输入同一组温度值，以对同一循环中的 highest 和 lowest 进行检查。

```
// Determine the range of temperatures in a set of known size

#include <iostream>
#include <climits> // For INT_MIN and INT_MAX
using namespace std;
```

```
int main() {
  int aTemp, n, range;
  int highest = INT_MIN; // All ints will be >= INT_MIN
  int lowest = INT_MAX;  // All ints will be <= INT_MAX

  cout << "Enter number of temperature readings: ";
  cin >> n;

  // Input first temperature to record it as highest and lowest
  cout << "Enter readings 1 per line" << endl;

  // Use a determinate loop to process n temperatures
  for (int count = 1; count <= n; count++) {
    // Get the next input
    cin >> aTemp;

    // Update the highest so far, if necessary
    if (aTemp > highest)
      highest = aTemp;

    // Update the lowest so far, if necessary
    if (aTemp < lowest)
      lowest = aTemp;
  }

  range = highest - lowest;
  cout << "Range: " << range << endl;
  return 0;
}
```

程序会话

```
Enter number of temperature readings: 5
Enter readings 1 per line
-5
8
22
-7
15
Range: 29
```

8.3.4 测试

程序员可以通过任意数量的测试用例来确信程序的可行性。比如，对于第一个测试用例，我们假设 n 为 5，用户输入的温度值分别为-5、8、22、-7 和 15。程序对于这组输入，输出的 highest 和 lowest 之间的差值应该为(22 − (−7))或 29。然后，我们会查看程序会话，并看到输出的 range 确实为 29，这可能会让我们相信这个算法及其实现是可行的。但是，其实这里唯一可以肯定的是：程序对于上面所输入的 5 个特定值，可以输出正确的变化范围。也就是说，我们之前测试所用的数据在程序中是可以正常工作的。除此之外，我们还有其他测试用例，包括 n 为 1 时 range 值应为 0（因为这时 highest 和 lowest 是相同的）、所有数值为负整数的序列、所有数值为正整数的序列、按升序排列的序列以及按降序排列的序列等。

基本上，测试的作用是揭示错误的存在，而不是证明程序没有错误。如果程序输出的

range 是明显不正确的答案（例如-11），它有希望帮我们找到错误的所在。毕竟要考虑到，我们有时也会在某些介绍性课程中看到一些稍微有所不同的实现：

```
for (int count = 1; count <= n; count++) {
  cin >> aTemp;
  if (aTemp > highest)
    highest = aTemp;
  else if (aTemp < lowest)
    lowest = aTemp;
}
```

自测题

8-12. 请跟踪上述代码在处理下面这组输入的过程（假设 n 的值为 5）：

-5 8 22 -7 15

并判断其输出的 range 值是否正确。

8-13. 请跟踪上述代码在处理下面这组输入的过程（假设 n 的值为 5）：

5 4 3 2 1

并判断其输出的 range 值是否正确。

8-14. 请跟踪上述代码在处理下面这组输入的过程（假设 n 的值为 3）：

1 2 3 4

并判断其输出的 range 值是否正确。

8-15. 下列哪些操作会导致上述代码计算的 range 值出错？（**多选题**）
  a. 输入数值按降序时
  b. 输入数值按升序时
  c. 输入数值既不按升序排列也不按降序排列时

8-16. 要如何做才能纠正上述错误？

8.3.5 检测到错误时应该怎么做

当我们检测到一个与循环相关的错误时，最好的做法是将循环每一轮迭代中的重要值（比如 highest 和 lowest）都显示出来。这是一个简单的调试工具，我们可以用它来查看处理过程中发生了什么情况，这样做有助于整个调试的进行。适度安置的一些输出语句可以给我们带来非常有用的启发。例如，我们在调试时可以在包含意图性错误的循环中安插一些这样的输出语句：

```
for (int count = 1; count <= n; count++) {
  cin >> aTemp;
  // Add an output statement in the loop to aid debugging
  cout << highest << " " << lowest << endl;
  ...
```

现在，如果我们再执行之前自测题对不正确算法的测试，程序会话看起来就会是这样：

```
Enter number of temperature readings: 3
Enter readings 1 per line
```

```
5
-2147483648    2147483647
7
5    2147483647
12
7    2147483647
Range: -2147483635
```

8.4 算法模式:不确定性循环

尽管确定性循环模式常见于许多算法中,但是它的使用有很严格的条件限制,必须要提前设定重复操作的次数。要满足这个条件通常是不太可能的,或者至少是会带来一些麻烦和困难的。例如,老师可能要根据各学期之间不同的出勤率使用不同数量的测试来计算学生的平均成绩。公司可能没有固定数量的员工,因为它随时都要进行招聘、解雇、裁员、转换部门和安排退休。分发软件的学校可能每天都要面对的是不同数量的学生。

总而言之,我们会经常需要执行一些重复次数不确定的语句。下面,我们以学校要为**每个学生**制作成绩单的问题为例来说明一下这个问题。很显然,学校并不是每个学期都会有310名学生,该学校的程序不能总是根据以前的认知来确定其重复操作的次数。因此,该问题的正确表述应该是"为所有学生制作成绩单",而不是"为310名学生制作成绩单",这样才更便于我们来思考该如何解决问题。这种思路就引入了算法设计中的另一种重复操作的模式,它主要要应对的是重复操作次数未知的情况。这种模式可以帮助我们设计出一种用某事件的发生来终止迭代的循环。例如,在本书中,我们会用下面这些事件来终止循环:

- 循环计数器的值超过了程序所需执行的迭代次数。
- 移动器在 Grid 对象中无法继续前进了。
- 用户输入了一个表示没有后续输入的特殊值。
- 程序遇到了文件结束符(关于这点,请参考**第 9 章**中的相关介绍)。

简单来说就是,确定性循环需要预先设定重复次数,而不确定性循环则是用其他技术来终止循环的,所以不确定性循环并不需要提前设定重复次数。

不确定性循环模式:

算法模式	不确定性循环
问题	由于某些处理过程需要被重复的次数未知,因此我们需要用某种事件的发生来终止循环

算法	`while` (终止循环的事件没有发生) {
	    执行这些动作
	    做一些会让循环接近终止条件的事
	}

代码示例	`// Place things until the mover is blocked`
	`while (aGrid.frontIsClear()) {`
	  `aGrid.putDown();`
	  `aGrid.move();`
	`}`

在 C++中,不确定性循环模式通常是使用 while 语句来实现的:

通用格式 8.2：while 语句

```
while (loop-test) {
    repeated-statements
}
```

在这里，*loop-test* 部分应该是一个用于评估条件 true 或 false 的逻辑表达式。*repeated-statement(s)*部分可以是任何 C++ 语句，但这部分通常会是用一对{ }括起来的一组语句。

当程序执行到 while 循环时，该循环会先评估其 *loop-test* 部分的表达式为 true 还是 false。如果为 true，就执行要重复执行的部分。只要 *loop-test* 部分为 true，这个处理过程就会一直持续下去。

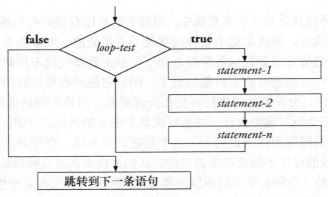

8.4.1 使用 while 语句实现确定性循环模式

while 循环也可以用来实现确定性循环模式。我们只需将初始化的部分移到循环之前，然后将更新步骤移到被重复部分的地步即可。

```
// initialization
while (loop-test) {
  // Activities to be repeated
  update-step
}
```

下面我们就用具体的代码来演示一下确定性循环模式的这种替代实现方式：

```
// Sum the first n integers
int accumulator = 0;
int count = 1;                            // Initialization
int n = 5;                                // Initialization
while (count <= n) {                      // Loop test
  accumulator = accumulator + count ;     // Action
  count++;                                // Update step
}

cout << "Sum of the first " << n << " integers is " << accumulator;
```

虽然 while 循环也可用来实现确定性循环，但是用 for 循环可以让代码更简洁易懂。所以在预先知道迭代次数的情况下，我们会建议大家优先使用 for 循环。如果不能确定迭代次数，那就属于不确定性循环要解决的问题，这时就该使用 while 语句了。

8.4.2 对 Grid 对象使用不确定性循环

在不确定性循环模式中，可用来终止循环的事件有很多种。例如，在一个 Grid 对象中，如果移动器会一直向上移动，直到它碰到网格的边缘或者障碍物才会让它停止继续移动。这本来就是 Grid 编程项目要解决的一个子问题，我们现在有了一个非常方便的解决方案。

```
// The event loop terminates when the front is no longer clear
#include <iostream>      // For cout
using namespace std;     // allow cout instead of std::cout
#include "Grid.h"        // For the Grid class

void moveTillStopped(Grid & g) {
  // post: The mover is facing a block or edge in front
  while (g.frontIsClear()) {
    g.move();
  }
}

int main() {
  Grid tarpit(5, 10);
  cout << "When initialized with only the number of rows\n"
       << "and columns, a Grid object gets a random opening\n"
       << "with the mover at a random location and direction\n"
       << endl;

  moveTillStopped(tarpit);
  tarpit.display();

  return 0;
}
```

程序会话

```
When initialized with only the number of rows
and columns, a Grid object gets a random opening
with the mover at a random location and direction

The Grid
# # # # # # # # # #
. . . . . . . . . #
# . . .       > #
# . . . . . . . #
# # # # # # # # # #
```

由于 Grid 类对象 tarpit 的随机性，moveTillStopped 函数只能用不确定性循环来推动移动器，它会以 g.move() 的形式重复地向该对象发送移动消息，可以是一次、两次或多次，以推动移动器逐渐向"墙"靠近。

自测题

8-17. 为什么 moveTillStopped 函数只能采用不确定性循环模式，而不能采用确定性循环模式？

8.4.3 设置了岗哨的不确定性循环

这里所谓的**岗哨**（sentinel），实际上指的是一种用于终止不确定性循环的特定输入。岗哨的值在类型上应该与其他输入数据相同，但同时不能属于有效输入。例如，在下面的输入集提示中，程序告诉我们输入-1.0 是让循环终止的事件。因此，-1.0 不会被视为有效输入，否则该程序计算的平均值也不会是 80.0。

程序会话

```
Enter tests scores [0.0 through 100.0] or -1.0 to quit
80.0
90.0
70.0
-1.0
Average of 3 tests = 80
```

如你所见，这个程序会话要求用户输入 0.0 到 100.0 之间的任何数据，并用-1.0 表示结束数据输入。

在使用带岗哨的不确定性循环时，我们通常会提供一条提示信息，告诉用户应该要如何结束他的输入。也就是说，我们必须要告诉用户岗哨的值是什么，例如-999 或其他任何可能的负数。

8.4.4 用 cin >> 来充当循环测试

到目前为止，我们只是在执行输入操作时经常会用到 cin >>。需要补充的是，cin 语句在输入成功时会返回 true，如果输入操作无法获得数字，cin >> 就会返回 false[①]。这意味着 cin >> 语句也可以用在 if ... else 或 while 语句的逻辑表达式中，事实上我们也经常这样做，比如：

```
if (cin >> intObject)        - or -        while (cin >> intObject)
```

当 cin 成功从输入流中提取有效整数时，上述两个逻辑表达式都会返回 true。但是，如果在输入流中遇到无效的整数，则同样的逻辑表达式就会返回 false。当然，还有一种情况，我们稍后会提到，就是它遇到了文件结束符。

在掌握了这些新信息之后，我们就可以在循环测试部分中执行 cin 提取操作了，这可以简化我们对岗哨循环的实现。

```
// The priming extraction is now part of the loop test
while ((cin >> testScore) && (testScore != sentinel)) {
    accumulator = accumulator + testScore;   // Update accumulator
    n++;                                      // Update total inputs
}
```

在上述代码中，输入语句 cin >> testScore 实际返回的值并不是那么重要。但是，由于 cin >> testScore 一定会被首先执行，因此 testScore 一定会在执行与 Sentinel 的比较操作之前，

---

① 译者注：原文如此，事实上应该是当 cin 输入的值与它要输入的对象类型不符时才会返回 false，比如对于 cin >> aString，你输入的是一个字符串，它依然会返回 true。

先从键盘输入中获得有效的数值。除非它获取的输入等于 sentinel 时（在这里就是-1.0），该循环测试的第二部分（testScore！= sentinel）是始终为 true 的。因此，对于任何有效的输入数据，此循环测试的评估结果都是 true && true，即为 true。在这种情况下，程序就会循环执行其需要被重复执行的部分。例如，当输入 95.0 时，上述循环测试的评估过程就会如下：

```
while ((cin >> testScore) && (testScore != sentinel))
     (     true         && (    95.0    !=    -1.0  ))
     (     true         &&             true          )
                            true
```

由于上述循环测试只有在输入为有效数字且该数字不是-1.0 时才会被评估为 true，因此当我们输入 95.0 的时候，该循环测试为 true（true && true 为 true）。而当我们输入-1.0 这个岗哨值时，该循环测试就会被评估为 false（true && false 为 false），这样就提供了让循环终止的条件。

上述循环测试在输入值为-1.0（或-1）时的评估过程：

```
while ((cin >> testScore) && (testScore != sentinel))
     (     true         && (   -1.0    !=    -1.0  ))
     (     true         &&            false         )
                           false
```

下面，让我们把这个循环放到具体的程序中去看看效果。下面这段程序可以对任意数量的输入值求取平均值：

```cpp
// Use a sentinel of -1 to terminate a loop
#include <iostream>
using namespace std;

int main() {
  const double sentinel = -1.0;  // User enters this to terminate
  double accumulator = 0.0;      // Maintain running sum of inputs
  int n = 0;                     // Maintain total number of inputs
  double testScore, average;

  // Prompt
  cout << "Enter test scores [0.0 through 100.0] or " << sentinel
       << " to quit" << endl;

  // Input and process at the same time
  while ((cin >> testScore) && (testScore != sentinel)) {
    accumulator += testScore;   // Update accumulator
    n++;                        // Update total inputs
  }

  if (n > 0) {
    average = accumulator / n;
    cout << "Average of " << n << " tests = " << average << endl;
  }
  else
    cout << "Can't average 0 numbers" << endl;
  return 0;
}
```

程序会话

```
Enter test scores [0.0 through 100.0] or -1.0 to quit
```

```
80.0
90.0
70.0
-1.0
Average of 3 tests = 80
```

我们可以用下面这张表跟踪几个重要对象的状态变化，以此来模拟一下上述程序的执行过程。如你所见，在每轮迭代中，除了要将每个有效的 testScore 累加到 accumulator 中之外，我们还必须对 n 的值执行+1。

迭代操作	testScore	accumulator	n	testScore != sentinelNumber
循环开始前	NA	0.0	0	NA
第 1 轮循环	70.0	70.0	1	true
第 2 轮循环	90.0	160.0	2	true
第 3 轮循环	80.0	240.0	3	true
循环结束后	NA	240.0	3	NA

自测题

8-18. 请根据下面各段代码模拟用户输入序列为 70.0、90.0、80.0、-1 时的执行过程，并写出所计算出的平均值。

a.
```
cin >> testScore;
while(testScore != sentinel) {
  cin >> testScore;
  accumulator += testScore;   // Update accumulator
  n++;                         // Update total inputs
}
average = accumulator / n;    // Division by 0 possible
```

b.
```
cin >> testScore;
while (testScore != sentinel) {
  accumulator += testScore;   // Update accumulator
  n++;                         // Update total inputs
  cin >> testScore;
}
average = accumulator / n;    // Division by 0 possible
```

8-19. 如果你对上面 a、b 两段代码都回答了 80，请重新做题，直到你得出正确答案为止。

8-20. 请问在上面两段代码中，哪一段代码（a 还是 b）的执行效果会等同于之前使用 while ((cin >> testScore) && (testScore != sentinel))做循环测试的完整程序？

8.4.5 无限循环

while 循环既可能永远都不会执行（一次都不会执行），也有可能会一直执行下去，永远不终止。例如，下面这个 while 循环就可能会一直执行下去，直到被某种外力用蛮力终止（比如关闭计算机或硬件故障）。这种循环我们通常称之为**无限循环**（infinite loop），这往往是我们需要避免的。

```
cin >> testScore;
while (testScore != sentinel) {
  accumulator += testScore;    // Update accumulator
  n++;                         // Update total inputs
}
```

如你所见，这个循环看来会永远重复下去，永远不会达到终止条件。因为它的循环测试始终为 true，其在重复执行的部分没有设置任何动作让该循环能更接近 testScore == sentinel 这个终止条件。所以在编写 while 循环时，请务必要记得确保该循环的测试最终会变为 false。

如果你不幸遇到了这种会一直运行下去的循环，当你得到一个反复执行循环的程序时，就务必需要用一些系统相关的方法来终止执行无限循环的程序了（具体方法，请请教你的指导老师）。

自测题

8-21．如果用户在第一次输入时就输入了岗哨值（-1.0），上述循环会执行几次迭代操作？

8-22．我们应该在上面的 while 循环中加入什么操作，才能让该循环每执行一次迭代就更接近终止条件一些？

8-23．下面的代码是无限循环的另一个示例，请问我们应该对它采取什么措施才能让它按我们期望的方式终止？

```
while (g.frontIsClear());
{
  g.move();
}
```

8-24．请写出下面各段 C++程序会产生的输出：

a.
```
int n = 3;
int counter = 1;
while (counter <= n) {
  cout << counter << " ";
  counter++;
}
```

b.
```
int last = 10;
int count = 2;
while (count <= last) {
  cout << count << " ";
  count += 2;
}
```

8-25．假设下面各段代码中的 count、sum 和 n 被声明成了 int 对象，请写出 count 所输出的循环次数。我们可以回答"零次""无数次""未知数"，这些都是有效答案。

a.
```
while (count <= n) {
  cout << count<< endl;
}
```

d.
```
count = 1;
sum = 0;
while (count <= 5) {
  sum += count;
  sum++;
}
```

b.
```
n = 5;
count = 1;
while (count <= n) {
  cout << count << endl;
  count++;
}
```

e.
```
count = 1;
n = 5;
while (count <= n) {
  count++;
}
```

c.
```
count = 1;
n = 0;
while (count <= n)
  cout << " " << count;
```

f.
```
count = 10;
while (count >= 0);
{
  count = count - 2;
}
```

8-26. 请编写一段代码，计算输入的所有整数之和，直到用户输入 999 为止。

8.5　do while 语句

do while 语句的功能与 while 循环基本相同，它也会在其测试表达式为 true 时重复执行一组语句。它们之间的主要区别在于评估测试表达式的时机。while 循环是在每轮迭代开始之前评估其测试表达式的，而 do while 则是在每轮迭代之后，这意味着 do while 循环始终至少会执行一次它的重复部分。

通用格式 8.3：do while 循环

```
do {
    repeated-statement(s)
} while (loop-test);
```

但程序执行到 do while 语句时，它会先执行一遍语句块（{}）中的所有语句，然后到一轮迭代的**结尾处**再来对 *loop-test* 的部分进行评估（而不是在每轮循环开始时）。如果其评估结果为 true，*repeated-statement(s)* 就会再次被执行。如果该测试表达式被评估为 false，则循环终止。另外，while 循环和 for 循环的重复部分都未必一定要写成语句块的形式，但在这里，do 和 while 之间就必须要用大括号括起来了。下面，我们来演示一下 do while 循环，模拟循环计数器在其执行过程中的累加过程。

```
int counter = 1;
int n = 4;
cout << endl << "Before loop..." << endl;
do {
    cout << "Loop #" << counter << endl;
    counter++;
} while (counter <= n);
cout << "...After loop" << endl;
```

程序输出

```
Before loop...
Loop #1
Loop #2
Loop #3
Loop #4
...After loop
```

当我们需要让某一组语句至少执行一次，以便先用它来完成对象的初始化，然后执行循环测试评估时，do while 循环无疑是执行这类重复操作的最好选择。例如，当我们需要让用户输入它在多个选项中的选择时，do while 循环就会是我们的首选。举个例子，在下面这个返回值类型为 char 的 nextOption 函数中，我们用一个 do while 循环让用户重复在 3 个选项中做选择。该循环在用户输入某个有效选项之前是不会终止的。除此之外，我们在 main 函数中也使用了一个 do while 循环，以应对用户想执行多次提款和存款的需求。

```
// Use a do while loop that repeatedly asks for a valid option
#include <cctype>    // For toupper
```

```
#include <iostream>    // For cout, cin, and endl
#include <string>
using namespace std;

char nextOption() {
  // post: Return an uppercase W, D, or Q
  string option;
  char firstChar;
  do {
    cout << "W)ithdraw, D)eposit, or Q)uit: ";
    cin >> option;
    firstChar = toupper(option.at(0));
  } while ((firstChar != 'W') && (firstChar != 'D') && (firstChar != 'Q'));
  return firstChar;
}

int main() {
  char choice = 'Q';

  do {
    choice = nextOption();
    // assert: choice is either 'Q', 'W', or 'D'

    if ('W' == choice)
      cout << "\nValid entry--process W\n" << endl;

    if ('D' == choice)
      cout << "\nValid entry--process D\n" << endl;

    if ('Q' == choice)
      cout << "\nHave a nice day :)" << endl;

  } while (choice != 'Q');

  return 0;
}
```

程序会话（用户会输入一个有效选项、3 个无效选项，输入 Q 即退出程序）

```
W)ithdraw, D)eposit, or Q)uit: W

Valid entry--process W

W)ithdraw, D)eposit, or Q)uit: make
W)ithdraw, D)eposit, or Q)uit: 3
W)ithdraw, D)eposit, or Q)uit: invalid entries

W)ithdraw, D)eposit, or Q)uit: Q

Have a nice day :)
```

由于这里需要用户在循环对其测试表达式进行评估之前至少输入一个字符，因此 nextOption 函数中采用的是 do while 循环而不是 while 循环。这样循环就至少得执行一次迭代操作。此外，main 函数中的 do while 循环主要是用来为用户提供选项的，因为它至少要让用户输入一次选项，以确定自己是否要退出程序。虽然 do while 循环并不是必需的，但它实现这个设计意图要比下面的 while 循环方便一些。

```
  cout << "W)ithdraw, D)eposit, or Q)uit: ";
  cin >> option;
  firstChar = toupper(option.at(0));
  while ((firstChar != 'W') && (firstChar != 'D') && (firstChar != 'Q')) {
    cout << "W)ithdraw, D)eposit, or Q)uit: ";
    cin >> option;
    firstChar = toupper(option.at(0));
  }
```

自测题

8-27．请写出你预计下面各段代码会产生的输出：

a.
```
int count = 1;
do {
  cout << count << endl;
  count++;
} while (count <= 3);
```

b.
```
double x = -1.0;
do {
  cout << x << endl;
  x = x + 0.5;
} while (x <= 1.0);
```

8-28．请编写一个 do while 循环，该循环会重复提示用户输入从 1 到 10 之间的数字，并读取输入，直到用户输入这个区间之外的数字为止。

8-29．请编写一个 do while 循环，该循环会重复提示用户"W)ithdraw D)eposit Q)uit:"，读取用户输入的 w、W、d、D、q 或 Q 等字符，并在用户输入其他字符时退出。

8.6 循环的选择与设计

对于某些人来说，即使是初学，循环实现起来也很容易；但对另一些人来说，无限循环和意图性错误常常会困扰他们。无论你属于哪一种情况，下面这个行动纲要都可以帮助你选择并设计适用于各种应用场景的循环：

1. 确定要使用的循环类型。
2. 确定循环测试部分。
3. 编写要重复执行的语句。
4. 确保循环会越来越接近终止条件。
5. 在必要情况下做好相关对象的初始化操作。

8.6.1 确定要使用的循环类型

如果相关操作需要重复的次数是可以在循环之前预先设定或从输入中读取的，我们就应该选择确定性循环模式。for 循环是专门为设计这种循环模式而设计的一种语句。尽管 while 循环也可以用来实现确定性循环模式，但是我们认为还是应该优先采用 for 循环。因为 while 循环容易让人忽略计数器更新的关键部分，这可能会带来一些难以检测和纠正的意图性错误。而在 for 循环中，如果忽略了计数器更新的部分，编译器很容易就能检测到它，并报告编译时错误信息。

如果这些重复操作的执行需要等到某种事件发生才能终止，就应该选择不确定性循环模式。而对于该模式，我们应该使用 while 来实现它。当然，如果循环始终至少要执行一次，比如有时候我们需要对输入数据进行检查（看看它是否在 0 到 100 的区间内），这时候就应该采用 do while 循环。另外，对于菜单驱动的程序来说，do while 循环也是一个很好的选择，我们可以用它来让用户重复输入自己的选项，直到他们输入 quit 的菜单项为止。

8.6.2 确定循环测试部分

如果某些循环测试没有那么显而易见，我们的建议是必须要编写一个在它被评估为 true 时就会让循环终止的条件。例如，如果您希望用户在输入"STOP"之后停止程序的输入，那么该循环的终止条件就应该是：

```
inputName == "STOP";   // Termination condition
```

这个否定式逻辑表达式 inputName!="STOP"就可以直接放到 while 或 do while 循环的循环测试部分中去使用。

```
while (inputName != "STOP") {            do {
  // . . .                                 // . . .
}                                        } while (inputName != "STOP")
```

8.6.3 编写要重复执行的语句

这部分是我们之所以要编写循环的原因。循环常见任务包括在运行过程中持续计算和值、跟踪最高值或者最低值、统计某些值出现的次数等。你稍后还会看到在列表中搜索某个名字或重复比对某个按字母顺序排列的列表中所有字符串元素等其他任务。

8.6.4 确保循环会越来越接近终止条件

为了避免无限循环，循环体中至少要有一个操作能让该循环越来越接近终止条件。在确定性循环中，这个操作可能是某个特定计数器的递增或递减。除此之外，用户输入的下一个值也可以是让循环趋向于终止的另一种方式。例如，我们可以让程序一直接受用户的输入，直到其从文件流中读取到了某个岗哨值。在 for 循环中，被重复执行的语句应该被设计得让其所在的循环越来越接近终止条件，通常的做法就是递增计数器。一般来说，循环测试部分中至少会有一个在每一轮迭代中都会被修改的对象。

8.6.5 在必要情况下做好相关对象的初始化操作

在执行循环之前，最好检查一下看看循环测试和循环体中是否存在任何未经初始化的对象。这样做的目的是确保循环对象或者迭代操作中所使用的对象都是经过初始化的。例如在下面的循环中：

```
double sum, x, average;
int n;

cout << "Enter numbers or -1 to stop: ";
while (x != -1) {
  sum = sum + x;
  n++;
```

```
    cin >> x;
}
average = sum / n;
```

在这段代码中，变量 sum、average、x 和 n 中存储的都是垃圾值。不然呢？你认为 sum 的初始值是什么？它可能是-1234.5，也可能是 99999.9。不止如此，x 的第一个值是未知的，n 的值也是未知的。考虑到循环测试和各轮迭代中的每个对象都是需要被初始化的潜在候选者，我们既可以将 n 这些对象设置为 0，也可以通过某个输入语句来初始化相关对象。下面是更正之后的代码：

```
double sum = 0.0;
int n = 0;
double x, average;    // x and average don't require initialization
cout << "Enter numbers or -1 to stop: ";
cin >> x;
while (x != -1) {
  sum += x;
  n++;
  cin >> x;
}
average = sum / n;
```

自测题

8-30. 请为下列任务选择最适合的循环类型：
a. 计算前 5 个整数的总和，即(1 + 2 + 3 + 4 + 5)。
b. 如果某个数字集合的大小是已知的，请计算该集合的平均值。
c. 如果某个数字集合的大小对程序和用户都是未知的，请计算出该集合在数据输入完成时的平均值。
d. 从用户那里获取字符，该字符必须是大写字母 I、S、Q 中的一个。

8-31. 如果某个循环持续在处理一个名为 value 的对象所接收到的输入，直到用户输入 -1 为止，那么：
a. 请写出该循环的终止条件。
b. 如果分别用 while 语句和 do while 语句实现该循环，那么它们的循环测试部分应该怎么写？

8-32. 在下列循环中，哪些对象应该被初始化但没有被初始化？

```
a. while (count <= n) {
   // . . . ;
   }
b. for (int count = 1; count <= n; count = count + inc) {
   // . . . ;
   }
```

本章小结

● 重复操作对于所有的编程语言来说都是一个非常重要的控制方法。通常情况下，

- 循环体在每一轮迭代中都能对一个或多个对象的状态进行修改。
- 确定性循环通常是用 for 循环来实现的,这种循环模式会要求我们在执行循环之前先确定其要重复执行的次数。
- 确定性循环的执行依赖于某个被预先初始化好的值(比如 n)与递增的循环计数器(比如 count)对循环次数的持续跟踪。计数器会在每一轮循环开始时与实现设定好的迭代次数进行比较,并在每轮循环迭代操作结束时更新自身的值。
- 预先设定确定性循环迭代次数的方法有很多种,我们可以选择让用户输入,也可以通过函数的参数传递。迭代次数变量(比如 n)既可以通过初始化的方式来预先设定,也可以直接采用某个对象的某一部分状态。例如,每个 Grid 对象的行数和列数都是已知的,每个 string 对象在给定的时间点上也都能知道自身包含了多少个字符。
- 确定性循环模式在编程中是非常常用的,以至于几乎所有的编程语言都内置了 for 循环这种特定的语句。
- 不确定性循环的终止需要依赖于某种外部事件。这些终止事件可以在任何时间点上发生。
- 当程序无法预先确定循环迭代次数时,它就应该采用不确定性循环。这种循环的终止时间包括从输入流中读取到了岗哨值(比如之前测试中使用的-1 或者菜单选项中的"Q")。这种类型的循环可以让银行客户进行任意次数的交易,并且程序会反复提示用户要输入的信息,直到他们输入有效信息为止。
- 虽然 while 循环是唯一可以解决所有计算问题的重复操作语句,但在某些情况下 for 循环会更方便一些。因为 for 循环会要求我们将初始化操作、循环测试和需要被重复的部分一次性写完整,缺少任何一部分都会收到编译器的抗议,所以 for 循环是结构更紧凑、更不易出错的一种循环。
- 如果在设计循环时遇到问题,请按照以下步骤来解决:
  - 确定要采用的循环类型。
  - 确定循环测试部分。
  - 编写需要重复执行的语句。
  - 确保循环会越来越接近终止条件。
  - 在必要情况下做好相关对象的初始化操作。

练习题

1. 请问下列循环会执行多少次"cout << "Hello ";"?在这里,你也可以回答"零次""次数未知"或"无数次"。
a.
```
int n = 5;
for (int count = 1; count <= n; count++) {
  cout << "Hello ";
}
```

b.
```
int n = 0;
for (int count = 5; count >= n; count --) {
  cout << "Hello ";
}
```
c.
```
int n = 5;
for (int count = 1; count <= n; count --) {
  cout << "Hello ";
  count++;
}
```
d.
```
int n = 0;
for (int count = 1; count <= n; count++) {
  cout << "Hello ";
}
```

2. 请写出下面这些循环会产生的输出：
```
for (int counter = 1; counter <= 5; counter++)
  cout << " " << counter;
  cout << "Loop One"; // Incorrectly indented to confuse
for (int counter = 10; counter >= 1; counter--)
  cout << " " << counter;
cout << "Blast Off"; // Correctly indented to avoid confusion
```

3. 请编写出会产生下列输出的循环：

a. 10 9 8 7 6 5 4 3 2 1 0

b. 0 5 10 15 20 25 30 35 40 45 50

c. -1000 -900 -800 -700 -600 -500 -400 -300 -200 -100 0

4. 请写出下面代码会产生的输出：

```
int count = 0;
while (count < 5) {
  cout << "    " << count;
  count = count + 1;
}
```

5. 请编写一个循环，对用户从键盘输入的起始值和终止值之间所有的整数执行求和运算。在这里，你可以假设用户输入的起始值一定小于等于终止值。也就是说，如果用户输入的起始值为 5、终止值为 10，那么该循环要执行的求和运算就是 $5 + 6 + 7 + 8 + 9 + 10$，结果为 45。

6. 请问下面各段程序各自会显示"Hello"多少次？在这里，你也可以回答"零次""次数未知"或"无数次"。

a.
```
while (count <= 10)
    cout << "Hello";
```
b. count = 1;

```
    while (count <= 7) {
      cout << "Hello";
      count++;
    }
c.  count = 7;
    while (count <= 1) {
      cout << "Hello";
    }
d.  count = 1;
    while (count <= 5)
      cout << "Hello";
      count++;
```

7. 请编写一个 while 循环，让其产生下列输出：

   -4 -3 -2 -1 0 1 2 3 4 5 6

8. 请编写一个 while 循环，让其逐行显示[100, 95, ⋯, 5, 0]这个数列。

9. 请编写一个循环，让其从键盘输入的数据中找出最好的考试分数（满分 100 分）。

10. 请将下面的代码转换成对应的 for 循环形式：

```
int counter = 1;
double sum = 0;
int n, number;

cout << "Enter number of ints to be summed: ";
cin >> n;
while (counter <= n) {
  cin >> number;
  sum = sum + number;
  counter++;
}
cout << sum;
```

11. 请编写一个循环，让其持续统计用户所输入的单词数量，直到用户输入"ENDOFDATA"字符串（请注意，该字符串必须全部为大写字母且没有空格）为止。

12. 请写出下面这段程序在当用户逐行输入为 1、2、3、4、-1 时所产生的完整输出。

```
#include <iostream>
using namespace std;

int main() {
  double test;
  double sum = 0.0;
  cout << "Enter tests or a negative number to stop: " << endl;
  while ((cin >> test) && (test >= 0.0)) {
    sum = sum + test;
  }
  cout << "Sum: " << sum << endl;
}
```

13. 请写出下面代码会产生的输出：

```
string choice("BDWBQDW");
int count = 0;
while (choice[count] != 'Q') {
  cout << "Opt: " << choice[count] << endl;
  count++;
```

}

14. 请问下列循环会执行多少次"cout << "Hello ";"？在这里，你也可以回答"零次""次数未知"或"无数次"。

a.
```
count = 1;
n = 10;
do {
  cout << "Hello ";
} while (count > n);
```

b.
```
n = 10;
count = 1;
do {
  cout << "Hello ";
  count = count - 2;
} while (count <= n);
```

c.
```
count = -1;
do {
  cout << "Hello ";
  count++;
} while (count != -3);
```

d.
```
count = 1;
do {
  cout << "Hello ";
  count++;
} while (count <= 100);
```

15. 请编写一个 do while 循环，让其产生下列输出：

10 9 8 7 6 5 4 3 2 1 0

16. 请写出下面这段程序会产生的输出：

```
#include <iostream>
using namespace std;

int main() {
  int count = -2;
  do {
    cout << "    " << count;
    count--;
  } while (count > -6);
}
```

17. 请将下面的代码转换成对应的 do while 循环形式：

```
char option;
cout << "Enter option A, B, or Q: ";
cin >> option;
option = toupper(option);
while ((option != 'A') && (option != 'B') && (option != 'Q')) {
  cout << "Enter option A, B, or Q: ";
  cin >> option;
  option = toupper(option);
}
```

18. 请编写一个名为 option 的函数，该函数会提示用户只能在大写字母 S、A、M 或 Q 中选择一个输入，并将其返回。该函数的返回值类型为 char，客户代码应该可以通过函数名让其返回 S、A、M 或 Q 这几个字符值，这里不能使用引用。也就是说，下面代码所赋值给 choice 的应该只能是上述 4 个字母中的一个：

```
char choice = option();
cout << choice;  // Output must be either S, A, M, or Q only!
```

编程技巧

1. 请务必选好你要采用的循环类型。在意识到有必要执行重复操作之后，先确定一下循环次数是否可以预先确定。如果可以，这就是一个确定性循环，最好采用 for 循环来实现它。相反，如果循环的迭代次数无法确定，那就先找到能让循环终止的事件，然后用否定式逻辑表达式将其写入循环测试部分。例如，假设循环会在人们输入"STOP"这个单词的时候终止，那么该循环的终止条件就是 word == "STOP"，我们可以将其改写成否定式逻辑表达式，然后写入循环的测试部分，比如 while (word != "STOP")。

2．请务必要当心无限循环。这类循环很容易被创建出来，但有时候却很难被发现。你能说出下列循环会成为无限循环的原因吗？

a.
```
int count = 1;
int sum = 0;
while (count <= 100);
{ // Sum the first 100 integers
    sum += count ;
    count++;
}
```

b.
```
for (int count = 0; count <= 100; count++);
{ // Sum the first 100 integers
    sum += count ;
}
```

c.
```
int count = 1;
int sum = 0;
while (count <= 100)
    // Sum the first 100 integers
    sum += count ;
    count++;
```

d.
```
for (int count = 0; count <= 100; count++) {
    // Sum the first 100 integers
    sum += count ;
    count --;
}
```

3．请始终坚持将 while 循环的迭代部分写成复合语句的形式，即使你认为没有必要。这样做可以增加将相关递增语句纳入其中的可能性，这样它就不会被意外地排除在循环之外了。

4．请使用调试性的打印操作来查看循环中所发生的事情。当你对循环中的某处有所疑问时，就在那里放置一条调试性的 cout 语句，让其显示一些应该有所变化的重要对象。这些输出可能会非常具有启发性。我们有时候会因此发现无限循环，也有时候可能会发现循环测试条件永远不会为 true。

```
while ( . . . ) {
    // . . .
    mid = (lo + hi) / 2.0;
    cout << "In loop, mid == " << mid << endl;
}
```

5．循环并不一定都会执行其迭代部分，它也有可能是一个执行 0 次的循环，或者执行的次数是少于我们的预期的。

6．当不确定性循环的测试部分是一条输入语句时，事情就会变得比较简单一些。如果你习惯使用预读式的岗哨循环（尤其当你曾经是 Pascal 程序员的时候），就忘了它吧。在 C++ 中，输入语句是可以被直接用在循环测试部分中的，用它来编写岗哨式的循环测试显然要容易得多，比如：

```
while ((cin >> aNumber) && (aNumber != sentinel)) {
    // Process aNumber but not the sentinel
}
```

7．在某些情况下，带有某种中断操作的"准无限"循环会是实现循环的最简单方法。所以如果在编写循环测试部分遇到了问题，也可以考虑编写一个带有保护性中断的循环（下面这段代码在作用上等同于上面的岗哨式循环）：

```
while ( true ) {
    cin >> aNumber;
    if (aNumber == sentinel)   // The termination condition
```

```
        break;                      // Exit this loop
    // Otherwise process aNumber
}
```

编程项目

8A. 风速记录

请编写一个程序，用该程序来确定一组风速读数中的最高值、最低值、平均值以及变化范围。在该程序中，所有风速读数均为正数或0。另外，该程序一旦被输入负数就应终止读取循环。所以，请务必记得将终止数据输入的方式告知用户。

程序会话

```
Enter wind speed readings or a number < 0 to quit:
5.0
6.0
2.0
8.0
-999
    n: 4
 High: 8
  Low: 2
Range: 6
  Ave: 5.25
```

8B. 银行柜员

请编写一个C++程序，该程序将只允许用户创建一个BankAccount对象，然后针对各种需要通过该对象进行多次提款和存款。另外，程序的最后一行应该输出账户余额。你的代码不应允许提款额度超过余额。下面我们用一段会话样例作为这个问题的规范说明，供你参考：

```
Enter customer name: Jackson
Enter initial balance: 0.00

W)ithdraw, D)eposit, or Q)uit: D
Enter deposit amount: 250.00

W)ithdraw, D)eposit, or Q)uit: W
Enter withdrawal amount: 300.00
**Amount requested exceeds account balance**

W)ithdraw, D)eposit, or Q)uit: w
Enter withdrawal amount: 200.00

W)ithdraw, D)eposit, or Q)uit: q
Ending balance: 50
```

8C. 寻找网格出口

请编写一个名为 findExit 的 C++函数，该函数的作用是帮助 Grid 对象中的移动器在任意网格中都能找到单一的出口。在该函数中，你要确保 Grid 对象的初始化只需要两个参数，即其网格的函数和列数。这样做也是为了确保用户获得始终是一个只有单一出口的 Grid 对象。此外，当我们每次运行程序时，其移动器的位置应该是随机的，它所朝的方向也是随机的。这样才更有利于测试你所设计的解决方案。请使用下面的测试驱动器来测试你的程序：

```cpp
#include "Grid.h" // For the Grid class

void findExit(Grid & g) {
  // pre: The Grid has exactly one exit, but not at a corner
  // post: The mover is located at the lone exit

  // You complete the function here
}

int main() {
  // Test drive findExit
  Grid tarpit(10, 16);
  // assert: The 10-by-16 Grid has the mover in a random location

  tarpit.display();
  findExit(tarpit);
  tarpit.display();

  return 0;
}
```

程序输出

```
The Grid:
# # # # # # # # # # # # # # # # # #
#                                 #
#   . . . . . . . . . . . . . .   #
#   . . . . . . . . . . . . . .   #
#   . . . . . . . . . . . . . .   #
#   . . . . . . . . . . . . . .   #
<   . . . . . . . . . . . . . .   #
#   . . . . . . . . . . . . . .   #
#                                 #
# # # # # # # # # # # # # # # # # #
```

8D. 实现 6 个循环函数

请编写一个 C++程序，该程序的 main 函数应该是你自己设计的测试驱动器，用来测试下面要你实现的 6 个新自由函数。在这里，我们会建议你在编写相关测试的时候使用 assert 函数。

```cpp
/*
 * A test driver like this may be used to test the functions.
 *
 * File name: TestRepetitionFunctions (on the book's website)
 */
int main() {
```

```
// Test firstNints
assert(15 == firstNints(5));
assert(21 == firstNints(6));
```

1. int firstNints(int n)

该函数要负责根据其整数实参 n 计算出前 n 个整数的总和，并将其返回。这里要求使用循环，不许使用数学公式。另外，该函数应该假设其收到的实参始终是一个正数。

```
firstNints(1) returns 1
firstNints(2) returns 3, which is 1+2
firstNints(5) returns 15, which is 1+2+3+4+5
```

2. int factorial(int n)

该函数要负责返回 n 阶乘，该运算通常写作 n!，比如 5! = 5 * 4 * 3 * 2 * 1，或者你也可以参考它的通用公式：n! = n * (n-1) * (n-2) ... * 2 * 1。在这里，我们要求你使用循环来实现这个运算。

```
factorial(1) returns 1
factorial(2) returns 2, which is 2 * 1
factorial(4) returns 24, which is 4 * 3 * 2 * 1
```

3. string reverseString(string arg)

该函数要负责将其实参字符串 arg 中的字符顺序反转，构成一个新的字符串并将其返回。

```
reverseString("") returns ""
reverseString("1") returns "1"
reverseString("1234") returns "4321"
```

4. int charPairs(string str)

在一个字符串中，某些字符可能会连续出现两次，该函数要负责返回给定字符串中这种情况的出现次数。

```
charPairs("") returns 0
charPairs("H") returns 0
charPairs("aabbcc") returns 3
charPairs("!!!") returns 2
charPairs("mmmm") returns 3
charPairs("mmOmm") returns 2
```

5. int fibonacci(int n)

该函数要负责根据其实参值返回相应的 Fibonacci 数。函数的前提条件：n >= 0。（提示：你可以像下面这样跟踪两个连续的 Fibonacci 数。）

n	fibonacci(n)	n	fibonacci(n)
0	0	5	5
1	1	6	8
2	1	7	13

3	2		8	21
4	3		9	34

6. void replace(string & str, char oldC, char newC)

修改与参数 str 关联的字符串参数，以便将所有出现的 oldC 替换为 new。

```
string arg = "bookkeeper";
replace(arg, 'e', 'X');
assert("bookkXXpXr" == arg);
```

8E. Mastermind 游戏

在这个项目中，你需要实现的是一个名为 Mastermind 的数字猜谜游戏。这项任务将为你提供以下几方面的更多经验：

- 字符串处理
- 用户输入
- if 语句
- while 语句
- 测试
- 问题求解

首先来说明一下这个游戏完成之后的整体感觉，我们在下面提供了一次程序会话样例，用于演示该游戏的玩法。首先，我们会需要该游戏程序生成一个由 5 个不重复数字组成的"秘密"号码。接下来，该游戏应该要提示玩家可以开始猜测这个号码了，这时候针对输入的错误检查将只是为了确保用户输入的是一个长度为 5 的字符串。比如，输入"what？"对程序的执行并不会有任何帮助，但它应该被允许，并且应该算作对秘密号码的猜测。但如果用户输入的是"123456"或"1234"，则程序告知用户他们必须输入 5 位数，这些输入就不能算作是对秘密号码的猜测了。

游戏规则是持续对玩家的猜测做出一些反馈，然后玩家会根据这些反馈进行更多的猜测，一直持续下去，直到用户猜出秘密号码或者猜测次数达到最大次数（32）。下面就是该程序的一次会话样例，在这一轮游戏中，用户最终确定了秘密号码是 **12345**。

```
Enter your 5 digit guess: 11111
     Try number: 1
   Digits found: 1
Correct position: 1

Enter your 5 digit guess: 22222
     Try number: 2
   Digits found: 1
Correct position: 1

Enter your 5 digit guess: 99999
     Try number: 3
   Digits found: 0
Correct position: 0
```

```
Enter your 5 digit guess: 12333
        Try number: 4
     Digits found: 3
Correct position: 3

Enter your 5 digit guess: 12344
        Try number: 5
     Digits found: 4
Correct position: 4

Enter your 5 digit guess: what?
        Try number: 6
     Digits found: 0
Correct position: 0

Enter your 5 digit guess: 123456
'123456' must have a length of 5

Enter your 5 digit guess: 54321
        Try number: 7
     Digits found: 5
Correct position: 1

Enter your 5 digit guess: 12345
        Try number: 8
     Digits found: 5
Correct position: 5

You won in 8 tries!
```

在实现 main 函数之前，我们要求你先编写 4 个经过良好测试的实例，这些实例将有助于减少你在编写游戏本身时可能会出现的 bug，让它实现起来更容易一些。下面列出的这 3 个方法应该都经历过了良好的测试，它们都拥有同样明确的函数头信息，每个函数头信息下面的断言样例都可以帮助你了解该方法的用法和具体行为。

```
// Generates a 5-digit, valid secret "number" as a string.
// A secret number is valid if it contains no duplicates and
// all five characters are digits '0'..'9'
string generateSecretNumber()


// Return the number of digits that are contained in both the
// secret number and the guess. For example when secretNumber
// is 12345 and guess is 67821, the two numbers, actually strings,
// share two digits: 1 and 2.
int uniqueDigitsFound(string secretNumber, String guess)
// Sample assertions from MasterMindTest.java (not a complete test)
assert(5 == uniqueDigitsFound("12345", "21435"));
assert(0 == m.uniqueDigitsFound("12345", "67890"));


// Returns the number of matching digits between the guess
// and the secret number. For example when secretNumber is
// "12345" guess is "12675" returns 3 as the 1, 2, and 5 all
// have the same value at the same location.
int foundInPosition(String secretNumber, String guess)
```

```
// Sample assertions from MasterMindTest.java (not a complete test)
assert(1, m.foundInPosition("12345", "99399"));
assert(3, m.foundInPosition("12345", "19395"));
```

8F. Elevator 类

请定义一个 Elevator 类，并为其实现相关的成员函数。首先，该类要有一个能将电梯放在指定楼层的构造函数。然后，Elevator 类还应该有一个可执行楼层选择的成员函数 void select(int goToFloor)。另外，在每个楼层中除了显示电梯当前楼层之外，还要在该信息之前加上它是在上升还是在下降的状态信息。与此同时，被选择的楼层显示的应该是"打开"之类的字样。该类的前置条件是，代表可选楼层的 int 值应该在 1 到 100 之间。我们在下面给出了一个使用该类的电梯模拟程序，以及它在你电脑屏幕上所显示的输出样例，希望这些能让你对这个问题有一个直观的概念：

```
#include "Elevator.h" // For class Elevator
int main() {
  Elevator aLift(1);   // Construct an Elevator object aLift
  aLift.select(5);
  aLift.select(3);
  return 0;
}
```

程序输出

```
start on floor 1
going up to 2
going up to 3
going up to 4
going up to 5
open at 5
going down to 4
going down to 3
open at 3
```

第 9 章 文件流

前章回顾

到目前为止，我们已经掌握了顺序操作、选择操作和重复操作这 3 种主要的程序控制结构。在上一章中，我们详细介绍了两种执行重复操作的模式。当重复操作的执行次数可以预知时，你应该采用确定性循环模式。除此之外，更常见的还是不确定性循环模式。正因为如此，while 循环已经成为大多数编程语言的一部分。

本章提要

在第 9 章中，我们主要将为你介绍两个来自 C++标准库中的类：首先是用于从外部某磁盘文件中获取输入的 ifstream 类，然后是用于将程序输出保存到磁盘文件的 ofstream 类。其中，对于来自磁盘文件输入的处理操作也是不确定性循环模式的经典示例。总而言之，我们希望在学习完本章后，你将能够：

- 掌握如何使用 ifstream 对象来执行磁盘文件的输入。
- 掌握如何使用 ofstream 对象来执行磁盘文件的输出。

9.1 ifstream 对象

考虑到键盘输入是一个相当常用的操作，标准库在<iostream>文件中提供了 cin 对象，以便我们可以立即使用。cin 对象会自动初始化并完成与键盘的关联，但程序还可以有许多别的输入源，比如鼠标、磁盘文件或图形输入板。接下来，我们要讨论的 ifstream 对象就是负责从磁盘文件读取数据的。

ifstream（输入文件流）类的声明被包含在 fstream 文件中，所以我们在要执行从磁盘文件的输入操作时务必要在程序中加入以下编译器指令：

```
#include <fstream>   // For the ifstream class
```

ifstream 类的定义与 istream 类基本相同。例如，我们熟悉的提取运算符>>也可以用来将存储在磁盘上的文件数据输入程序。那些适用于键盘输入的 int、double 和 string 规则也同样适用于文件输入。

通常情况下，ifstream 对象在构造时都要通过相关文件的名称建立与该文件的关联。

通用格式 9.1：用现有文件初始化 ifstream 对象

```
ifstream object-name ("file-name");
```

在这里，*file-name* 应该是一个现有磁盘文件的名称。如果找不到该文件，ifstream 对象的初始化就会失败，所有试图用该对象进行输入的操作也都会失败。所以我们完成初始化之后应立即检查 ifstream 对象的状态，以确定它是否找到了相关文件。

9.1 ifstream 对象

在下面的示例中,我们将名为 inFile 的对象与名为 "input.data" 的操作系统文件关联起来。

```
ifstream inFile("input.data");   // Construct an ifstream object
```

在接下来的代码中,我们就要从 input.data 文件中读取输入数据了,这会就不是从键盘读取了。

```
inFile >> intObject;
```

下面,我们用一段程序来示范一下如何用 ifstream 对象从磁盘文件中读取 3 个整数。希望你能注意到执行键盘输入的程序与下面这段程序之间所存在的差异,比如:

- 之前程序读取键盘输入时使用的是 istream 对象 cin,而现在读取文件输入用的是一个 ifstream 对象 inFile。
- 之前的 cin 对象是自动构造的,而这回我们必须在程序中自己构造一个 ifstream 对象,并将其关联到一个现有的磁盘文件名上。
- 现在不需要再进行提示了,虽然这两个对象从输入中读取整数并将其存到 int 对象中的操作使用的是相同的>>运算符,但是文件输入是不需要程序提示它输入下一个的。

```cpp
// Include fstream for I/O streams dealing with disk files

#include <fstream>    // For the ifstream class
#include <iostream>   // For cout
using namespace std;

int main() {
  int n1, n2, n3;

  // Initialize an ifstream object so inFile is an input stream
  // associated with the operating system file named input.data
  ifstream inFile("input.data");

  // Extract three integers from the file input.data
  inFile >> n1 >> n2 >> n3;
  cout << "n1: " << n1 << endl;
  cout << "n2: " << n2 << endl;
  cout << "n3: " << n3 << endl;

  return 0;
}
```

假设 input.data 文件中存储的是下面 3 个整数:

    70   80   90

该程序产生的输出应该如下:

```
n1: 70
n2: 80
n3: 90
```

如果 input.data 文件中存储的是下面 3 个整数:

    -45   77   23

那么该程序产生的输出应该是:

```
n1: -45
n2: 77
n3: 23
```

文件输入的工作方式与键盘输入是一样的，包含了空格符和换行符。这种情况适用于我们目前为止看到的所有数据类型：string、int 和 double。如果程序试图读取 double 对象时从文件中读到的是整数，就会将 int 提升为 double。这两种输入对象的区别是：在使用 ifstream 对象时，我们是不需要读键盘输入执行流提取操作的，程序一旦开始运行就会自动从磁盘文件中读取数据，无须用户输入。

自测题

9-1. 请编写一个完整的程序，用来读取一个名为 student.data 的文件，从中输入 30 个字符串，并将这些字符串输出到屏幕上。在这里，请务必记得在程序中加入#include <fstream>指令。

获取正确的路径

如果程序所需的输入文件并没有存储在当前工作目录中，我们就需要用操作系统路径将其定位出来。在 Windows 系统中，由于它所用的路径分隔符是\，因此我们需要用相应的转义字符\\（双斜杠）编写完整的路径名。我们所用的文件名可能最终会是这样：

```
ifstream inFile( "c:\\mystuff\\input.data" );
```

这里的\\其实只代表一个反斜杠，如果你像下面这样，将\\省略成了\，将会导致该文件基本不可能被找到：

```
ifstream inFile( "c:\mystuff\input.data" ); // Need \\, not \
```

这个问题在 UNIX 系统中就不存在了，因为它所用的路径分隔符是/，这个字符是可以按原样使用的：

```
ifstream inFile("myC++Stuff/input.data");
```

下面再来考虑一下如果找不到文件会发生什么状况。状况就是 inFile >>这样的输入操作会无法执行。如果你发现自己无法从输入文件中提取到相关的输入或者提取到的都是些垃圾值，很大的可能就是你指定的文件并不存在，可能是该文件有不同的名称，也可能是它存在于不同的目录中，或者可能是你在 DOS 或 Windows 系统中使用了\而不是\\，甚至有可能是你的磁盘坏了，等等。

对此，我们可以用下面这种替代性选择动作来通知用户，他们指定的文件没有被找到：

```
if( ! inFile ) {
  // If true, the input file was not found.
  cout << "Failed to find the file." << endl;
}
else {
  // Process file input data
  // . . .
}
```

9.2 将确定性循环模式应用于磁盘文件

在上一章介绍重复操作时，我们曾经演示过如果通过未知次数的键盘输入来实现岗哨型循环的方法。相同的工作逻辑也可以用**文件结束事件**来实现。当然，对于文件结束事件（end-of-file event），需要你对自己使用的操作系统有一些了解。在 Windows 中，用键盘触发文件结束事件的组合键是 Ctrl+Z（^Z），而在 UNIX 中则是 Ctrl+D（^D）。

当程序在输入流中遇到文件结束事件时，相关的输入语句（比如 cin >>）就会返回 false（其实是数字 0）。这再次证明了 cin 语句即使在输入次数不确定的情况下也可以被用作循环的循环测试。

每次当 cin 语句返回 true 时，它就会被当作有效输入来处理。而当用户输入代表文件结束符的组合键时（在 DOS 中是 Ctrl+C，在 UNIX 中是 Ctrl+D），cin 的状态就会变成 false，这时循环就会终止。

下面这段程序的循环就是在用户输入文件结束符时终止的。该循环测试（cin >> x）在遇到了文件结束符时返回了 false。

```
while(cin >> x) { // Input value at start of each iteration
    // Process value
}
```

程序会话

```
Enter doubles, Ctrl-D, Ctrl-Z, or Command-Period to quit
1 3 4 ^D
Average: 2.66667
```

警告：文件结束符会设置输入流本身的状态，让后续的键盘输入都被忽略，所以我们事后还需要针对这种情况执行一些额外的操作。

自测题

9-2. 在上述程序中，如果用户一开始就输入了文件结束符，该程序会产生什么输出？

9.2.1 让处理过程终止于文件结束符

我们也可以用文件结束事件来终止完成所有数据处理的文件读取操作，而无须事先确定该文件中的数据量。在下面这个程序中，我们会为你演示如何让不确定性循环在 inFile 中没有更多数据（在该文件对象中检测到了文件结束符）时中断循环的执行。

```
// Count how many numbers are in a disk file. The ifstream object
// named is used as the input stream, not cin.

#include <fstream> // For the ifstream class
#include <iostream>
using namespace std;

int main() {
```

```
  ifstream inFile("numbers.data");
  double x = 0.0; // Store file inputs here temporarily
  int n = 0;

  if( ! inFile ) {
    // If true, the input file was not found
    cout << "Failed to find the file numbers.data" << endl;
  }
  else {
    cout << "The file was successfully constructed" << endl;
    while( inFile >> x ) {
      n++; // Track the number of loops
      cout << "iteration #" << n << ": " << x << endl;
    }
    cout << "End of file reached. " << n << " numbers found." << endl;
  }
  return 0;
}
```

为了具体显示该循环的操作过程，我们在这里只让其重复操作部分显示其成功提取的数字。所以当其输入文件 input.data 中包含的是以下 4 个数字时，其输出如下：

```
0.001  9
    8.0

   1.5
```

程序输出

```
The file was successfully constructed
iteration #1: 0.001
iteration #2: 9
iteration #3: 8
iteration #4: 1.5
End of file reached. 4 numbers found.
```

自测题

9-3. 请预测上述程序在遇到以下情况时产生的输出：

a. 文件 numbers.data 不存在。
b. 文件 numbers.data 中包含了一个数字。
c. 文件 numbers.data 中有 0 个数字（文件为空）。

9-4. 假设文件 input.data 中存储的是下列各组数据，请写出下面程序会各自产生什么输出？（**提示**：如果 inFile >> intObject 操作在执行过程中在文件流中遇到了无效数字，这样的输入就不需要逐行输出了。）

a. 1 2 3   c. 1 2 3 BAD
b. 1 2 3 4 5   d. 1.5 2.6 3.7

```
#include <fstream>      // For the ifstream class
#include <iostream>     // For cout
using namespace std;
int main() {
  ifstream inFile("input.data");
  int sum = 0;
  int intObject;
```

```
while(inFile >> intObject) {
   sum += intObject;
}
cout << sum << endl;
return 0;
}
```

9.2.2 让用户选择文件名

在某些情况下,我们也应该要允许用户在程序运行时输入他们要读取的文件名。在这种情况下,我们应该将文件名当作 string 对象来读取,但问题是 string 对象本身并不能用来初始化 ifstream 对象。

```
string fileName;
cout << "Enter file name: ";
cin >> fileName;
ifstream inFile(fileName);
// ERROR: ifstream::ifstream(string) not found
```

因为 ifstream 构造函数需要的是 string 对象的字符部分,所以我们可以调用 string::c_str 来返回 string 对象的字符部分,比如:

```
ifstream inFile( fileName.c_str() );
```

9.3 使用不确定性循环处理更复杂的磁盘文件输入

我们通常都会用不确定性循环模式来处理存储在文件中的数据,这些数据可能会相当复杂。为了处理好这些数据,程序员必须要了解这些数据的格式或者甚至能指定它们的格式。另外,输入集中甚至还包含了不同类型的数据,并且分布在两行以上的不同地方,这些都是他们可能要面对的情况。

在本节接下来要介绍的示例中,我们将会看到一种输入文件,该文件的每一行都存储了与某一名员工相关的所有数据。该文件的处理算法是:逐行输入文件中的数据,并对其进行处理,直到文件中没有更多数据可读取为止。该过程的终止条件就是程序遇到文件结束符。所以,该处理循环的测试部分应该如下:

```
while (there is data in the input stream)
   process the newly read data
```

这个不确定性循环可以在无需键盘输入的干预下处理次数不确定的数据输入,其循环终止条件是文件结束事件,所以它的迭代次数只取决于文件的大小。无论目标文件中有 0 个、1 个、2 个还是多个员工,让这个循环有效处理所有员工数据的代码是很容易编写的。例如,假设文件 employee.data 中包含了以下数据:

```
12.00    1 S Milan Archer
12.44    2 M Lennon Arrowsmith
11.11    3 M Oakley Baxter
10.00    0 S Charlie Bond
```

只要我们能正确构造出一个处理以上 4 个员工数据的循环，就能用相同的代码来处理不同大小的文件（不同数量的员工）。这显然要比在需要事先确定迭代次数的确定性循环方案方便得多。

在下面这个程序中，我们实现了一个以文件结束事件作为终止条件的循环。在其执行循环测试的过程中，我们会从 inFile 所引用的 ifstream 对象中读取到构造一个 Employee 对象（员工类对象）所需的所有项数据。

```
while(inFile >> hourlyRate >> exemptions >> maritalStatus >> firstName >> lastName)
{
    // process the data
}
```

只要文件中有足够的数据可供读取（并且格式正确），上述 while 循环就会持续执行其重复部分的操作。在进入这部分的语句块之后，我们要做的就是构建一个新的 Employee 对象，让其读取从文件中输入的数据。

```
Employee anEmp(name, hourlyRate, maritalStatus, exemptions);
```

对于文件中的每个员工，在设置完其本周工作时数之后，我们就会分别发送 getGrossPay() 消息给这些员工。

```cpp
// This program reads data from an input file to construct Employee objects,
// set the hours worked for the week, and show the gross pay for each.
#include <iostream>
#include <fstream>      // For the ifstream class
using namespace std;
#include "Employee.h"   // For the Employee class

int main() {
    string firstName, lastName;
    double hourlyRate, hoursThisWeek;
    int exemptions;
    string maritalStatus;

    // Initialize an input stream with a disk file as the source
    ifstream inFile("employee.data");
    if (!inFile) {
        // Show error if the file "payroll.data" is not found on the disk
        cout << "**Error opening file 'employee.data'" << endl;
    }
    else {
        // Process data until end of file
        while (inFile >> hourlyRate >> exemptions >> maritalStatus
                      >> firstName >> lastName) {
            string name (lastName + ", " + firstName);
            cout << "Hours worked for " << name << "? ";
            cin >> hoursThisWeek;
            Employee anEmp(name, hourlyRate, maritalStatus, exemptions);
            anEmp.setHoursWorked(hoursThisWeek);
            // Print the gross pay in a minimum of 3 spaces with 2 decimals places
            // with a preceding $ and a new line '\n' after the gross pay.
            printf("$%3.2f \n", anEmp.getGrossPay());
        }
    }
    return 0;
```

}

程序输出

```
Hours worked for Archer, Milan? 40
$480.00
Hours worked for Arrowsmith, Lennon? 30
373.20
Hours worked for Baxter, Oakley? 0
$0.00
Hours worked for Bond, Charlie? 42
$430.00
```

请注意，这里输出的只有 4 名员工。如果磁盘文件中存储的员工数量与这里不同，其生成报告的大小自然就会不一样，不需要我们去修改程序或实现确定员工的数量。而这正是使用不确定性循环的好处。

自测题

9-5. 如果上述程序的输入文件在最后一行中遗漏了一个 S，请问会发生什么状况？

```
12.00   1 S Milan Archer
12.44   2 M Lennon Arrowsmith
11.11   3 M Oakley Baxter
10.00   0   Charlie Bond
```

9-6. 如果上述程序的输入文件在最后一行中遗漏了一个 0，请问会发生什么状况？

```
12.00   1 S Milan Archer
12.44   2 M Lennon Arrowsmith
11.11   3 M Oakley Baxter
10.00     S Charlie Bond
```

9.3.1 数字与字符串的混合

上面的自测题为我们点出了一个问题，就是在输入中同时包含数字、字符和字符串的时候，只要有一行的输入不正确，可能就会导致整个程序失败或让其产生错误的输出。比如，对于下面这个错误的输入：

```
12.00   S 1 Milan Archer
```

当我们用下面的循环读取输入并执行相关操作时：

```
while(inFile >> hourlyRate >> exemptions >>
  maritalStatus >> firstName >> lastName)
```

在该循环执行的第一轮迭代中，当它尝试读取整数而遇到的却是 S 时，输入流的操作就会失败，循环也会随之终止。这样一来，循环内部就不会有任何对象被构造出来。这一切都是由于文件中的数据被放错了地方。所以，如果我们在读取文件数据时遇到了问题，就应该去确认一下输入语句是否为其要输入的数据设置了正确的对象。

9.3.2 getline 函数

上述示例之所以能运作，是因为该程序假设目标文件的每一行末尾都会有两个 string 类型的数据。同样重要的是，该程序所读取的文件确实在每一行末尾有两个 string 类型的数据。接下来我们要考虑的是，如果该程序无法假设这两个 string 数据，那情况又会怎么样呢？例如，某些员工的名字中可能会有一个中间名的首字母，有些人没有这样的字母，有些人甚至可能还有两个中间名，这意味着他们的名字是 4 个不同的字符串，这时候应该怎么办呢？

```
12.00   1 S Milan J. Archer
12.44   2 M Lennon Arrowsmith
11.11   3 M Oakley S. T. Baxter
10.00   0 S Charlie Bond
```

由于上述程序在读取文件时，其设定的每一行结尾都是一个名字加一个姓氏，所以现在我们要换一种方式来读取每行结尾处的字符串输入。这个替代方案就是 string 库中一个名为 getline 的函数。

下面是 getline 函数的简化版函数头信息，请注意，其两个形参声明中都包含了 &，因此该函数会修改其调用方传递给它的实参。

```
istream & getline(istream & is, string & str, char sentinel = '\n')
// post: Extracts string input from is (with blanks) until the end
//       of line has been encountered
```

该函数对于读取姓名、地址之类的内容是非常有用的。getline 这个非成员函数会从输入流中读取所有的数据，直到它遇到文件结束符或换行符\n 为止。这意味着平常用来分割字符串的空格符也会成为该函数读取到的大字符串的一部分。

getline 函数的第一个实参应该是一个任意的输入流对象（既可以是 cin 也可以是 inFile）；第二个实参则是要让 getline 函数修改的字符串，作用是存储该函数在遇到换行符\n 之前读取到的所有字符，可以是任意的 string 对象；第三个实参是一个可选参数，如果我们选择省略它，就意味着其读取到的字符串以换行符\n 结尾。

第三个实参也是本书中关于**默认实参**（default argument）的第一个示例。通过在形参列表中将\n 赋值给 sentinel，我们就可以只用两个实参来调用 getline 函数了。因为在这种情况下，该函数的第三个形参会自动被赋值为=右边的表达式值，我们称该值为默认实参。换句话说，这种形参声明可以让下面两个对 getline 函数的调用完全等效：

```
string fullName;
getline(inFile, fullName, '\n');
getline(inFile, fullName);
```

当然，在另一方面，我们也可以利用传递给该函数的第三个实参来指定自己所希望的岗哨字符。所以，如果我们希望让该函数从键盘输入中读取一个完整的句子，就可以这样：

```
string sentence;
cout << "Enter a sentence ended with a period <'.'>: " << endl;
getline(cin, sentence, '.');
// assert: sentence has all characters up to, but not including
//         '.'. The '.' is pulled out of input stream (discarded).
```

getline 函数的返回值也是一个输入流对象的引用。除非该函数读取到了文件结束符或其自身设定的岗哨值，否则它的返回值就会始终为 true。这意味着我们也可以将 getline 函数的调用写到循环测试部分中。下面这段程序就为我们演示了如何用 getline 函数来读取任意输入文件中的所有行。在这里，我们使用的输入文件是程序本身的代码，因此它应该有

17 行。

```
#include <iostream>        // 1 File name: getline.cpp
#include <fstream>         // 2
#include <string>          // 3
using namespace std;       // 4
                           // 5
int main() {               // 6
  string aLine;            // 7
  ifstream inFile("getline.cpp");
  int lineCount = 0;       // 9
                           // 10
  while(getline(inFile, aLine)) {
    lineCount++;           // 12
  }                        // 13
                           // 14
  cout << "Lines in getline.cpp: " << lineCount << endl;
  return 0;                // 16
}                          // 17
```

程序输出

```
Lines in getline.cpp: 17
```

自测题

9-7. 当用户下面的程序提示后输入下列各行内容时，请问 street 的值分别是什么？

a. 1313 Mockingbird Lane.

b. 1214 Chestnut Drive.

```
#include <iostream>        // For cout
#include <string>          // For getline and string
using namespace std;
int main() {
  string street;
  cout << "Enter street address, end with a period <.> " << endl;
  getline(cin, street, '.');
  cout << street;
  return 0;
}
```

现在，让我们回头来解决一下那个姓名中包含一两个空格，甚至任意多个空格的问题。我们可以把之前用来解决工资支付问题的 while 循环修改成可以接受任意数量名字的版本。

```
string fullName;
// Process data until end of file
while (inFile >> hourlyRate >> exemptions >> maritalStatus
  && (getline(inFile, fullName))) {
  // Extract first blank character in fullName
  fullName = fullName.substr(1, fullName.length() - 1);
  cout << "Hours worked for " << fullName << "? ";
  cin >> hoursThisWeek;
  Employee anEmp(fullName, hourlyRate, maritalStatus, exemptions);
  anEmp.setHoursWorked(hoursThisWeek);
```

```
    // Print the gross pay in a minimum of 3 spaces with 2 decimals places
    // with a $ and a new line '\n' after the gross pay.
    printf("$%3.2f \n", anEmp.getGrossPay());
}
```

9.4　ofstream 对象

在这一节中，我们要来介绍一下如何将程序输出的内容存储到更永久的磁盘文件中，这就需要用到 ofstream 类（输出文件流）。和 ifstream 类是 istream 类的特化版本一样，ofstream 类也是 ostream 类的特化版本。因此，只要是可以对 cout 对象执行的操作和发送的消息，也都适用于 ofstream 对象。

```
#include <iostream>           // For cout
#include <ofstream>           // For the ofstream class
using namespace std;
int main() {
  ofstream outFile("out.data");
  outFile << "This string goes to a disk, not the screen" << endl;
  double x = 1.23;
  outFile << x << endl;
  outFile.width(30);
  outFile << x << endl;
  cout << "This string goes to the screen" << endl;
  return 0;
}
```

程序输出（到 outFile 对象所关联的文件）

```
This string goes to a disk file, not the screen
1.23
1.23
                          1.23
```

程序输出（到屏幕）

```
This string goes to the screen
```

自测题

9-8. 下面这段代码输出到名为 out.data 的磁盘文件中的内容是什么？

```
ofstream out("out.data");
for(int j = 1; j <= 5; j++)
  cout << j << " ";
```

本章小结

- 由于 ifstream 对象可以与某一磁盘文件关联在一起，因此它能在无需人工干预的情况下快速地输入大量的数据。

- 我们可以用重载过的！操作符来检查目标文件是否已被正确打开输入通道。
- 我们可以在循环测试部分中使用输入操作符>>来执行对输入的读取，直至读完目标文件为止，并且可以是任意大小的文件。
- 我们可以像使用 cout 对象一样使用 ofstream 对象，唯一的区别是这会使内容输出到磁盘文件，而不是计算机屏幕。

练习题

1. ifstream 对象代表的是什么？
2. 请编写代码声明一个名为 inFile 的输入流对象，并将该对象关联到当前文件夹（目录）下一个名为 numbers.data 的文件上。
3. 构造一个 ifstream 对象需要#include 哪一个文件？
4. 请编写一个完整的 C++程序，在其中加入正确的#include 指令，然后利用循环结构计算出其目标文件中所包含的单词数量。在这里，单词是由空格符、制表符或换行符所分隔出来的字符集。例如，下面这段句子中应该包含了 14 个单词（请复习一下，字符串常量本来就是由空格符、制表符和换行符分隔出来的）：

```
Here's one
word, another,            and
 another.
         There are a total of 14 words here.
```

5. 请编写一个岗哨型的事件控制的循环，用它计算出名为 tests.data 文件中的优秀测试成绩的数量（成绩总数为 100）。

编程技巧

1. 请用 getline 函数来读取带空格符的字符串。有时候，总会出现几个字符串代表一次字符串输入的情况。比如在问别人姓名或地址，以及其他我们不知道要输入多少值的时候，就使用 getline 函数吧。

```
string address;
cout << "Enter your address: ";
getline(cin, address);
cout << "Address: " << address << endl;
```

程序会话

```
Enter your address: 1313 Mockingbird Lane, Washington D.C.
Address: 1313 Mockingbird Lane, Washington D.C.
```

2. 在同时使用 getline 函数和操作符>>时，请务必要仔细一些。尤其是将这两种操作同时作用于同一个输入流上的时候，更需要小心。首先，操作符>>会忽略空白字符，而 getline 函数则不会。更为糟糕的是，cin 的输入会停在换行符上，而接下来执行的 getline 函数会直接碰上换行符,它将读取不到任何有效内容。在这种情况下,我们就需要额外执行一次 getline 函数才能越过这一行的末尾。

3. 请为复杂数据的读取操作编写专门的测试驱动器。当我们用一个以文件结束事件为终止条件的循环读取复杂数据的时候,可能会遇到各种千奇百怪的情况。所以我们应该要考虑专门为其编写一个测试驱动器,其代码要从文件的第一行输入开始跟踪,并显示它们的内容。

4. 输入方式的混乱,也就是将 istream 对象的操作符>>和 getline 函数同时作用于同一个输入流上,有可能会导致难以检测的错误。除此之外,当输入流中包含整数、浮点数、字符以及字符串等各种类型的数据时,将输入语句写正确将是一件不太容易的事情。这不但要确保输入语句中的对象数量对得上,还要确保输入文件的内容也对得上才行。

编程项目

9A. 文件中的风速记录

请编写一段程序,用该程序读取风速记录的文件,从中找出最低值、最高值和平均值。在这里,文件中风速记录的数量是无法预知的。我们要求你先在当前工作目录中创建一个名为 wind.data 的文件,然后像下面这样用 ifstream 类的构造函数打开文件并进行输入:

```
ifstream inFile("wind.data");
```

该程序应该适用于所有只包含整数的文件,应该能针对任意数量的输入产生正确的结果。在这里,你可以用以下数据来充当 wind.dat 文件的内容来运行该程序,比对一下人工估算的结果是否与程序输出一致,以验证结果是否正确。

```
 2  6  1  2  5
 5  4  3 12 16
10 11 12 13 14
```

9B. 文件中的单词数

请编写一个 C++程序,该程序要能让用户输入其需要读取的文件名,然后计算出文件中的单词数量。请不要忘了,初始化 ifstream 对象时需要用到 string::c_str 方法。

```
cin >> fileName;
ifstream inFile(fileName.c_str());
```

9C. 工资支付报告(基于 7D. Employee 类项目)

在此项目中,我们要求你以 Employee 类为基础编写一个面向多名员工的工资支付程序。其要处理的输入数据被存储在外部文件中,格式如下:

```
 Sam Barker      40.0    15.00   2 S
```

```
Casey Baker      42.0    12.00   3 M
Joey Cook        30.5     9.99   1 S
Chris Glazer     40.0    11.57   1 M
```

然后，你要根据这些数据创建一份报告，并将其存到一个名为 payroll.report 的新文件中，这份报告的格式如下所示（当然，你要用正确的答案替换掉其中的？）。另外，这份报告还需要显示除薪资率之外，所有类别项目的总数值。（**注**：这里的所得税来自于 2015 年的雇主税务指南，该税率每年都会有所变化。）

输出到名为 payroll.report 的文件中：

```
Output file named payroll.report

   Pay    Hours    Gross    Income   SocSec    Medi      Net     Employee
  Rate    Worked     Pay       Tax      Tax   care       Pay       Name
  =====   =====   =======   ======   ======   ======   ========  =======
  15.00    40.0    600.00    51.43    37.20     8.70     502.67  Barker, Sam
  12.00    42.0       ?         ?        ?        ?         ?    Baker, Casey
   9.99    30.5       ?         ?        ?        ?         ?    Cook, Joey
  11.57    40.0       ?         ?        ?        ?         ?    Glazer, Chris
          ------  --------  ------   ------   -------  --------
  Totals  152.5   ??????.?? ????.??  ????.??  ????.??  ????.??
```

第 10 章 vector

前章回顾

到目前为止，我们所探讨的所有对象几乎都是一些特定的单一元素值（比如 double 或 int），或者是由两个以上不同类型元素组成的对象（比如 Employee 和 BankAccount）。

本章提要

为了完成一些更有趣的事情，我们通常会需要用到一整组数据。例如，我们可能需要一个学生列表、一个电话联系人列表、一个文本线程列表、一个不同在线商店的价格列表等。这些都需要我们将多个元素存储在同一个对象中，以便在后续编程中解决各种问题。因此在这一章中，我们将开始为你介绍其中最简单、最有用的一种：C++的 vector 类型。我们希望在完成本章的学习之后，你将掌握：

- 如何构造并使用 vector 存储一组任意类型的数据。
- 如何通过实现算法来处理一整组对象。
- 如何利用顺序搜索算法来找出指定元素在 vector 中的位置。
- 如何将 vector 对象传递给函数。
- 如何将 vector 中的元素按升序或降序排列，以及理解二分搜索算法的工作过程。

10.1 C++标准库中的 vector 类

vector 类构造的对象是一个存储对象的**集合**（collections）。所有的 vector 对象中容纳的都是**相同性质**（homogeneous）的元素，因为这些对象都是同一种类型元素的集合（数字集合或字符串集合）。例如，该对象可能是 int、double 或者 string 等任何一种标准类型的集合。除此之外，任何由程序员定义的类，只要它拥有默认构造函数，也都可以收纳在 vector 对象中。总而言之，我们可以拥有一个任何你能想象到的对象集合。下面我们来看初始化 vector 对象的两种通用格式：

通用格式 10.1: vector 对象的初始化

vector <*type*> *vector-name*(*capacity*);
或
vector <*type*> *vector-name*(*capacity*, *initial-value*);

在这里：

- *type* 用于指定要存储到 vector 中的对象的类型。
- *vector-name* 可以是任何一个有效的 C++标识符。
- *capacity* 应该是一个整数表达式，表示该 vector 中所能存储的最大元素数量。
- *initial-value* 是可选项，可以用来指定每个元素的初始值。如果我们只提供一个实参（*capacity*），该类的默认构造函数就会自行负责设置初始值（想必你还记得，我们之前在使用 double 和 int 时，它们的默认值都是一些垃圾值）。

下面我们来看几个 vector 对象初始化的具体示例：

```
vector <int> garbage(1000000);      // A million integers of unknown value
vector <double> x(100, 99.9);       // Store 100 numbers, all equal to 99.9
vector <string> names(20, "TBA");   // Store 20 strings, all equal to "TBA"
```

当然，想要使用 vector，我们还必须先加入 include <vector>这个指令。另外，如果我们同时加上了"using namespace std;"这个声明，就直接引用 vector，而无须每次都用 std::vector 了。

```
#include <vector>       // For the vector<type> class
using namespace std;
```

应该要提醒一下的是，接下来，我们所介绍的 vector 的语法和算法也同样适用于 C++原生数组，比如 int garbage[100]和 string names[20]。使用 vector 主要会让我们具有以下优势：

- vector 对象可以自行检测出无效索引，比如-1 这个索引值谁要访问的元素。
- vector 类有几个相当有用的成员函数，例如 resize(200)。
- vector 对象可以在构造阶段初始化其所有元素，而原生的 C++数组则通常需要我们写一个额外的 for 循环来完成相同的事。

10.1.1 访问集合中的个别元素

所有的 vector 对象都支持用索引值来访问其中的任意元素。vector 中的个别元素可以通过其对应的下标加一对方括号[ ]来直接访问。

通用格式 10.2：访问某个 vector 元素

vector-name[*integer-expression*]

在 C++中，vector 的下标区间是一个 0 到 *capacity* - 1 的整数区间。也就是说，当某个 vector 对象 x 中的各对象被定义成这样时：

```
vector <double> x(8, 0.0);
```

我们就可以用 0、1、2、3 一直到 7 的这些整数下标来引用它们，但 8 就不行了。比如，下面这两个赋值语句修改了该 vector 中前两个元素所存储的值：

```
// Assign new values to the first two elements of vector named x
x[0] = 2.6;
x[1] = 5.7;
```

由于 C++采用的是从 0 开始计数的索引方式，因此该 vector 中的第 1 个元素要用下标 0，或者说 x[0]来引用；第 5 个元素要用下标 4，或者说 x[4]来引用。这些下标可以用于显示 vector 中的各个元素、运用在表达式中以及用赋值或输入操作进行修改。事实上，我们可以对该 vector 中的这些元素做任何其相同类所支持的操作。

当然，我们所熟悉的赋值规则也同样适用于 vector 元素。例如，string 常量不能被赋值给 double 对象，同样的，string 常量也不能被存储到其元素值被声明为 int 类型的 vector 中。

```
x[2] = "Wrong type of constant";    // ERROR: x stores numbers
```

由于两个 double 类型的值是可以用+符号执行加法运算的，因此 vector 中的元素也一样可以下标的形式应用于算术运算表达式，比如：

```
x[2] = x[0] + x[1]; // Store 8.3
```

键盘输入也一样可以用来修改 vector 元素的状态，具体如下：

```
cout << "Enter two numbers: ";
cin >> x[3] >> x[4];
```

程序会话

```
Enter two numbers: 9.9 5.1
```

在这里，用户分别输入了 **9.9** 和 **5.1**，它们被分别存储在了该 vector 对象 x 的第 4、5 个元素中。加上之前我们对 x 前 3 个元素的赋值，目前 x 这个 vector 的状态应如下图所示：

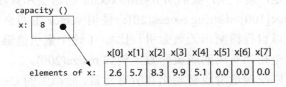

10.1.2 用确定的 for 循环来处理 vector

程序员经常会需要引用多个连续的 vector 元素。这其中最简单的用例就是一次性显示 vector 中所有有意义的元素了。C++的 for 循环为此提供了一种便利的方式。在下面的程序中，我们对 vector 执行了与上面相同的赋值操作。然后我们在最后加上了一段 for 循环，用来显示 vector 中前 n = 5 个元素。请注意，这时候 x[5]、x[6]和 x[7]还都是其原有的初始值 0.0。

```cpp
#include <iostream>
#include <vector>      // For the vector<type> class
using namespace std;

int main() {
  vector<double> x(8, 0.0);

  // Assign new values to the first two elements of vector named x
  x[0] = 2.6;
  x[1] = 5.7;
  x[2] = x[0] + x[1];    // Store 8.3

  cout << "Enter two numbers: ";
  cin >> x[3] >> x[4];

  int n = 5;
  // assert: n represents the number of meaningful elements

  // Display the meaningful elements of x--the first n elements
  cout << "\nThe first " << n << " elements of x: " << endl;
  for (int index = 0; index < n; index++) {
    cout << "x[" << index << "]: ";
    cout << x[index] << endl;
  }
}
```

```
    return 0;
}
```

程序会话

```
Enter two numbers: 9.9 5.1

The first 5 elements of x:
x[0]: 2.6
x[1]: 5.7
x[2]: 8.3
x[3]: 9.9
x[4]: 5.1
```

如你所见，x 的前 n 个元素用名为 index 的 int 变量来引用是很方便的。该变量既是 for 循环的计数器，也是我们在该 for 循环中所使用的下标（x[index]）。也就是说，index 变量（在上面这段代码中）充当了两个服务角色，毕竟 x[index]所引用的 vector 元素也要取决于 index 的值。例如，当 index = 0 时，x[index]所引用的就是 x 的第 1 个元素，当 index = 4 时，x[index]所引用的就是 x 的第 5 个元素了。

10.1.3 处理 vector 中的前 n 个元素

下面，我们再来看一个 for 循环示例，我们在该循环中比较了 vector 中前 n 个元素，并找出之前程序中 x 的最大浮点数。

```
// First set the largest as the first element . . .
double largest = x[0];

// . . . then compare all other vector elements x[1] through x[n-1]
for(int i = 1; i < n; i++) {
  if (x[i] > largest)
     largest = x[i];
}

// Display the largest
cout << "The largest element in vector x = " << largest;
```

程序输出

```
The largest element in vector x = 9.9
```

通常情况下，vector 中所存储的有意义的元素往往是要少于其整体容量的。因此，我们往往需要用一个对象来存储当前所关注的元素数量。在前面的代码中，n 的作用是限制被引用的元素，让程序只在前 5 个元素中寻找最大值。请想象一下，如果我们是要从整个 x 中寻找最大的数字，不再将搜索范围限制在前 n 个元素了，那么最大的可能就是我们得到的结果是 index 为 6、7、8 的某个垃圾值。

使用 for 循环这样的确定循环模式可以很方便地对 vector 进行处理，它可以对我们选定数量的 vector 元素进行检查、引用或者修改。其选定的元素数量（在这里就是 n）就是我们必须要处理的元素数。在这一章中，我们将介绍以下 vector 处理算法：

● 显示 vector 中的部分或所有元素。

- 找出 vector 中所有元素的总和值、平均值和最大值。
- 在 vector 中搜索特定的对象。
- 按特定的顺序排列元素（比如让 vector 中的元素按数字或 string 对象首字母从最小到最大的顺序排列）。

10.1.4　检查下标出界

标准 vector 类本身并不会检查下标是否在 0 到 capacity-1 的这个适当区间内。因此程序员必须得自己留意，不要使用超出初始化时指定区间之外的下标。如果我们在使用没有检查下标能力的标准 vector 类，下面这样的赋值很有可能会毁坏其他部分的某些内存数据，比如另一个对象的状态：

```
x[-2] = 4.5;   // Careful! These out-of-range subscripts are not
x[8]  = 7.8;   // guarded against and could crash your computer.
```

这样做既有可能会带来一些无伤大雅的错误，也可能会形成 bug，甚至导致系统崩溃。我们应该设法确保 vector 的所有下标都落在 0 到 capacity-1 的这个指定区间内。

如果不做这样的区间检查，一次下标出界的操作就会对其他区域的内存造成毁坏，这会产生非常难以检测的 bug。更糟糕的是，如果这样的代码在工作站上一直运行下去，我们可能会遇到某些因计算机内存受到影响的延时错误，但系统本身却可能在几周之内都不会崩溃。

下面，我们就来示范一个下标出界可能会产生的问题，请思考一下，在执行下面这个赋值操作之后，可能会发生哪些情况：

```
result = x[n];
```

这时候，存储在 x[n]处的值是在 vector 容量之外的，它是一些随机的垃圾值。在一个系统上，这条语句会产生如下输出：

```
// There is no warning or error with the statement
cout << "x[n]: " << x[n] << endl;
```

程序输出

```
x[n]: -33686019
```

当然，标准 vector 类也为我们提供了一个可以避免下标出界的成员函数 at。虽然这会让 result 看起来有些不一样，但该消息可以优雅地终止程序，不会再将一些随机值存储到 result 中了。

```
result = x.at(n); // Gracefully terminates the program. Good.
```

如果我们想确保自己的程序中不出现越界的索引，就应该使用 at(int)消息。这样一来，当程序遇到这种情况时就会提前终止执行，并显示一条错误信息告知原因。这至少比我们去修复那些难以定位的错误要好多了。下面，我们就具体来看一下使用 vector 类的 at 成员函数会发生什么情况：

```
#include <vector>   // For the vector<type> class
#include <iostream>
using namespace std;

int main() {
```

```
vector<double> x(8);

// Attempt to assign 100 to all elements of vector named x
for (int i = 1; i <= x.capacity(); i++) {
  x.at(i) = 100;
}

cout << "Program would terminated above with x[8]" << endl;

return 0;
}
```

程序提前终止时的输出（具体输出内容会因系统的不同而不同）：

```
libc++abi.dylib: terminating with uncaught exception
  of type std::out_of_range: vector
```

我们当然可以在以后的示例中都使用 vector::at，但是程序员使用下标的习惯由来已久，我们会看到许多地方使用的依然是方括号（[]），所以本教材也将继续使用下标这种形式。在你们自己开发程序时，可以随意采用消息的方式。

10.1.5 vector::capacity、vector::resize 与操作符=

C++标准库中的 vector 对象可以接收许多消息。每个 vector 对象都可以知道自己可以存储多少对象，也就是它的容量。另外，vector 还可以增加或减少自己的容量，也就是调整自身容量的大小。

在一个 vector 完成初始化之后，vector::capacity 消息可以返回该 vector 可以容纳的最大元素数。vector::resize 消息可以让 vector 根据它的单一实参值更改成新的容量值。当然，该函数有一个奇怪的设定，即当其实参值小于原有容量时，capacity 消息返回的是那个更大的容量值。例如，在下面的代码中你会看到，当程序因 at(55)这个调用终止执行并显示错误信息时，v2 的容量仍然是 100：

```
// Demonstrate capacity and resize
#include <vector>   // For the standard vector<type> class
#include <iostream>
using namespace std;

int main() {
  vector <int> v1; // v1 cannot store any elements with 0 capacity
  vector <int> v2(100, -1);

  cout << "v1 can store " << v1.capacity() << endl;
  cout << "v2 can store " << v2.capacity() << endl;

  v1.resize(22);
  cout << "v1 can now store " << v1.capacity() << endl;

  // Odd behavior when the argument is less than the current capacity.
  // at(55) shows you can not access past the smaller capacity.
  v2.at(55) = 123;
  cout << "v2.at(55): " << v2.at(55) << endl;
  v2.resize(55);
  cout << "v2 can now store " << v2.capacity() << endl;
```

```
    cout << "v2 has this -1s: " << v2.size() << endl;
    cout << "v2.at(55): " << v2.at(55) << endl;

    return 0;
}
```

程序输出

```
v1 can store 0
v2 can store 100
v1 can now store 22
v2.at(55): 123
v2 can now store 100
v2 this many meaningless -1s: 55
v2.at(55): libc++abi.dylib: terminating with uncaught exception of type
std::out_of_range: vector
```

如果我们将 vector 调整到了一个更大的容量，下标数较低的原有元素是不变的。如果是将 vector 的容量调小了，下标数较高的元素就会被丢失，发生截断现象。

vector 对象之间也是可以相互赋值的。操作符=左侧的 vector 将会成为其右侧的一个完整副本，并且左侧原有的 vector 对象将和其他位于操作符=左侧的对象一样被销毁。

```
// Demonstrate capacity and resize
#include <iostream>
#include <vector>    // For the vector<type> class
using namespace std;

int main() {
  vector <int> v1(3, -999);
  vector <int> v2;

  v2 = v1;
  // assert: v2 now stores 3 elements == -999
  for(int index = 0; index < v2.capacity(); index++) {
    cout.width(5);
    cout << v2[index];
  }

  return 0;
}
```

程序输出

```
 -999 -999 -999
```

自测题

请根据下面的初始化操作回答下列问题：

```
vector <int> x(100, 0);
```

10-1．x 中可以存储多少个整数？

10-2．引用 x 中的第一个元素的下标是哪一个整数？

10-3．引用 x 中的最后一个元素的下标是哪一个整数？

10-4．x[23]的值是多少？

10-5. 请编写代码，将 78 这个数存入 x 的第一个元素。

10-6. 请编写代码，将 1 存入 x[99]、将 2 存入 x[98]、3 存入 x[97]，以此类推，一直到将 99 存入 x[1]、100 存入 x[0]。要求使用 for 循环。

10-7. 请编写代码，用单独的一行显示 x 中的所有元素。要求使用 for 循环。

10-8. 请问执行了 "x[-1] = 100;" 这条语句之后会发生什么情况？

10-9. 请列举 vector 的两个成员函数。

10-10. 请写出下面的程序预计会产生的输出：

```
#include <vector>      // For the standard vector<type> class
#include <iostream>
using namespace std;

int main() {
  int n = 5;
  vector <int> x(n, 0);
  for(int i = 0; i < n; i++) {
    x[i] = i;
  }

  x.resize(2 * n);

  // Show the first five elements are still in x
  for(int i = 0; i < n; i++) {
    cout.width(5);
    cout << x[i];
  }
  cout << endl;

  for(int i = 0; i < x.capacity(); i++) {
    cout.width(5);
    cout << x[i];
  }
  cout << endl;
  return 0;
}
```

10.2 顺序搜索

我们会使用 vector 对象的主要原因之一就是为了将各个元素存储到计算机的快速存储器（fast memory），在那里这些元素将会被频繁地访问。这通常意味着我们要对存在于集合中的元素进行搜索，因此搜索也应该属于常见的 vector 处理操作。搜索操作的示例包括但并不仅仅是在注册方数据库中搜索学生的名字、查找库存货物的价格或者获取银行某账户的信息。对于这类在 vector 中查找某元素的算法，我们通常称为**顺序搜索**（sequential search）。

顺序搜索算法会试图通过比较 vector 中的每个对象来定位被知道的搜索项。该算法会按照一个接着一个的形式（顺序）来进行搜索，只要搜索目标尚未找到或 vector 中还有剩下的元素没有被比较，顺序搜索就会继续下去。

下面，我们来看一下顺序搜索算法在 string 对象 vector 环境下的应用。虽然我们这次要搜索的元素是一个人名，但是被搜索的 vector 中也可以是其他各种类型的对象，比如数字、学生或员工等，只要这些类型的对象可以用操作符==来进行比较即可。

```
// Initialize and show the first n elements of vector named name
#include <iostream>
#include <string>
#include <vector>   // For the standard vector<type> class
using namespace std;

// This free function uses the sequential search algorithm to return
// the index of searchName in the vector or -1 if searchName is not found.
int indexOf(string searchName, const vector<string> & names, int n) {
  // Just show the vector elements for now
  for (int i = 0; i < n; i++) {
    if (searchName == names[i])
      return i;
  }
  // searchName not found
  return -1;
}
int main() {
  vector<string> myFriends(10);

  int n = 5; // Set the number of meaningful elements to be searched

  myFriends[0] = "Sage";
  myFriends[1] = "Harley";
  myFriends[2] = "Peyton";
  myFriends[3] = "Quinn";
  myFriends[4] = "Taylor";

  cout << "Sage is at index " << indexOf("Sage", myFriends, n) << endl;
  cout << "Peyton is at index " << indexOf("Peyton", myFriends, n) << endl;
  cout << "Taylor is at index " << indexOf("Taylor", myFriends, n) << endl;

  if(indexOf("Not Here", myFriends, n) == -1) {
    cout << "Not Here was not found" << endl;
  }

  return 0;
}
```

程序输出

```
Sage is at index 0
Peyton is at index 2
Taylor is at index 4
Not Here was not found
```

自测题

10-11．如果 searchName 不存在于 names 所引用的 vector 中，该函数返回的是什么值？

10-12．当 searchName 与 myFriends[0]匹配时，该函数共执行了几次比较操作（搜索循环的迭代次数）？

10-13. 当 searchName 与 myFriends[n-1]匹配时，该函数共执行了几次比较操作（搜索循环的迭代次数）？

10-14. 当 searchName 与 myFriends[3]匹配时，该函数共执行了几次比较操作？

10-15. 当 searchName 不存在于 myFriends 时，该函数共执行了几次比较操作？

10-16. 当 vector 中没有有用数据时，即 n == 0，顺序搜索需要执行几次比较操作？

10.3 发送消息给 vector 中的各对象

我们也可以利用下标来向各个元素发送消息。具体做法就是用 vector 的名称加上我们要发送消息的那个 vector 元素的**下标**。下标的作用就是区别我们要执行相关操作的对象。例如，如果我们想获取 myFriends[0]这个字符串"Sage"的长度，就得使用以下表达式：

```
myFriends [0].length(); // The length of the first name in the vector
```

请注意，这里的表达式不能错写成 myFriends.length()，因为这样的话，我们所要计算的就是整个 vector 的长度了。而 length 是 string 定义的函数，它不属于 vector 类（尽管后者定义了 vector::resize 和 vector::capacity 这两个函数）。

```
account[0] = BankAccount ("Baker", 0.00);
```

接下来，我们再来看看应该如何确定某个 BankAccounts 类的 vector 中所有 BankAccounts 对象的总资产。在下面的程序中，我们会先建立一个包含 4 个 BankAccounts 对象的小型数据库。在此过程中，我们需要用"account[0] = BankAccount ("Baker", 0.00);"这样的语句先构建一个账户名为"Baker"、账户余额为 0.00 的 BankAccounts 对象，并将其赋给 vector 的第一个元素 account[0]。

```cpp
// Illustrates a vector of programmer-defined objects
#include <iostream>
#include <vector>        // For the vector<type> class
using namespace std;
#include "BankAccount.h"   // For the BankAccount class

int main() {
  vector<BankAccount> account(100);

  // Initialize the first n elements of account
  int n = 4;
  account[0] = BankAccount("Baker", 0.00);
  account[1] = BankAccount("Cook", 100.00);
  account[2] = BankAccount("Cartright", 200.00);
  account[3] = BankAccount("FensterMacher", 300.00);
  // assert: The first n elements of account are initialized

  double assets = 0.0;
  // Accumulate balance of n BankAccount objects stored in account
  for (int i = 0; i < n; i++) {
    assets += account[i].getBalance();
  }

  cout << "Assets: " << assets << endl;
```

```
    return 0;
}
```

程序输出

Assets: 600

自测题

10-17. 请写出下面程序预计会产生的输出：

```cpp
#include <iostream>
#include <vector> // For the vector<type> class
#include <string> // For the string class
using namespace std;

int main() {
    vector<string> s(10);
    // Initialize the first 4 elements of account
    s[0] = "First";
    s[1] = "Second";
    s[2] = "Third";
    s[3] = "Fourth";
    int n = 4;

    for (int i = 0; i < n; i++) {
        cout << s[i].substr(1, s[i].length() - 2) << "    ";
    }
    return 0;
}
```

用文件输入的方式初始化 vector

在之前的一些程序中，对象的 vector 都是通过若干条赋值语句来初始化的。除此之外，vector 也可以用文件输入的方式来初始化。为了演示这种方式，我们先来假设现在手里有一个名为 bank.data 的文件，将被用作输入数据，下面是其中的 12 行，代表了 12 个账户的数据：

```
Cust0         0.00
AnyName       111.11
Alex          222.22
Andy          333.33
Ash           444.44
Cust5         555.55
. . . 此处省略了 5 行数据 . . .
Cust11        1111.11
```

如果 vector 在声明时指定了最大容量（比如 20），那么第一个 BankAccount 对象就可以像下面这样直接存储到 account[0]中：

```cpp
vector <BankAccount> account(20);
//     assert: account could store 20 default BankAccount objects
```

除此之外，我们还需要设置一个名为 numberOfAccounts[1]的对象，并将其初始化为 0：

---

[1] 译者注：该对象用于记录 vector 中所存储的账户数量。

```
int numberOfAccounts = 0;
```

然后，我们就可以按照以下步骤一次初始化该 BankAccount 对象 vector 中的一个账户：
1. 每行输入两项数据——账户名和账户余额。
2. 构造一个 BankAccount 对象并将其存储到 vector 的下一个可用位置上。
3. 将账户数加 1。

在这里，vector::capacity 函数也将会被用来防止我们所使用的下标超出 0 到 19 的账户数量边界。

另外，在将 BankAccount 对象添加到 vector 中的下一个可用位置之前，以下 while 循环的测试表达式应该为 true。也就是说，如果文件中没有更多的数据了，(inFile >> name >> balance)就会为 false，循环会因此而被终止。如果文件中还有更多的数据，但是 vector 中没有更多的空间了，numberOfAccounts < account.capacity())就会为 false，循环也会因这个不同的原因（没有更多空间）而被终止。

```
while ((inFile >> name >> balance) &&
       (numberOfAccounts < account.capacity())) {
    account[numberOfAccounts] = BankAccount(name, balance);
    numberOfAccounts++;
}
```

当 vector 中还有空间可以容纳下一个元素，并且文件中还有更多数据时，循环体部分才会被执行。在该循环体中，会有两个对象（name 和 balance）被传递给 BankAccount 的构造函数，并构造出一个 BankAccount 对象。该对象会被存储到 vector 中连续到目前的下一个元素上。在该循环第一次迭代时，上述初始化和赋值操作都必须在 numberOfAccounts 由 0 递增为 1 之前执行。

这样一来，numberOfAccounts 就准确记录下了程序目前所处理的账户数量，并且第一个 BankAccount 对象也被存储到 account[0]中了。在每一轮迭代过程中，numberOfAccounts 的作用不仅仅是记录 vector 中当前有意义的账户总数，同时也表示着下一个可用的 vector 下标。毕竟，在循环读到文件末尾时，numberOfAccounts 中当下的值始终比最后被存储 vector 中的那个账户的下标大 1。

下面，我们来看一下上述整个处理过程的完整实现，这实际就等于创建了一个小型的银行客户数据库：

```
// Initialize a vector of BankAccount objects through file input
#include <vector>       // For the vector<type> class
#include <fstream>      // For the ifstream class
#include <iostream>     // For cout and endl
#include <string>       // For the string class
using namespace std;
#include "BankAccount.h" // For the BankAccount class

int main() {
    string fileName = "bank.data";
    ifstream inFile(fileName.c_str());

    if (!inFile) {
        cout << "**Error** " << fileName << " was not found" << endl;
    }
```

```cpp
    else {
      vector<BankAccount> account(20);
      string name;
      double balance = 0.0;
      int numberOfAccounts = 0;

      while ((inFile >> name >> balance)
          && (numberOfAccounts < account.capacity())) {
        account[numberOfAccounts] = BankAccount(name, balance);
        numberOfAccounts++;
      }

      cout << "Number of accounts on file: " << numberOfAccounts << endl;
      cout << endl;
      cout << "The accounts" << endl;
      cout << "===========================" << endl;
      for (int index = 0; index < numberOfAccounts; index++) {
        cout.width(2);
        cout << index << ". ";
        cout << account[index].getName();
        cout.width(20 -   account[index].getName().length());
        cout << account[index].getBalance() << endl;
      }
    } // end else

    return 0;
}
```

输入文件bank.data		程序输出	
		Number of accounts on file: 12	
Cust0	0.00		
AnyName	111.11	The accounts	
Alex	222.22	===========================	
Andy	333.33	0. Cust0	0
Ash	444.44	1. AnyName	111.11
Cust5	555.55	2. Alex	222.22
Cust6	666.66	3. Andy	333.33
Cust7	777.77	4. Ash	444.44
Cust8	888.88	5. Cust5	555.55
Cust9	999.99	6. Cust6	666.66
Cust10	1010.10	7. Cust7	777.77
Cust11	1111.11	8. Cust8	888.88
		9. Cust9	999.99
		10. Cust10	1010.1
		11. Cust11	1111.11

自测题

10-18. 请编写两条赋值语句，再另外初始化两个 BankAccount 对象，并将其添加到 vector 中的下两个位置中。初始化使用的数据可任意发挥你的想象。

10-19. 如果输入文件的内容有 21 行，每行代表一个账户，而 account.capacity() 返回的是 20，请问会发生什么情况？

10-20. 请编写一段代码，用一个名为 int.dat 输入文件来初始化一个整数 vector，假设该输入文件中的整数绝不会超过 1000 个。

10-21. 在你的代码中，哪一个对象用来表示已被初始化的元素数量？

10-22. 请编写一段代码，验证一下前两个自测题所要求的 vector 得到了正确的初始化。

10.4 vector 的实参/形参关联

在某些时候，我们必须要以实参/形参关联的方式将一个 vector 对象传递给一个成员函数或非成员函数。为此，我们可能会在参数列表上用到不同的语法，但在声明 vector 形参的 3 种方式中，真正能用的也只有两种：

- 引用传递方式（主要用于函数必须要修改其关联的 vector 实参时）

return-type function-name(vector <*class*> & *vector-name*)

- const 引用传递方式（const 可在运行时确保代码的高效性和安全性）

return-type function-name(const vector <*class*> & *vector-name*)

vector 对象是不应该使用值传递形参来传递的。因为 vector 是一种会占用大量内存的对象，采用这种形参传递模式的效率是很低的。

```
void inefficient(vector <BankAccount> accounts, int n) {
  // VALUE parameter (should not be used with vectors). All elements
  // of acct are copied after allocating additional memory.
}
```

还记得吗？值传递这种形式会让函数分配内存，为其收到的值传递对象创建一个副本。这可能需要成千上万个字节的内存。程序可能会因为内存不足而被迫终止执行。除此之外，由于程序需要复制 vector 的每个字节，必然会导致其执行速度变慢。而且，使用 const 引用型形参可以获得与值传递相同的使用意义，但执行效率会更高一些。

总而言之，当函数需要修改其关联实参的内容时，我们应使用引用型形参（即使用&来声明的形参）来传递 vector 对象：

```
void initialize(vector <BankAccount> & accounts, int & n){
  // REFERENCE parameter (allows changes to argument)
  // Only a pointer to acct is copied
  // A change to acct here changes the argument in the caller
}
```

当函数需要接收一个 vector 对象，但不修改其关联实参的内容时，我们就应该选择使用 const 引用形参来传递该对象：

```
void display(const vector <BankAccount> & accounts, int & numberOfAccounts)
{
  // CONST REFERENCE parameter (for efficiency and safety)
  // Only a reference to the acct is copied (4 bytes)
  // A change to acct does NOT change the argument
}
```

在下面的程序中，我们以引用传递的方式将 vector 对象传递给了 initialize 函数，而被初始化完成的数组又回到了 main 函数中。具体而言就是，main 先将一个 double 类型的 vector 以引用传递的方式传递给了名为 initialize 的 void 函数，由于该函数的 vector 形参 x 和 numberOfAccounts 都用&声明成了引用型形参，initialize 函数中对 x 和 numberOfAccounts 所做的任何修改都会同时修改 main 函数中的实参 test 和 n。

```cpp
#include <vector>   // For the vector<type> class
#include <iostream>
using namespace std;

void initialize(vector<int> & x, int & numberOfAccounts) {// Two reference
  parameters
  // post: Initialize the first n elements of the argument
  numberOfAccounts = 5;
  x.resize(numberOfAccounts);
  x[0] = 75;
  x[1] = 88;
  x[2] = 67;
  x[3] = 92;
  x[4] = 51;
  // The arguments associated with x and n, test and n in main,
  // will also be modified.
}

void display(const vector<int> & x, int numberOfAccounts){  // Const reference
  // Display the vector with n meaningful values
  cout << "The vector: ";
  for (int i = 0; i < numberOfAccounts; i++) {
    cout.width(5);
    cout << x[i] << " ";
  }
  cout << endl;
}

int main() {
  vector<int> vec(10, 0);
  int n;

  // Initialize test and n
  initialize(vec, n);
  display(vec, n);

  return 0;
}
```

程序输出

```
The vector:    75   88   67   92   51
```

const 引用与形参

在上面的程序中，我们演示了如何将两个实参（test 和 n）以引用传递的方式传递给 initialize 函数。这种做法允许该函数修改这两个实参，并将其修改后的结果返回给 main 函数数。但是，有时候我们虽然需要将 vector 对象作为输入传递给某个函数，但并不希望它修改这个对象。在这种情况下，我们就应该采用 const 引用的形式来传递，就像之前 initialize 函数一样。选择这样做的一部分原因是效率（这样做可以让程序执行得更快），另一个考虑因素是这样做会有更高的内存利用率（被调用函数可以用更小的内存来存储该 vector）。如果使用值传递来传递 vector 对象，那么该函数至少需要分配与该实参一样多的内存。下面来举一个例子：

```
// A vector should not be passed by value like this
void display(vector <double> x, int n) {   // Value parameter
  // This function must obtain the memory necessary to store x when x
  // could have a large capacity of large objects
}
```

如你所见，如果传递给 void display 函数的 vector 实参有 100000 个元素，那么该函数就需要额外消耗 100000 个元素。除此之外，由于每个元素都要从客户端（该函数的调用方）复制到被调用函数中，这会是非常耗时的，在 vector 的容量很大或其元素个体很大甚至两者同时兼而有之时会尤为严重。这会让计算机做大量不必要的工作，最终导致程序执行速度缓慢，甚至因耗尽可用内存而终止。

我们可以用以下两种方法来提高程序在空间和时间上的效率（节省内存、运行提速）：

1. 使用引用传递来传递 vector——这种方法高效但不安全。
2. 使用 const 引用传递来传递 vector——这种方法高效且安全。

我们强烈推荐优先选择第二种方法，这种方法可以大量减少计算机程序的高质量。

除此之外，使用 const 也是一种避免出现 bug 的技术，它可以让计算机捕获所有试图修改常量对象的操作。例如，虽然 const 的对象仍然可以调用任何 const 成员函数（比如 vector::capacity），但是计算机会标记出所有向它发送的非 const 消息。例如：

```
// precondition: x.capacity() > 0
void display(const vector <int> & x, const int n) {
  cout << "\nThe vector's capacity is " << x.capacity() // <- Okay
  cout << x[0];     // <- OKAY to reference vector element
  x[0] = 123;       // <- ERROR caught during compilation
}
error: cannot assign to return value because function 'operator[]' returns a const value
```

所以，请尽量使用 const 引用来传递 vector 这种大型对象。

自测题

10-23. 我们经常会看到 int、double 这些类型的变量采用的是值传递的方式，为什么 vector 和 Grid 这些对象就应该使用 const 引用的方式来传递呢？

10-24. 如果 BankAccount 的平均大小是 57，而某 vector 中有 100000 个 BankAccount 元素，那么将该 vector 复制到以下函数中各需要多少额外的内存？请记住，引用传递只需要复制 4 个字节的内存：

 a. void one(vector<BankAccount> v1)
 b. void two(vector<BankAccount> & v1)
 c. void one(const vector<BankAccount> & v1)

10.5 排序

对于将 vector 中的元素按照升序或降序的方式排列起来的过程，我们称之为**排序**（sorting）。例如，如果我们要对一个存储测试成绩的 vector 执行排序，就是要将这些分数按照数值从最低到最高的顺序排列起来。如果我们要对一个 string 对象的 vector 执行排序，就是要将它们重新构建成一个按字母顺序排列的列表（A 要排在 B 之前，B 要排在 C 之前，以此类推）。总而言之，如果我们想要对某个 vector 执行排序，该 vector 的元素就必须要用 < 操作符来进行比较。如果一个对象可以小于另一个同类型的对象，那么该对象才能被认为是**可排序的**（sortable）。例如，85 < 79 和 "A" < "B" 都是有效表达式。

在下面的代码中，我们声明了一个名为 data 的 vector，并赋予了它一部分有意义的值，以便演示如何对一个整数类型的 vector 执行排序：

```
vector<int> data(10, 0);   // Store up to 10 integers
int n = 5;
data[0] = 76;
data[1] = 74;
data[2] = 100;
data[3] = 62;
data[4] = 89;
```

搜索算法多不胜举，为了方便说明，这里就暂时忽略那些效率更高（运行得更快）的算法，先介绍一下相对简单的选择排序（selection sort）算法。我们的目标是将上面的 vector 按升序排列，这也是整数的自然顺序。

对象名	未排序 vector	已排序 vector
data[0]	76.0	62.0
data[1]	91.0	76.0
data[2]	100.0	89.0
data[3]	62.0	91.0
data[4]	89.0	100.0

在使用了选择排序算法之后，vector 中最大的数必须位于 data[n-1]（这里的 n 是 vector 中有意义值的个数）中，最小的数则必须位于 data[0] 中。在通常情况下，对于一个 n 大小的 vector 对象 x，如果它在 i 从 0 到 n-2 的递增过程中始终能满足 x[i] <= x[i+1]，那么该 vector 就完成了排序。

选择排序算法会从寻找 vector 中最小的元素开始着手，从第一个元素（data[0]）搜索到最后一个元素（data[4]）。然后，将找到的 vector 中的最小元素 data[3] 的值与顶部元素 data[0] 交换。待该操作执行完之后，vector 中第一个元素的排序就算完成了。

top == 0	Before	After	Sorted
data[0]	76.0	62.0	⇐ 将最小的值置于 "顶部" 位置
data[1]	91.0	91.0	（索引为 0）
data[2]	100.0	100.0	
data[3]	62.0	76.0	
data[4]	89.0	89.0	

整个寻找最小元素的任务需要我们检查 vector 中的所有元素，并持续追踪当前最小元素的索引值。在此之后，后续所有的最小元素的值都会与当前的顶部元素 data[top] 交换，这里的 top 会从 0 一直递增到 n-1。总而言之，该算法需要完成以下两项任务：

10.5 排序

算法：找到 vector 中的最小元素，并将它的值与顶部元素交换

```
(a) top = 0
// At first, assume that the first element is the smallest
(b) indexOfSmallest = top
// Check the rest of the vector (data[top + 1] through data[n - 1])
(c) for index ranging from top + 1 through n - 1
    (c1) if data[index] < data[indexOfSmallest]
            indexOfSmallest = index
// Place the smallest element into the first position and place the first vector
// element into the location where the smallest vector element was located.
(d) swap data[indexOfSmallest] with data[top]
```

接下来，我们用该算法来演示一下如何完成对 vector 中第一个元素的排序。我们的目的是将 vector 中最小的整数存储到它的"顶部"元素（data[0]）中。注意，indexOfSmallest 只有在 vector 中找到一个小于在 data[indexOfSmallest]的元素时才会被修改。也就是说，这种修改只会在第一步和第三步（c1）中执行。

Step	top	indexOfSmallest	index	[0]	[1]	[2]	[3]	[4]	n
	?	?	?	76.0	91.0	100.0	62.0	89.0	5
(a)	0	"	"	"	"	"	"	"	"
(b)	"	0	"	"	"	"	"	"	"
(c)	"	"	1	"	"	"	"	"	"
(c1)	"	1	"	"	"	"	"	"	"
(c)	"	"	2	"	"	"	"	"	"
(c1)	"	"	"	"	"	"	"	"	"
(c)	"	"	3	"	"	"	"	"	"
(c1)	"	2	"	"	"	"	"	"	"
(c)	"	"	4	"	"	"	"	"	"
(c1)	"	"	"	"	"	"	"	"	"
(c)	"	"	5	"	"	"	"	"	"
(d)	"	"	"	62.0	"	"	76.0	"	"

从上述算法的演示过程可以看到，在遍历整个 vector 的过程中，代表最小整数值的索引值 indexOfSmallest 被修改过两次。在遍历完成之后，整个最小的元素就会被交换到 vector 的顶部。具体来说，就是上述算法将 vector 中的第一个元素的值与第四个元素进行了交换，所以现在 data[0]中存储的是 62.0，而 data[3]中存储的是 76.0。这样一来，我们就完成了 vector 中第一个元素的排序。

同样的算法也可以用来将 vector 中第二小的元素存储到 data[1]中。当然，对 vector 第二次遍历必须从索引值为 1（而不是 0）的新"顶部"元素开始。这个动作可以通过将 top 从 0 递增到 1 来完成。也就是说，对 vector 的第二次遍历将从它的第二个元素（不再是首元素了）开始。而后，vector 中尚未排序部分的最小元素的值将会与第二个元素进行交换。对 vector 的第二次遍历完成之后，前两个元素的排序就确定完成了。具体到本例的 vector，就是 data[3]的值被交换到了 data[1]，这样我们就完成了 vector 中前两个元素的排序。

top == 1	排序前	排序后	已排序
data[0]	62.0	62.0	⇐
data[1]	**91.0**	**76.0**	⇐
data[2]	100.0	100.0	
data[3]	**76.0**	**91.0**	
data[4]	89.0	89.0	

这个处理过程一共需要重复 n-1 次：

top == 2	排序前	排序后	已排序
data[0]	62.0	62.0	⇐
data[1]	76.0	76.0	⇐
data[2]	**100.0**	**89.0**	⇐
data[3]	91.0	91.0	
data[4]	**89.0**	**100.0**	

在此过程中，元素也可以与自身交换：

top == 3	排序前	排序后	已排序
data[0]	62.0	62.0	⇐
data[1]	76.0	76.0	⇐
data[2]	89.0	89.0	⇐
data[3]	**91.0**	**91.0**	⇐
data[4]	100.0	100.0	

当顶部元素变成 data[4] 时，外层循环就会终止。因为最后一个元素没有任何东西可以比较了，没有必要在大小为 1 的 vector 中寻找最小元素。data[n-1] 中的元素一定是 vector 中最大的（或者等于最大的①），因为最后一个元素之前的所有元素也都完成了升序排列。

top == 3 and 4	排序前	排序后	已排序
data[0]	62.0	62.0	⇐
data[1]	76.0	**76.0**	⇐
data[2]	89.0	89.0	⇐
data[3]	91.0	91.0	⇐
data[4]	100.0	100.0	⇐

因此，外层循环的索引值 top 的变化是从 0 到 n-2，而负责寻找 vector 中指定部分最小值的循环则被嵌套在让 top 从 0 变化到 n-2 的循环中。

算法：选择排序

```
for top ranging from 0 through n - 2 {
    indexOfSmallest = top
    for index ranging from top + 1 through n - 1 {
        if data[indexOfSmallest] < data[index] then
                    indexOfSmallest = index
    }
}
```

---

① 译者注：因为 vector 中可以有多个相等的最大值，因此不能说其中哪一个是最大的。

```
    swap data[indexOfSmallest] with data[top]
}
```

下面，我们来看一段用选择排序算法对一个数字类型 vector 进行排序的 C++代码。它分别打印了该 vector 在排序前以及完成升序排序之后的情况：

```
#include <vector>
#include <iostream>
using namespace std;

void sort(vector<int> & data, int n) {
  int indexOfSmallest = 0;

  for (int top = 0; top < n - 1; top++) {
    // First assume that the smallest is the first element in the subvector
    indexOfSmallest = top;

    // Then compare all of the other elements, looking for the smallest
    for (int index = top + 1; index < data.capacity(); index++) {
      // Compare elements in the subvector
      if (data[index] < data[indexOfSmallest])
        indexOfSmallest = index;
    }

    // Then make sure the smallest from data[top] through data.size
    // is in data[top]. This message swaps two vector elements.
    double temp = data[top]; // Hold on to this value temporarily
    data[top] = data[indexOfSmallest];
    data[indexOfSmallest] = temp;
  }
}

vector<int> initialize() {
  vector<int> v(5);
  v[0] = 76;
  v[1] = 91;
  v[2] = 100;
  v[3] = 62;
  v[4] = 89;
  return v;
}

void display(vector<int> v) {
  for (int i = 0; i < v.capacity(); i++) {
    cout << v[i] << " ";
  }
  cout << endl;
}

int main() {
  vector<int> data = initialize();

  cout << "Before sorting: ";
  display(data);

  sort(data, data.capacity());
  cout << " After sorting: ";
```

```
    display(data);

    return 0;
}
```

程序输出

```
Before sorting: 76 91 100 62 89
After sorting: 62 76 89 91 100
```

大多数排序例程都是要求按从小到大的顺序来排列的。我们只需做一点小小的修改，将<修改成>，所有支持>操作符的类型元素就可以按降序排列了。具体来说就是将下面这两行：

```
if (data[index] < data[indexOfSmallest])
    indexOfSmallest = index;
```

改成：

```
if (data[index] > data[indexOfLargest])
    indexOfLargest = index;
```

自测题

10-25．对于 string 对象的 vector，按字母顺序排序应该采用哪一种顺序？升序还是降序？

10-26．如果 vector 中最大的元素现在是它的第一个元素，那么第一次执行 swap 函数时会发生什么情况？

10-27．请编写一段代码，在名为 x 的 vector 中寻找出最大元素，并将其存储到一个名为 largest 的变量中。这里假设从 x[0]到 x[n-1]都是给定有意义的值，所以你必须考虑该 vector 中的所有元素。

10.6 二分搜索法

本章之前已经介绍了如何用顺序搜索算法来定位某个字符串 vector 中的某个 string 对象。在这一节中，我们将介绍更有效率的二分搜索（binary search）算法。二分搜索算法可以完成与顺序搜索一样的任务，但它的速度会更快一些，这一点在 vector 容量很大时尤为明显。前提条件之一就是我们必须要先对目标 vector 进行排序，相比之下，速度较慢的顺序搜索法是不需要对 vector 进行排序的，它的算法显然更简单一些。

在通常情况下，二分搜索法的工作方式是这样的：如果 vector 中的对象已经完成了排序，那么每次比较操作就可以排除一半的元素。简而言之，我们可以将二分搜索算法搜索任意元素的过程总结如下：

算法：二分搜索法

```
while(目标元素尚未找到并仍有可能还在 vector 中){
    确定 vector 中间元素的位置
    if(目标元素不在当前的中间位置上)
         去除掉 vector 中不包含目标元素的那一半
}
```

10.6 二分搜索法

vector 中的元素与被搜索元素每比较一次，二分搜索法就能有效地排除被搜索区域中的一半 vector 元素，而顺序搜索法的每次比较操作只能排除被搜索区域中的一个元素。举个例子，假设我们现在有一个字符串类型的 vector，其中 string 对象已经按字母顺序做好了排序，这时候用顺序搜索法查找"Ableson"应该花不了多少时间，因为"Ableson"这个词肯定是该 vector 前几个元素中的一个；但如果用顺序搜索法来查找"Zevon"就会花费较多时间了，因为该算法必须先找完所有以从 A 到 Y 开头的名字，才会看到以 Z 开头的这个词，这时候，用二分搜索法就能更快地找到"Zevon"。

想要使用二分搜索法，我们就必须满足以下两个前置条件：
1. 目标 vector 必须已完成排序（目前主要指的是升序排列）。
2. 下标所引用的第一个元素和最后一个元素必须代表整个有意义元素的区间。

vector 中间的元素下标必须由第一个与最后一个有意义元素的下标来计算。也就是说，一个 vector 中间元素的下标应该是其首、尾元素下标的平均值。我们将这些在搜索过程中会用到的下标分别命名为 first、mid 和 last。下面，我们具体来看一个要搜索的 vector：

```
vector <string> str(32);
int n = 7;

str[0] = "ABE"; // first == 0
str[1] = "CLAY";
str[2] = "KIM";
str[3] = "LAU"; // mid == 3
str[4] = "LISA";
str[5] = "PELE";
str[6] = "ROE"; // last == 6
```

在正式进行二分搜索之前，我们还需要先做几个赋值操作：

```
searchString = 待搜索的字符串;
first = vector 中第一个有意义元素的下标;
last = vector 中最后一个有意义元素的下标;
mid = ( first + last ) / 2;
```

到了这里，后续的发展可能就是以下 3 种情况之一了：
1. vector 中间的元素与待搜索的名字匹配，搜索完成。
2. 待搜索名字位于中间元素之前，可以排除被搜索区域后半部分的 vector 元素。
3. 待搜索名字位于中间元素之后，可以排除被搜索区域前半部分的 vector 元素。

综上所述，我们可以将该算法伪代码编写如下：

算法：二分搜索法（其假设条件更倾向于升序排序）

```
if searchString == str[mid] then
  searchString is found
else
  if searchString < str[mid]
    eliminate mid...last elements from the search
  else
    eliminate first...mid elements from the search
```

下面，我们用自由函数的形式来实现一个二分搜索算法，这里假设名为 str 的 vector 对象已经完成了构造、初始化和排序工作：

```cpp
#include <vector>
#include <iostream>
#include <string>
using namespace std;

vector<string> initialize() {
  vector<string> str(7);
  str[0] = "ABE";
  str[1] = "CLAY";
  str[2] = "KIM";
  str[3] = "LAU";
  str[4] = "LISA";
  str[5] = "PELE";
  str[6] = "ROE";
  return str;
}

// pre: The vector named str is sorted in ascending order.
//      str[0] through str[6] are defined vector elements.
//      string defines < and ==.
int indexOf(string searchString, vector<string> str, int n){
  int first = 0;
  int last = n - 1; // last = 6;

  while (( first <= last)) {
    int mid = ( first + last) / 2;    // (0 + 6) / 2 = 3
    if (searchString == str[mid])     // Check the three possibilities
      return mid; // 1) searchString is found
    else if (searchString < str[mid]) // 2) It's in first half so
      last = mid - 1; // eliminate second half
    else
      // 3) It's in second half so eliminate first half
      first = mid + 1;
  }
  return -1; // searchString not found
}

void display(vector<string> v) {
  for (int i = 0; i < v.capacity(); i++)
    cout << v[i] << " ";
  cout << endl;
}

int main() {
  vector<string> data = initialize();
  cout << indexOf("LISA", data, data.capacity());
  return 0;
}
```

在 searchString（"LISA"）与 str[mid]（"LAU"）进行比较之前，vector 中的对象如下：

```
str[0]   "ABE"    ⇐ first == 0
str[1]   "CLAY"
str[2]   "KIM"
str[3]   "LAU"    ⇐ mid == 3
str[4]   "LISA"
str[5]   "PELE"
str[6]   "ROE"    ⇐ last == 6
```

在 searchString 与 str[mid]完成比较之后，first 将加上当前的 mid，并计算出了新的 mid：

```
str[0] "ABE"      // Because "LISA" is greater than str[mid],
str[1] "CLAY"     // the objects str[0] through str[3] no longer need
str[2] "KIM"      // to be searched and can now be eliminated from
str[3] "LAU"      // subsequent search
str[4] "LISA"     ⇐ first == 4
str[5] "PELE"     ⇐ mid == 5
str[6] "ROE"      ⇐ last == 6
```

由于 searchString < str[mid]或者说"LISA" < "PELE"为 true，last 将减去当前的 mid，并计算出了新的 mid：

```
str[0] "ABE"
str[1] "CLAY"
str[2] "KIM"
str[3] "LAU"
str[4] "LISA"     ⇐ first == 5 ⇐ last == 5 ⇐ mid == 5
str[5] "PELE"     // Because "LISA" is less than str[mid], eliminate
str[6] "ROE"      // str[5] through str[6] from the search field
```

现在，str[mid]与 searchString 相等了，算法将跳出循环。

显然，二分搜索算法的效率要优于顺序搜索法，后者每次比较只能排除一个元素，而二分搜索法每次比较都能排除一半元素。举个例子，当元素个数 n == 1024 时，二分搜索法的第一次比较就可以排除 512 个元素。

下面，我们来考虑一下待搜索元素不在 vector 中的可能性。例如，在上述 vector 中搜索"CARLA"这个词时，其 first、mid、last 的变化过程如下：

比较次数	first	mid	last	操作注解
1	0	3	6	比较"CARLA"与"LAU"
2	0	1	2	比较"CARLA"与"CLAY"
3	0	0	0	比较"CARLA"与"ABE"
4	1	0	0	当 first <= last 为 false 时函数返回-1

如你所见，如果 searchString（"CARLA"）不在目标 vector 中，循环测试表达式（first <= last）就会为 false。请注意，当 last 小于 first 时，意味着这两个下标发生了交叉。

```
str[0] "ABE"      ⇐ last == 0 ⇐ mid == 0
str[1] "CLAY"     ⇐ first == 1
str[2] "KIM"
str[3] "LAU"
str[4] "LISA"
str[5] "PELE"
str[6] "ROE"
```

在 searchString（"CARLA"）与 str[1]（"ABE"）完成比较之后，就无需再继续比较了。因为这满足了循环终止的两个条件中的第二条——first 不再小于等于 last，说明 searchString 不存在于目标 vector 中。

自测题

10-28．想要成功使用二分搜索法必须满足哪些前提条件？请至少写出一条。

10-29. 在元素个数为 1024 的列表中使用二分搜索法，最多需要执行几次比较？（**提示**：在第一次比较后还剩 512 个元素，第二次比较后还剩 256 个元素，以此类推。）

10-30. 在二分搜索法执行过程中，满足什么条件就说明被搜索元素不存在于目标 vector 中？

10-31. 当被搜索的元素是按降序排列时，我们必须要对现有的二分搜索法做哪些修改？

本章小结

- 尽管对象可以用来同时存储多种不同类型的数据（比如 string、int 甚至 vector），但是我们仍然需要用 vector 对象来存储同类型数据的集合（比如存储 char、int、string 或 BankAccount 等类型的各种 vector）。
- vector 中的各个元素都可以通过下标来引用。在 C++的 vector 中，用于表示下标的是 int 表达式，它的取值范围应该在 0 到其容量值 capacity-1 之间。例如，vector<double> x(100)这个 vector 的下标取值范围应该在 0 到 99 之间。
- 下标出界问题可能无法在编译时被检测到，但它很可能会导致系统崩溃，或者毁坏其他对象，以及一些别的与系统相关的问题，这取决于我们对 vector 的具体使用方式。程序员必须留意这些潜在的威胁，解决这个问题的最简单方法之一就是使用 vector::at。
- 我们通常会用一个名为 n 或 size 的整数来表示 vector 全体元素之外的需要重点维护的那部分数据。这些有意义元素的数量在任何 vector 处理算法中都很重要。
- 所有的 vector 对象都将自己的最大容量调整到一个不同的值。如果它将容量调大了，其有意义的元素会原封不动地保留下来。如果它将容量调小了，就有可能发生有意义元素被截断的情况。
- 选择排序算法可以用来实现 vector 元素的升序排列，任何可以执行<比较操作的对象都可以参与排序。
- vector 对象有时候也适合按升序来排序，比如 string 元素的升序就是字母的自然顺序。
- 二分搜索算法在效率上要优于顺序搜索算法，但 vector 必须要先排序才能使用二分搜索算法来执行查找操作。

练习题

1. 请写出下面程序预计会产生的输出：

```
#include <iostream>
#include <vector>
using namespace std;

int main() {
  const int MAX = 10;
```

```
  vector<int> x(MAX);

  for (int i = 0; i < 3; i++)
    x[i] = i * 2;
  for (int i = 3; i < MAX; i++)
    x[i] = x[i - 1] + x[i - 2];
  for (int i = 0; i < MAX; i++)
    cout << i << ". " << x[i] << endl;
  return 0;
}
```

2. 在一个容量为 100 个元素的 vector 中，我们必须为多少个元素赋予有意义的值？

3. 请声明一个名为 vectorOfInts 的 C++ vector，并将 10 个整数存储到下标为 0 到 9 的十个元素中。

4. 请编写一段代码，构建一个名为 list 的 vector 并找出其中的最大值。这里假设该 vector 从 0 到 list.size()-1 的所有元素都被赋予了有意义的值。

5. 请编写一段代码，构建一个名为 list 的 vector 并计算出其所有整数的平均值。这里假设该 vector 从 0 到 list.size()-1 的所有元素都被赋予了有意义的值。

6. 请写出下面程序预计会产生的输出：

```
#include <iostream>
#include <vector>
#include <string>
using namespace std;
void init(vector<char> & data, int & n) {
  // postcondition: Initialize data as a vector of chars.
  // Initialize n as the number of meaningful elements.
  n = 5;
  data[0] = 'c';
  data[1] = 'b';
  data[2] = 'e';
  data[3] = 'd';
  data[4] = 'a';
}

void display(const vector<char> & data, int n) {
  // post: Show all meaningful elements of data
  cout << endl;
  cout << "Vector of chars: ";
  for(int i = 0; i < n; i++)
    cout << data[i] << "   ";
  cout << endl;
}

void mystery(vector<char> & data, int n) {
  // post: Reverse the order of data
  int last;
  char temp;

  last = n - 1;
  for(int i = 0; i < n / 2 + 1; i++) {
    temp = data[i];
    data[i] = data[last];
```

```
      data[last] = temp;
      last--;
    }
  }

  int main() {
    vector<char> characters(10, ' ');
    int n;

    init(characters, n);
    display(characters, n);
    mystery(characters, n);
    display(characters, n);

    return 0;
  }
```

7. 请编写一段代码,声明并用键盘输入的方式初始化一个包含 10 个 string 对象的 vector。其会话过程应该如下:

```
Enter 10 strings
#0 First
#1 Second
...
#9 Tenth
```

8. 请编写一段代码,如果在下面的字符串 vector 中找到了指定的 string 对象,就将 found 设定为 true,如果指定 string 对象不在该 vector 中,found 就继续为 false。这里假设 vector 中只有前 n 个元素得到了初始化,请务必将这一点纳入考虑。

```
vector<string> s(200);
int n = 127;
bool found = false;
```

9. 在拥有 1000 个有意义元素的 vector 中,如果待搜索的元素就在第一个元素的位置上,请问顺序搜索算法要执行几次比较操作?

10. 在拥有 1000 个有意义元素的 vector 中,如果待搜索的元素与所有的元素都不匹配,请问顺序搜索算法要执行几次比较操作?

11. 假设我们要在某 vector 上进行大量的搜索,并且指定元素在第一个位置被找到的机会和最后一个位置一样大,那么当该 vector 中有 1000 个元素时,在 1000 次搜索之后找到目标的平均机会是多少?

12. 请写出下面程序预计会产生的输出(技巧问题):

```
#include <vector>  // For the vector<type> class
#include <iostream>
using namespace std;

void init(vector<int> x, int n) {
  // post: Supposedly modify n and the first n elements of test in main
  x[0] = 0;
  x[1] = 11;
  x[2] = 22;
  x[3] = 33;
  x[4] = 44;
```

```
    n = 5;
}

int main() {
  vector <int> test(100, 0);
  int n;

  // Initialize test and n
  init(test, n);
  // Display the vector with n meaningful values
  cout << "The vector: ";
  for(int i = 0; i < n; i++)
    cout << test[i] << "     ";

  return 0;
}
```

13. 请问该如何修改习题 12 中的代码才能让其产生以下输出？

`The vector: 0 11 22 33 44`

14. 请写出下面程序预计会产生的输出：

```
#include <vector> // For the vector<type> class
#include <iostream>
using namespace std;

void f(const vector<int> & x) {
  cout << x[0] << endl;
  cout << x.capacity() << endl;
}

int main() {
  vector <int> test(10000, -1);
  f(test);
  return 0;
}
```

15. 在下面的代码中，哪几行会出现编译时错误？

```
void f1(vector<int> x) {
  cout << x[0] << endl;             // Line 1
  cout << x.capacity() << endl;     // Line 2
  x[0] = 999;                       // Line 3
}
```

16. 在下面的代码中，哪几行会出现编译时错误？

```
void f2(const vector<int> & x) {
  cout << x[0] << endl;             // Line 1
  cout << x.capacity() << endl;     // Line 2
  x[0] = 999;                       // Line 3
}
```

17. 上面两个函数（习题 15 和 16）中的哪一个在空间和时间上的效率更高，是 f1 还是 f2？

18. 请写出下面这个用 string 对象来初始化 vector 的程序预计会产生的输出：

```
#include <iostream>
#include <string>
#include <vector> // For the vector<type> class
```

```cpp
using namespace std;

int main() {
  vector<string> x(10);
  int j;
  int top = 0;
  int n = 5;

  x[0] = "Alex";
  x[1] = "Andy";
  x[2] = "Ari";
  x[3] = "Ash";
  x[4] = "Aspen";
  for (top = 0; top < n - 1; top++) {
    int subscript = top;
    for (j = top + 1; j <= n - 1; j++) {
      if (x[j] < x[subscript])
        subscript = j;
    }
    string temp = x[subscript];
    x[subscript] = x[top];
    x[top] = temp;
  }
  for (int index = n - 1; index >= 0; index--) {
    cout << x[index] << endl;
  }
  return 0;
}
```

19. 请写出下面这个用 string 对象来初始化 vector 的程序预计会产生的输出:

```cpp
vector <string> str(20);
str[0] = "ABE";
str[1] = "CLAY";
str[2] = "KIM";
str[3] = "LAU";
str[4] = "LISA";
str[5] = "PELE";
str[6] = "ROE";
str[7] = "SAM";
str[8] = "TRUDY";

int first = 0;
int last = 8;
int mid;
string searchString("CLAY");

cout << "First Mid Last" << endl;
while ( first <= last) {
   mid = ( first + last) / 2;
   cout << first << "    " << mid << "    " << last << endl;
   if (searchString == str[mid])
     break;
   else
     if (searchString < str[mid])
       last = mid - 1;
     else
       first = mid + 1;
```

```
}
if ( first <= last )
  cout << searchString << " found" << endl;
else
  cout << searchString << " was not" << endl;
```

20. 请写出当 searchString 等于以下这些值时，习题 19 中的那段程序会产生的输出：

a. searchString = "LISA"
b. searchString = "TRUDY"
c. searchString = "ROE"
d. searchString = "ABLE"
e. searchString = "KIM"
f. searchString = "ZEVON"

21. 请列出要想成功使用二分搜索算法的前提条件，至少列出一条。

22. 在使用二分搜索算法时，搜索 256 个元素最多（大约）需要执行多少次比较？（**提示**：一次比较之后，待搜索元素还剩下 128 个；两次搜索之后，待搜索元素还剩下 64 个；以此类推。）

编程技巧

1. C++中的计数通常是从 0 开始的，所以引用 vector 中第一个元素的下标是 0 而不是 1，这和某些其他编程语言是不一样的。

2. 一个 vector 的容量通常会大于其实际有意义的元素数。所以，有时候 vector 对象在初始化之后实际存储的元素会大于它的实际需要。在这种情况下，只有前 n 个元素才是有意义的。

3. 通过名为 n 的第二个变量来记录 vector 中有意义的元素数量。在 vector 被当作某个数据成员来使用时，请考虑再用一个数据成员来存储有意义元素的数量。这样，我们就可以在需要时调整 vector 的大小以扩充容量。同样地，我们在类之外的地方使用 vector 对象时，也可以考虑设置一个能记录有意义元素数量的整数变量。以下面的代码为例，我们在初始化 vector 中各个元素的同时记录下了元素的个数，有意义元素的数量被保存在 n 中。当然，为此我们需要先将 n 初始化为 0，然后让它对应文件中的每个数字递增 1。

```
vector <double> x(100, 0.0);
double aNumber;
int n = 0;
while ((inFile >> aNumber) && (n < x.capacity())) {
  x[n] = aNumber;
  n++;
}
```

4. 请考虑用 at(index)来代替[index]，因为 at 消息是一种更安全的选择，它会在运行时报出更容易追踪的错误，而不是任由程序修改未知处的内存。

5. 最后一个有意义的 vector 元素应该是 x[n-1]，而不是 x[n]，x[n]是不能被引用的。这种方法可以针对第三项目编程技巧那段代码中的 vector，通过像下面这样写 for 循环来完成输出：

```
int n = 10;
vector<int> x(n, 123);
for (int j = 0; j <= n; j++) { // Used <= instead of <
  cout.width(5);
  cout << x[j]; // Will eventually reference garbage
}
```

6. 请避免在下标出界时给 vector 赋值，比如在第三项编程技巧的那段代码中，其循环测试会在其对 x[x.capacity()]执行赋值操作之前终止循环。具体来说就是，当 n 等于 capacity 时，循环就会终止。

```
while ((inFile >> aNumber) && (n < x.capacity()) ) {
  // The loop test prevents assignment to x[x.capacity()]
  x[n] = aNumber;
  n++;
}
```

在这种情况下，将问题通报给用户也是很有用的。毕竟过早地终止程序是一种图省事（但很尴尬）的方法：

```
if (n == x.capacity() && inFile) {
  cout << "**Error** Vector was too small. Terminating program" << endl;
  return 0;
}
```

7. 利用 vector::resize 和 vector::capacity 将我们的程序变得更健壮。像第六项编程技巧中那段代码对于购买我们软件的用户来说显然是最恼火的。为了避免这种程序处理 vector 容量太小的尴尬局面，我们要让程序可以在必要时调整 vector 的大小。比如在下面的代码中，每次需要对 vector 进行扩充时，都会将其容量增加 10 个元素。除此之外，这段代码还为我们演示了用单独的整数变量来记录有意义元素数量的好处，因为当输入文件中只有 17 个数字时，size()和 capacity()返回的值都是 20。

```
int aNumber;
ifstream inFile("numbers");
vector<int> x(10);
int n = 0;
while (inFile >> aNumber) {
  if (n == x.capacity()) {
    x.resize(n + 10);
  }
  x[n] = aNumber;
  n++;
}
cout << "         n: " << n << endl;
cout << "      Size: " << x.size() << endl;
cout << "Capacity: " << x.capacity() << endl;
```

下面是该程序在输入文件中有 17 个整数时的输出：

```
         n: 17
      Size: 20
Capacity: 20
```

8. 不要用值传递的方式传递 vector 对象。以值传递的方式传递任何大型对象都会拖慢程序的执行速度，并找出不必要的内存运行时分配。另外，如果只需要用户向其传递 vector 中的那些值，而不需要修改这个 vector，那么建议使用 const 引用的方式来传递，比如：

```cpp
void constReferenceIsGood(const vector<double> & x, int n) {
  // This function can reference any element in x, but cannot change x
}
```

和以前一样，如果函数需要对其实参（在这里就是 vector 对象）进行修改，就应该使用引用传递的方式，比如：

```cpp
void init(vector<double> & x, int & n) { // Reference parameter
  // This function can change any element in x
}
```

甚至，string 对象也应该采用 const 引用的方式而不是值传递来传递，因为这些对象有时候也会很大。

9. 标准的 vector 类在使用[]操作符时是不会对其下标进行检查的，但 vector::at(int)会。所以我们建议用 x.at(subscript)来代替 x[subscript]。这两个表达式基本上是等效的，只有在下标出界时，vector::at 会将其报告为错误，以便我们能在程序测试阶段发现错误。这显然比用一个出界的下标访问到某些随机值要好多了。当然，由于历史习惯的问题以及 at 是一个新出现特性，这条建议可能会让我们的代码看起来与其他 C++代码有些不一样。

```cpp
#include <vector> // For the vector<type> class
#include <iostream>
using namespace std;

int main() {
  int n;
  cout << "Enter vector capacity: ";
  cin >> n;
  vector <int> x(n);

  for(int index = 0; index < n; index++) {
    x.at(index) = index;
  }

  cout << "First: " << x.at(0) << endl;

  cout << "Last: " << x.at(x.capacity() - 1) << endl;

  return 0;
}
```

程序会话

```
Enter vector capacity: 100
First: 0
Last: 99
```

上述代码再次证明了引用 vector 中第一个元素的下标是 0，而最后一个元素的索引是 capacity()-1。因此，下面这条语句将会产生一条错误信息并迫使程序终止执行：

```cpp
cout << "Last: " << x.at(x.capacity()) << endl; // Always an error
```

10. 除了选择排序算法外，我们其实还有非常多的排序算法。选择排序只是众多种排序算法中的一种。除此之外，还有几个在运行效率上大致相同的算法，甚至还有些算法的效率会更高一些，比如快速排序算法。当然，本章并不打算完整地介绍排序算法，我们只是将其作为 vector 处理算法的一种做了一个简短的介绍。

11．除了顺序搜索和二分搜索这两种算法之外，我们其实还有非常多的搜索算法。对于少量的数据来说，顺序搜索算法是非常有效的。对于存储在有序 vector 中的大量数据来说，二分搜索算法的效果会更好一些。除此之外，我们也可以选择其他方法，比如将大量数据存储在哈希表和二叉树这样的支持快速搜索的数据结构中。这些主题通常会在你们的第二门课程中介绍。

编程项目

10A. 反转

请编写一个完整的 C++程序，先读取一组数量未知的整数（最多 100 个），然后将它们反序输出。在这个过程中，用户不能指定元素的数量，所以需要设置一个哨兵循环来读取数据。下面是该程序一个简单的会话样例：

```
Enter up to 100 ints using -1 to quit:
70
75
90
80
-1
Reversed: 80 60 90 75 70
```

10B. 显示平均值以上的值

请编写一个完整的 C++程序，它会接受用户输入一组数量未知的正数值，然后计算出它们的平均值，最后输出其中大于或等于平均值的数。在这个过程中，用户不能指定元素的数量，所以需要设置一个哨兵循环来读取输入。下面是该程序的一个简单会话样例：

```
Enter numbers or -1 to quit
70
75
90
60
80
-1
Average: 75
Inputs >= average: 75 90 80
```

10C. 顺序搜索函数

请编写一个名为 search 的函数，该函数将返回被搜索元素在一个字符串对象的 vector 中第一次出现时的下标。如果没有找到，就返回-1。

10D. BankAccount 对象的集合

请编写一个完整的 C++程序，该程序会创建一组数量未知的 BankAccount 对象，并将它们存储到一个 vector 中。该程序的输入应该来自某个外部文件，这个文件中可能有1、2、3……最多 20 行数据（每一行代表着一组创建一个 BankAccount 对象所需要的所有数据），下面就是该文件的一个样例：

```
Hall         100.00
Solly         53.45
Kirstein     999.99
 . . .
Pantone     8790.56
Brendle        0.00
Kentish     1234.45
```

在初始化 vector 并确定 BankAccount 对象的数量之后，该程序要能输出所有账户余额大于或等于 1000.00 美元的 BankAccount 对象，以及账户余额小于或等于[①]100.00 美元的 BankAccount 对象。我们的输出看上去应该像下面这样：

```
Balance >= 1000.00
Pantone:    8790.56
Kentish:    1234.56

Balance <    100.00:
Solly:        53.45
Brendle:       0.00
```

10E. 回文问题 1

回文（palindrome）指的是一组正向和反向读取内容一致的字符。请编写一个程序，该程序会从键盘输入中读取一个 string 对象，并判断它是否符合回文结构（请不要忘了，string 对象也可以用[]操作符引用其存储的各个字符）。回文的例子有很多，比如 YASISAY、racecar、1234321、ABBA、level、MADAMIMADAM。下面是该程序的两个会话样例。（**请注意**：在这里不要使用空白字符，如果你想用，可以在完成 10F 中的编程项目时再尝试。）

```
Enter string: MADAMIMADAM
    Reversed: MADAMIMADAM
  Palindrome: Yes

Enter string: RACINGCAR
    Reversed: RACGNICAR
  Palindrome: No
```

---

① 译者注：输出样例中没有"等于"。

10F. 回文问题 2

请编写一个程序，该程序会用下面这个函数从键盘输入中读取一行字符：

getline(istream & is, string & aString)

然后判断该字符串是否符合回文结构。这里应该忽略空白字符，并忽略大小写。（**提示**：先用<cctype>中的 toupper 函数将所有字符都转换成大写，然后创建一个不带空白字符的 string 对象。）

```
Enter a line: A man a plan a canal Panama
AMANAPLANACANALPANAMA is a palindrome
```

10G. 斐波那契数列

斐波那契数列通常是这样开始的：1、1、2、3、5、8、13、21。我们应该可以注意到，该数列前两个数字都是 1，然后后续所有的数字都是其前两个数之和。请编写一个完整的程序，该程序会先初始化一个名为 b 的 vector，用它来表示斐波那契数列的前 20 个数字（在这里 b[1]代表的是斐波那契数列中的第二个数字）。在该程序中，我们唯一的要求是不能用 20 个赋值语句来构建该 vector。

10H. 薪水问题

请编写一个程序，该程序会从输入文件中读取数量未知的年薪，然后输出所有高于平均值的薪水，以及高于平均值的这部分薪水所占的比例。下面，我们假设其输入文件中所包含的数据如下：

```
30000.00
24000.00
35000.00
32000.00
25000.00
```

那么，该程序应该能产生如下输出：

```
Average salary = 29200.00
Above average salaries:
30000.00
35000.00
32000.00
60% of reported salaries were above average
```

10I. 二分搜索函数

请编写一个名为 search 的自由函数，该函数将会返回待搜索元素在 vector 中第一次被找到时的下标位置，要求使用二分搜索算法。如果待搜索元素没有被找到，该函数就返回-1。当然，你需要执行测试一下这个函数。

10J. 频率问题

请编写一个 C++程序，该程序会从某个文件中读取整数，并报告每个整数出现的频率。例如，如果该程序的输入文件包含的数字如下图左侧所示，那么它产生的输出就如下图右侧所示（出现频率最高的数字会最先被输出）。这里要求在创建输入文件时，其中的数字应该在 0 到 100 之间。（**提示**：在初始化时，vector 的容量应该为 101，每个元素的值应都被设为 0。）

输入文件test.dat				程序会话
75	85	90	100	Enter file name: *test.dat*
60	90	100	85	100: 3
75	35	60	90	90: 8
100	90	90	90	85: 3
60	50	70	85	75: 3
75	90	90	70	70: 2
				60: 3
				50: 1
				35: 1

10K. 8 个 vector 处理函数

1. int numberOfPairs(const vector<string> & strs)

请让 numberOfPairs 函数在完成后会返回某个对值在 strs 中出现的次数。这里的对值可以是 vector 中任意两个索引连续的相等 string 元素（区分大小写）。该 vector 可以为空，或者只有一个元素，在这两种情况下函数都会返回 0。下面是该函数的一些测试代码，我们将利用 push_back 消息往 vector 的后端添加元素（在这里，我们还需要通过#include <cassert>引入 assert 函数）。

```
vector<string> strs;
strs.push_back("a");
assert(0 == numberOfPairs(strs));
strs.push_back("a");
assert(1 == numberOfPairs(strs));
strs.push_back("a");
assert(2 == numberOfPairs(strs));
strs.push_back("b");
strs.push_back("b");
// a a a b b
assert(3 == numberOfPairs(strs));
```

2. int numberOfVowels(const vector<char> & chars)

请针对一个给定的用 char 元素填充的 vector，让 numberOfVowels 函数在完成之后会返回其中的元音字母数量，这些字母包括大写或小写字母 A、E、I、O、U。如果 vector 为空，就返回 0。下面是该函数的一些测试代码，以帮助你理解该函数该有哪些行为。

```
vector<char> chars;
chars.push_back('x');
assert(0 == numberOfVowels(chars));
chars.push_back('A');
```

```
chars.push_back('a');
assert(2 == numberOfVowels(chars));
chars.push_back('I');
chars.push_back('o');
chars.push_back('U');
chars.push_back('e');
assert(6 == numberOfVowels(chars));
```

3. bool sumGreaterThan(const vector<double> & doubles, double sum)

请针对一个给定的用 double 元素填充的 vector，编写一个名为 sumGreaterThan 的函数，该函数在 vector 中所有元素之和大于 sum 时返回 true。在 doubles 中的元素之和小于或等于 sum 时返回 false。当然，在 vector 为空时，函数也会返回 false。下面是该函数的一些测试代码，以帮助你理解该函数该有哪些行为。

```
vector<double> doubles;
doubles.push_back(4.0);
assert(sumGreaterThan(doubles, 4.0)== false);
doubles.push_back(0.1);
assert(sumGreaterThan(doubles, 4.0)== true);
```

4. int howMany(const vector & vec, string valueToFind)

howMany 函数在完成时应该返回字符串 vector 中等于 valueToFind 的 string 对象数量。该 vector 可以为空。

```
vector<string> strings;
strings.push_back("A");
strings.push_back("a");
strings.push_back("A");
assert(0 == howMany(strings, "x"));
assert(1 == howMany(strings, "a"));
assert(2 == howMany(strings, "A"));
```

5. void sortOfSort(vector<int> & nums)

请在 sortOfSort 函数中完成对形参 nums 的修改，将该 vector 中最大整数放置在索引 n-1 处，最小的整数放在 nums[0] 中，而其他元素则保持原样，没有特定的顺序。这里的要求是我们必须通过 sortOfSort 这个方法来修改给定的 vector 实参。

原 vector	修改后的 vector（部分元素会有所不同）
{4, 3, 2, 0, 1, 2}	{0, 3, 2, 1, 2, 4}
{4, 3, 2, 1}	{1, 3, 2, 4}
{4, 3, 1, 2}	{1, 3, 2, 4}

```
vector<int> nums;
nums.push_back(4);
nums.push_back(3);
nums.push_back(1);
nums.push_back(2);
sortOfSort(nums);
assert(1 == nums[0]);
assert(4 == nums[3]);
```

```
assert(nums[1] == 2 || nums[1] == 3); // depends on your algorithm
assert(nums[2] == 2 || nums[2] == 3);
```

（提示：在你查找 vector 中的最大值，并将其交换到最后索引位置之前可以先将最小值放到索引位置为 0 处。）

6. void evensLeft(vector<int> & nums)

该函数修改形参 nums 之后，给定 vector 中的数字保持不变，但经历过了重新排列。所有偶数都会被排在奇数之前。除此之外，数字之间的顺序是任意的。这里的要求是我们必须通过 evensLeft 这个方法来修改 vector 实参。vector 也可以为空或只有一个元素，在这两种情况下，vector 将不会发生任何变化。

原 vector	修改后的 vector
{1, 0, 1, 0, 0, 1, 1}	{0, 0, 0, 1, 1, 1, 1}
{3, 3, 2}	{2, 3, 3}

```
vector<int> ints;
ints.push_back(3);
ints.push_back(3);
ints.push_back(2);
evensLeft(ints);
assert(2 == ints[0]);
assert(3 == ints[1]);
assert(3 == ints[2]);
```

7. void shiftNTimes(vector<int> & nums, int numShifts)

请在 shiftNTimes 函数中完成对其形参 nums 的修改，将其"左移" n 次。也就是说，shiftNTimes({6, 2, 5, 3}, 1)这个调用会将其实参 vector 修改成{2, 5, 3, 6}，shiftNTimes({6, 2, 5, 3}, 2)这个调用将会将其实参 vector 修改成{5, 3, 6, 2}。这里的要求是我们必须通过 shiftNTimes 这个方法的形参 nums 才能修改其实参。

shiftNTimes({1, 2, 3, 4, 5, 6, 7}, 3) 将 vector 修改成 { 4, 5, 6, 7, 1, 2, 3 }

shiftNTimes({1, 2, 3, 4, 5, 6, 7}, 0) 不会修改 vector

shiftNTimes({1, 2, 3}, 5) 将 vector 修改成{ 3, 1, 2 }

shiftNTimes({3}, 5) 将 vector 修改成{ 3 }

```
vector<int> nums2;
nums2.push_back(1);
nums2.push_back(2);
nums2.push_back(3);
nums2.push_back(4);
nums2.push_back(5);

shiftNTimes(nums2, 2);
assert(3 == nums2[0]);
assert(4 == nums2[1]);
assert(5 == nums2[2]);
assert(1 == nums2[3]);
assert(2 == nums2[4]);
```

8. **void replaced(char[] & vector, char oldChar, char newChar)**

该函数修改其实参 vector 之后，该 vector 中出现的所有 oldChar 都将被替换成 newChar。比如，replaced ({'A', 'B', 'C', 'D', 'B'}, 'B', '+')这个调用会将其实参 vector 修改成{'A', '+', 'C', 'D', '+'}。

原 vector	修改后的 vector
replaced({'A', 'B', 'C', 'D', 'B'}, 'C', 'L')	{ 'A', 'B', 'L', 'D', 'B' }
replaced({'n', 'n', 'D', 'N'}, 'n', 'T')	{ 'T', 'T', 'D', 'N' }

```
vector<char> chars2;
chars2.push_back('n');
chars2.push_back('n');
chars2.push_back('D');
chars2.push_back('N');
replaced(chars2, 'n', 'T');
assert('T' == chars2[0]);
assert('T' == chars2[1]);
assert('D' == chars2[2]);
assert('N' == chars2[3]);
```

10L. Stats 类

请先创建一个名为 Stats.h 的头文件，并在其中定义我们所需要的所有成员函数和实例变量。在这里，你必须要用到 vector。然后，创建一个名为 Stats.cpp 的新文件，并在该文件中实现类中定义的成员函数。下面是该类的测试方法，以及其产生的输出。在该测试中，输入文件的成员是 10 个整数：5、1、6、2、3、8、9、4、7、10。

```
/*
 * Stats.cpp
 *
 * A test driver for class Stats
 */

#include <fstream>
#include <iostream>
#include "Stats.h"
using namespace std;

int main() {
  ifstream inFile("numbers");
  int x = 0;
  Stats tests;

  while (inFile >> x) {
    tests.add(x);
  }

  cout << "Elements before sort: ";
  tests.display();
  tests.sort();
  cout << endl << " Elements after sort: ";
```

```
    tests.display();

    cout << endl;
    cout << endl << "Statistics for the first 10 integers" << endl;
    cout << "    Size: " << tests.size() << endl;
    cout << "    Mean: " << tests.mean() << endl;
    cout << "    High: " << tests.max() << endl;
    cout << "     Low: " << tests.min() << endl;
    cout << "  Median: " << tests.median() << endl;

    return 0;
}
```

程序输出

```
 Elements before sort: 5 1 6 2 3 8 9 4 7 10
 Elements after sort: 1 2 3 4 5 6 7 8 9 10

Statistics for the first 10 integers
    Size: 10
    Mean: 5.5
    High: 10
     Low: 1
  Median: 6
```

第 11 章 泛型容器

前章回顾

在上一章中，我们已经学习了如何使用泛型的 vector 对象来存储一组特定类型的元素。

本章提要

在本章中，我们将介绍一个名叫 Set 的容器类，顺便回顾一下我们在 vector 处理、类定义以及成员函数实现这些议题中学到的知识。除此之外，本章还将介绍可以用于构建存储特定类型容器的 C++模板机制。我们希望在完成本章学习之后，你将能够：
- 构建属于自己的存储任意类型容器的元素。
- 更好地理解拥有数据成员、构造函数以及成员函数的类概念。
- 更好地了解如何开发与 vector 处理相关的函数。

11.1 容器类

随着我们在计算机领域研究的深入，用在探究如何管理数据集合的方法上的时间会越来越多。上一章介绍的 vector 类只是众多为此目的设计的类之一。这些容器类通常都具有以下特征：
- 它们的主要作用是作为一组对象的容器。
- 它们通常会支持往容器中添加或移除对象。
- 它们通常会允许用户以各种形式访问容器中的各个元素。

接下来，本章将提供一个 Set 容器类，带大家回顾一下与类定义、成员函数实现相关的知识。这一次，我们将借用 vector 处理算法来实现其成员函数。除此之外，我们还将学习如何让容器类只存储指定类型的对象。也就是说，该类在构造时将会有一个类型实参传递进来。

Set 类的主要作用是存储在容器中具有唯一性的对象。通常情况下，Set 类对象应该具备以下特征：
- 和 vector 类一样，Set 类对象也可以存储任意类型的对象。
- Set 类对象中的元素是不允许重复的。
- Set 类对象中的元素不需要我们以特定顺序来维护。

Set 对象能理解 isEmpty、insert、remove、size 以及 contains 这些消息。其数据成员包含一个名为 elements 的 vector 对象，这是容器的本身；以及一个名为 n、用于表示该 Set 对象中当前元素数量的整数。在具体讨论这个容器类之前，我们要先带你了解一下 C++模板机制是如何让这些类可以存储任意类型的对象的。

11.1.1 传递类型实参

和 x 或 1.5 能以实参的形式传递给函数一样，类名（也就是类型，比如 int、double、string、BankAccount 等）也可以以实参的形式被传递给 C++的模板机制，比如<int>或<string>。以实参形式传递类型名可以让程序员使用相同的容器类来存储任何一种类型的对象。这意味着我们只需要一个 Set 类，不必为每一种类型的存储设计不同的 Set 类。

C++标准模板库（STL）用模板机制实现了一些标准容器类，其中包括 vector、list、stack 以及 queue。这样就不用让程序员各自针对自己面对的新类型来实现 vector、list、stack 和 queue 这些容器了，编译器会用单一的类模板来自动创建它们。

对于每个以实参形式传递的类名来说，一个新的类就会自动创建一个用于管理该类对象的容器。例如，下面我们用任意类型来创建一些 Set 对象：

```
Set<string> ids;              // Store string objects only
Set<double> nums;             // Store numbers only
Set<BankAccount> accounts;    // Store BankAccount objects only
```

除此之外，模板的另一个优势是我们可以用它只插入某一种类型的对象，例如下面这些消息操作的编译：

```
ids.insert("c1w4");
nums.insert(123);
accounts.insert(BankAccount("c1w4", 100.00));
```

这些消息操作是不能提供编译的，因为其实参不是其自支持的正确类型（这实际上是一件好事）。

```
ids.insert(123);              // Argument must be a string
nums.insert("c1w4");          // Argument must be a num
accounts.insert(100.00);      // Argument must be a BankAccount
```

11.1.2 模板

类型形参允许程序员将一个数据的类型传递给它所在的类，以便告知该类对象所要存储元素的类型。

通用格式 11.1：类模板

```
template<class template-parameter>
class class_name
```

在类定义之前加上模板声明，并给出一个模板形参，该参数的作用域涵盖整个类定义。例如，在 C++中，Set 模板类的定义应该是这样开始的：

```
template<class Type>
class Set {
public:
  // Allow insertion of only one specific type
  void insert (Type element);
```

Set 类型通常会使用 Type 这个词来命名它的模板形参。例如，当 Set 类对象被构造如下时：

```
Set <string> names;
```

其 Type 形参就会被替换成上面尖括号之间被传递进来的类型名,在这里就是 string。然后 C++就会自动产生如下代码:

```
void insert(string element);
```

但是,如果我们在调用构造函数初始化 Set 对象时使用的是 int 类型:

```
Set <int> x;
```

那么 C++自动产生的代码就会是下面这样的(Type 所在之处被 int 替代了):

```
void insert(int element);
```

因为 Set 被声明成了一个模板类,所以编译器可以用它作为一个模型构造任意数量、可以容纳不同类型元素的其他 Set 类。

在这里,名为 Type 的类形参的作用域一直会延伸至类定义的结尾。这意味着 Type 可以被用在类定义的任何一处,比如,我们可以在 public 段使用它,也可以在 private 段的数据成员中使用它。下面来看一个示例,在类定义之前加上类型形参(在这里就是 Type)对于类的模板化是至关重要的一步:

```
template<class Type>
class Set {
public:
  Set();
  Type insert(Type element)
private:
  Type key;
};
```

如你所见,该类的 public 方法 insert 只有一个 Type 形参,它只能接受 Type 实参传递进来的值。除此之外,它还有一个 Type 类型的 private 数据成员 key,它也只能接受 Type 实参所传递的值。在声明具体对象时,这里的 Type 标识符会被替换成声明中实参指定的类型。例如,在下面的两个对象初始化动作中,我们将 s1 和 s2 分别模板化成了 double 和 string 两种类型:

```
Set <string> s1;                        Set <double> s2;

template<class Type>                    template<class Type>
class Set {                             class Set {
public:                                 public:
    Set();                                Set();
    void insert(string element){          void insert(double index){ }
}                                       private:
private:                                  double key;
    string key;                         };
};
```

下面,我们来看一个集中使用一个泛型 Set 各项功能的示例程序:

```
#include <iostream>
#include <string>
using namespace std;
#include "Set.h" // For a generic (with templates) Set class

int main() {
  Set<string> names;
```

```cpp
    cout << "After contruction, size is " << names.size() << endl;   // 0
    cout << "and the Set isEmpty: " << names.isEmpty() << endl;       // true

    // Add a few elements, duplicates not allowed
    names.insert("Chris");
    names.insert("Chris");
    names.insert("Dakota");
    names.insert("River");

    names.remove("River");          // Succeeds
    names.remove("Not here");       // No change to the Set

    cout << endl << "After 4 insert attempts and 2 remove attempts: " << endl;
    cout << "isEmpty: " << names.isEmpty() << endl;   // false
    cout << "size: " << names.size() << endl;          // 2
    cout << "contains(\"Chris\")? " << names.contains("Chris") << endl;
    cout << "contains(\"Dakota\")? " << names.contains("Dakota") << endl;
    cout << "contains(\"River\")? " << names.contains("River") << endl;
    cout << "contains(\"No\")? " << names.contains("No") << endl;

    return 0;
}
```

程序输出（这里 1 代表 true，0 代表 false）

```
After contruction, size is 0
and the Set isEmpty: 1

After 4 insert attempts and 2 remove attempts:
isEmpty: 0
size: 2
contains("Chris")? 1
contains("Dakota")? 1
contains("River")? 0
contains("No")? 0
```

该 Set 类的优势之一，也是许多应用中很重要的一个问题，就是元素的数量可以随着 Set 类对象中的存储情况来变化。这样就不必预先判定 Set 的最大元素数量了，一个 Set 中所能存储的元素数量将仅仅取决于其存储对象的大小与内存中可用的容量。这个问题最好的答案是，Set 中可以在内存允许的情况下存储尽可能多的对象，没有固定的最大值，所有处理这部分的逻辑都会在 insert 方法中实现。

如果要想从 Set 中删除某个对象，就必须为该类型定义一个具有模板类型形参的相等运算符==。因为我们在 contains 和 remove 这两个消息定义中会用到它。下面我们就来看看 BankAccount.cpp 文件中的具体代码，我们在这里对 operator== 进行了重载，它会在==左边的 BankAccount 对象的 name 与右边实参对象的 name 相等时返回 true。

```cpp
// Overload the == operator to compare two BankAccount objects
bool BankAccount::operator == (const BankAccount & right) const {
    return name == right.name;
}
```

这个二元运算符==也可以运用在 BankAccount 对象之间：

```cpp
BankAccount acct1("Ali", 123.44);
BankAccount acct2("Ali", 567.88);
```

```
BankAccount acct3("Billie", 567.88);

if(acct1 == acct2 && !(acct1 == acct3)) // true
  cout << "acct1 == acct, but not acct3: " << endl;
```

程序输出

```
acct1 == acct, but not acct3
```

另外，这个 Set 是一个用 vector 来构造的容器，C++通常会要求 Set 的元素都有一个默认的构造函数（应该是一个没有形参的构造器），比如我们在 BankAccount.cpp 中定义的这个：

```
// A default constructor is require if you want a collection of these
BankAccount::BankAccount() {
  name = "???";
  balance = -9.99;
}
```

自测题

请根据下面的对象声明来回答以下问题：

```
Set<int> intSet;
```

11-1. intSet 中可以存储多少个整数？

11-2. 请编写代码打印出 intSet 中的元素数量。

11-3. 请向该对象发送一条消息，将整数 89 添加到 intSet 这个整数容器中。

11-4. 请向该对象发送一条消息，将整数 89 从 intSet 中删除。

11.2 Set<Type>类

在这一节中，我们将具体演示如何用 vector 和模板机制来实现一个 Set 类。这个 Set 对象应该：

- 是一个泛型类，因为它可以以<Type>的形式接受任何类型的元素。
- 不预先设置最大容量——只要自由存储空间中还有一些可用内存，它就能分配到内存。

由于种种原因，Set 类的定义只能在同一个文件中完成，而不是我们平时习惯的两个文件。这样做的主要原因是为了避免编译时错误。有一些编译器只能在所有代码都在同一个文件中时才能处理模板，用我们平时习惯的将头文件（.h）中的类定义与类的实现（.cpp）分离是不被支持的。

这里只用一个 .h 文件的另一个原因是这样做能让每个方法的头信息在一行内写完，至少可以避免十几行中反复地出现 template <class Type>。另外，也可以在每个方法定义之前省去十几个 Set::前缀。总而言之，这个泛型（模板）的 Set 类将会在同一个 Set.h 文件中被构建，它所有的方法定义都在同一个文件中：

```
/**
 * Set.h
```

11.2 Set<Type>类

```
 *
 * This is a collection class to represent sets of any type.
 * Duplicate elements are not allowed.
 */

#ifndef SET_H_
#define SET_H_

#include <vector>

template<class Type>
class Set {
```

首先，我们会将 Set<Type>中的元素存储在一个 vector 中。除此之外，我们还会维护一个 int 变量 n，用以记录该 Set<Type>中所存储的元素数，当然，这些元素必须都是不重复的：

```
  private:
    std::vector<Type> elements;
    int n;
```

数据成员 n 将会在构造函数内被初始化为 0，然后在每一次成功调用 insert 时递增 1、每次成功调用 remove 时递减 1。

11.2.1 构造函数 Set()

在 Set 的构造函数中，我们将空的 Set 初始容量设置为 20。当然，我们也可以将其设置得更大或更小。

```
// The public constructor
public:
  //--constructor
  Set() {
    elements.resize(20);
    n = 0; // This Set object has zero elements when constructed
  }
```

然后，程序员就可以像下面这样构造 Set 对象了：

```
Set <double> tests;
Set <string> names;
Set <BankAccount> names;
```

11.2.2 bool contains(Type const& value) const

在我们使用 Set 对象执行各项操作时，了解其中是否存在某个特定元素是一个非常重要的功能。成员函数 contains 的作用就是采用一个循环按顺序对 vector 进行搜索，找到目标就立即返回 true。

```
// Return true if value is in this set
bool contains(Type const & value) const {
  for (int i = 0; i < n; i++) {
    if (value == elements[i])
      return true;
  }
```

```
    return false;
}
```

如果在所有 n 个元素中都没有找到==指定元素的对象，该函数就会在循环终止时返回 false，表示没有找到指定元素。

11.2.3　void insert(Type const& element)

由于我们要实现的容器是一个 Set，所以在执行 insert 操作之前，我们必须先确定当前容器中不存在这个指定的元素。如果确认不存在，该 vector 还要去检查一下其容量是否允许存储更多的元素。如果容量不够，我们还需要在存储新元素之前增加一下 vector 的容量。

```
// If element is not == to any element, add element to this Set
// The vector will be resized to hold more elements if needed.
void insert(Type const & element) {
  if (contains(element))
    return;
  // Otherwise add the new element at the end of the vector
  // First make sure there is enough capacity
  if (n == elements.size()) {
    // Add memory for 10 more elements whenever needed
    elements.resize(n + 10);
  }
  // Insert after the last meaningful element in this set.
  elements.at(n) = element;
  n++;
}
```

11.2.4　bool remove(Type const& removalCandidate)

remove 方法会负责从容器中找到要删除的元素，然后用容器中的最后一个元素覆盖掉它。如果在容器中没有找到 removalCandidate 这个元素，就直接返回 false。

```
// pre: The removalCandidate type must overload the == operator
// post: If found, removalCandidate is removed from this Set.
//
// Remove removalCandidate if found and return true.
// If removalCandidate is not in this Set, return false.
bool remove(Type const & removalCandidate) {
  // Find the index of the element to remove
  int index = 0;
  while (index < n && !(removalCandidate == elements[index])) {
    index++;
  }
  // When subscript == size() removalCandidate was not found
  if (index == n) {
    return false;
  } else { // Found it when elements[subscript] == removalCandidate.
    // Overwrite removalCandidate with the element at the largest index
    elements[index] = elements[n - 1];
    // decrease size by 1, and
    n--;
    // report success to the client code where the message was sent
```

        return true;
    }
}

自测题

11-5. 下面的代码在经过编译之后会构建出多少个不同的类？

```
Set<string> ids;
Set<int> studentNumber;
Set<double> points;
Set<double> tests;
```

11-6. 假设我们为下列 3 种情景各构建了一个 Set 对象，请问在经历了这 3 组操作之后，它们的 size() 会返回什么值？

a. 10 次成功的插入操作，然后 5 次成功的删除操作。
b. 40 次成功的插入操作。
c. 40 次成功的插入操作，然后 40 次成功的删除操作。

11.3 迭代器模式

由于每个 Set 对象始终能够知道自身存储了多少个元素（n），因此我们可以为容器对象设计一组给定的可按顺序迭代容器中各项值的函数，并且可以使它们成为我们容器类的一部分。

本教材的 Set 类就是用迭代器方法来访问其自身所包含的对象的。我们可以用下面这段程序来演示一下客户端代码该如何迭代整个容器，而不必担心越界问题。另外，这个示例也是我们对如何为 Set<Type>类添加 4 个可访问所有元素的方法的一次预演。

```cpp
#include <iostream>
using namespace std;
#include "Set.h" // For a generic (with templates) Set class
#include "BankAccount.h"

int main() {
  Set<BankAccount> set; // Store set of 3 BankAccount objects
  BankAccount anAcct("Devon", 100.00);
  set.insert(anAcct);
  set.insert(BankAccount("Chris", 300.00));
  set.insert(BankAccount("Kim", 200.00));

  set.first(); // Initialize an iteration over all elements
  double total = 0.00;
  while(set.hasMore()) {
    cout << set.current().getName() << " has ";
    cout << set.current().getBalance() << endl;
    total += set.current().getBalance();
    set.next();
  }
  cout << "Total balance: " << total << endl;

  return 0;
}
```

程序输出

```
Devon has 100
Chris has 300
Kim has 200
Total balance: 600
```

如你所见，该循环的初始化语句盗用的是 first()，它将 Set 对象的内部索引指向了容器的第一项。然后，循环测试 hasMore()只要为 true，就意味着至少还有一个元素可访问。在每次迭代结束时，都会重复执行 set.next()这条语句，让其内部索引指向容器中的下一项，直到 hasMore()返回 false。而在该循环内，current()返回的是指向容器中某个元素的引用，我们可以通过该引用来访问这个元素。

自测题

11-7. 请编写一段代码，让其从 Set<BankAccount>任意多的元素中找出账户余额最高的那一个。

迭代器成员函数

Set 迭代器成员函数的唯一设计目的就是让客户端代码可以从头到尾以顺序访问的方式访问 Set 中的部分乃至全部元素。迭代器起先要调用的是 first()函数，让其私有数据成员 current[1]指向 Set 对象中的第一个元素：

```
void first() {
  currentIndex = 0;
}
```

接下来是 hasMore()成员函数，只要容器内还有一个元素可以访问，该函数就会返回 true。我们通常会用它来充当循环测试：

```
while(set.hasMore())
```

hasMore()成员函数会去比较其私有数据成员 currentIndex，只要它确认容器内还有一个容器可访问就会返回 true。

```
bool hasMore() const {
  return currentIndex < n;
}
```

接着是 next()成员函数，它的作用是递增其内部索引：

```
void next() {
  currentIndex++;
}
```

最后是 current()，它会返回其内部索引当前所指向的元素。请注意，该函数的返回值类型是由客户端代码在构造 Set<Type>对象时指定的。

```
Type current() const {
  return elements[currentIndex];
}
```

---

[1] 译者注：原文如此，但从上下文来看，此处似乎应该是 currentIndex。

本章小结

- 具有类型形参的类让用户可以用实参的形式来将类型的名称传递给该类。这是我们可以用 vector、list、Set 这些容器类来管理任意类型对象的基础。
- 类模板可以让编译器创建许多不同的类,而且这项工作将由编译器自行完成。这样一来,程序员就不必单独去实现像 StringVector、IntVector 和 BankAccountVector 这样的类了。
- 这些类的成员函数应该被放在同一个文件中来实现,不要再分离出独立头文件了。这样做既可以满足一些编译器的要求,也可以大量地减少代码中重复的语法单元。本章的 Set 类项目就是用这种方式来构建的。下面我们将看到的就是 Set 类在同一文件中的一份实现概略,我们移除了花括号之间的代码,改用了注释来加以说明。这个实现模型同样可以用来实现 Stack 和 PriorityList 这些编程项目。

```
/*
 * File name: Set.h
 */
#ifndef SET_H_
#define SET_H_

#include <vector>

template<class Type>
class Set {
private:
  std::vector<Type> elements;
  int n;
  int currentIndex;
public:
  Set() { }
  void insert(Type const & element) { }
  bool remove(Type const & removalCandidate) { }
  int size() const { }
  bool contains(Type const & value) const { }
  bool isEmpty() const { }
  void first() { }
  bool hasMore() const { }
  void next() { }
  Type current() const { }
};
#endif /* SET_H_ */
```

- 本章的 Set 类实现演示如何用 vector 为拥有更高级消息体系的类提供存储机制,比如不通过下标来执行元素的 insert 和 remove 操作。
- Set、vector 这些容器类除了作为存储对象的容器之外，通常也会提供针对其中元素的适当访问功能。
- Set 类还引入了迭代器成员函数的概念。迭代器可以在不暴露底层结构的情况下允许客户端代码对容器的内容进行遍历。由于 Set 既不是有序的也不提供索引下标，因此我们得通过迭代器来访问其元素节点。这和 vector 之类的其他类型可以通过[]或 at 函数来索引元素是不一样的。

练习题

1. 请根据下面的代码回答下列问题：

```
#include "Set.h"
int main() {
    Set<double> db;
    // . . .
```

a. 请问 db 中可以存储多少个 double 对象？
b. 请编写代码，添加一些不重复的元素到 db 中，要求不少于 4 个。
c. 请编写代码，使用迭代器方法逐行输出 db 中的所有元素。
d. 请编写代码，求取 db 中元素的取值范围。这里的范围是用容器中最大值与最小值之间的差值来定义的。

2. 请编写一个名为 plus 的模板类，该类的作用是负责两个值之间的+操作。要求将该类的定义和方法实现放在同一个名为 Plus.h 文件中。下面的代码是该类的一些使用样例及其会产生的输出（后者用注释来表示）：

```
// You only need one template class
Plus<int> a(2, 3);
Plus<double> b(2.2, 3.3);
Plus<string> c("Abe", "Lincoln");
a.show();     // 5
b.show();     // 5.5
c.show();     // AbeLincoln
```

3. 请编写代码，找出 Set<int>对象 intSet 中整数的取值范围。这里的范围是由容器中最大整数与最小整数之间的差值来定义的。

编程技巧

1. C++标准库提供了许多容器类（包括 vector、list、stack、queue），这些类都比我们所设计的 Set 类要更具通用性，也更强大，这个 Set 类在实际工作中其实是派不上用场的。我们在这里只是希望通过这个类复习一下类的定义和向量处理的相关知识，其实 C++本身就有一个泛型的 Set 类。本章的 Set 类主要是为了介绍如何在一个文件中用模板技术创建泛型容器而设计的。

2. 在实现泛型容器时，我们应该将所有的代码放在同一个文件中。这样做不但可以减少你在编写每个成员函数时重复的代码数量，而且有些编译器也只能编译在同一个文件中定义的模板类。

3. 迭代器是一种很流行的工具，而 Set 不是。我们希望通过对迭代器函数的演示能让你意识到：在编写访问容器中所有元素的方法时，这是一个被频繁使用的模式。而在 C++ 标准库中，Set 类就远没有 list、stack、map 这些容器类那么常用了。

4. 模板技术提供的是一种通用性。模板技术的价值在于，它使我们只需要设计一个模板类，就可以用任意的 C++ 内置类型或其他自定义类型创建出新的类。只要我们继续学习 C++，将来就一定还会看到其他的模板类。

5. 模板技术带来了大量额外的语法。以下面这个简单且不完整的容器类为例，它存储元素的方式像一个等待行列，遵守先进先出的规则。左边这一列，将该类的实现分成了两个文件，我们估算其中重复的语法单元大约有 80 个单词。而右边这一列只有一个 .h 文件，代码显得更简短，也就是说，代码的行数更少，使用的单词更少，类似于 <、>、:: 这样的语法单元更少。

```cpp
// File Queue.h
#include <vector>

template<class Type>
class Queue {

private:
  std::vector<Type> elements;
  int first;
  int last;

public:
  Queue();
  void add(Type const & element);
  Type remove();

};
```

```cpp
// File Queue.cpp
#include "Queue.h"

template<class Type>
Queue<Type>::Queue() {
  elements.resize(1000);
  first = -1;
  last = -1;
}

template<class Type>
void Queue<Type>::add(Type const & element) {
  last = (last+1) % elements.capacity();
  elements[last] = element;
}

template<class Type>
Type Queue<Type>::remove() {
  first = (first+1) % elements.capacity();
  return elements[first];
}
```

```cpp
// File Queue.h
#include <vector>

template<class Type>
class Queue {

private:
  std::vector<Type> elements;
  int first;
  int last;

public:
  Queue() {
    elements.resize(1000);
    first = -1;
    last = -1;
  }

  void add(Type const & element) {
    last = (last+1) % elements.capacity();
    elements[last] = element;
  }

  Type remove() {
    first = (first+1) % elements.capacity();
    return elements[first];
  }
};
```

编程项目

11A. Stack<Type>类

请使用模板实现一个泛型的 Stack。该 Stack 应该支持以后进先出（LIFO）方式来添加和删除元素。具体来说，首先该 Stack 应该有一个名为 push 的操作，用于将元素放入该 Stack 的"顶部"；另外，还应该有一个名为 pop 的操作，用于删除并返回当前位于该 Stack 顶部的元素。需要说明的是，顶部元素应该是这个 Stack 中唯一可被引用的元素。也就是说，如果我们将两个元素 push 进了该 Stack，必须要先 pop（删除）位于该 Stack 最顶层的元素，然后才能引用先被 push 的那个元素。下面是一个存储了 20 个整数的 Stack，我们要求你编写的程序必须要让下面的代码通过编译，并令其产生符合我们预估的输出。

```
#include <iostream>
#include "Stack.h"
using namespace std;

int main() {
  Stack<int> intStack(20);    // stack of 20 ints

  // Use intStack
  intStack.push(1);
  intStack.push(2);
  intStack.push(3);
  intStack.push(4);
  cout << "4? " << intStack.peek() << endl;
  cout << "4? " << intStack.pop() << endl;
  cout << "3? " << intStack.peek() << endl;

  cout << "isEmpty 0? " << intStack.isEmpty() << endl;
  cout << "3 2 1? ";
  while(! intStack.isEmpty()) {
    cout << intStack.pop() << " ";
  }
  cout << endl;
  cout << "isEmpty 1? " << intStack.isEmpty() << endl;

  return 0;
}
```

程序输出

```
4? 4
4? 4
3? 3
isEmpty 0? 0
3 2 1? 3 2 1
isEmpty 1? 1
```

请注意：我们可以参考本章"编程技巧"那一节中提到的 Queue 类的开头来写，并将完整的类实现放置在同一个.h 文件中。

11B. PriorityList<Type>类

本项目要求用 vector 充当数据成员来实现一个 PriorityList<Type>容器类。这个新类型的作用是将一组元素存储在一个从 0 开始计数的索引列表中，其中索引值为 0 处存储的值比索引值为 1 处存储的值具有更高的优先级，而索引值为 size()-1 处存储的值优先级最低。另外，该集合类中只能存储一种类型的元素，比如只存储 string 类型的元素。请记住：索引值为 0 处的值具有的是最高优先级，而索引值为 size()-1 处的值具有的是最低优先级。

```
PriorityList<string> todos;
todos.insertElementAt(0, "Study for the CS exam");
todos.insertElementAt(0, "Get groceries");
todos.insertElementAt(0, "Sleep");

for(int priority = 0; priority < todos.size(); priority++)
  cout << todos.getElementAt(priority) << endl;
```

程序输出

```
Sleep
Get groceries
Study for the CS exam
```

请完成 PriorityList<Type>类的下列方法，在这个过程中请使用 vector 来存储元素。

```
// Construct an empty PriorityList with capacity to store 20 elements
PriorityList();

// Return the number of elements currently in this PriorityList
int size();

// Return true if size() == 0 or false if size() > 0
bool isEmpty();

// Insert the element at the given index. If the vector
// is too small, resize it.
// precondition: index is on the range of 0 through size()
void insertElementAt(int index, Type el);

// Return a reference to the element at the given index.
// precondition: index is on the range of 0 through size()-1
Type getElementAt(int index);

// Remove the element at the given index.
// precondition: index is on the range of 0 through size()-1
void removeElementAt(int index);

// Swap the element located at index with the element at index+1.
// Lower the priority of the element at index size()-1 has no effect.
// precondition: index is on the range of 0 through size()
void lowerPriorityOf(int index);

// Swap the element located at index with the element at index-1.
```

```
// An attempt to raise the priority at index 0 has no effect.
// precondition: index is on the range of 0 through size()
void raisePriorityOf(int index);

// Move the element at the given index to the end of this list.
// An attempt to move the last element to the last has no effect.
// precondition: index is on the range of 0 through size()-1
void moveToLast(int index);

// Move the element at the given index to the front of this list.
// An attempt to move the top element to the top has no effect.
// precondition: index is on the range of 0 through size()-1
void moveToTop(int index);
```

为了帮助你了解这些方法是如何工作的，我们在下面提供了一个参考程序，演示每个消息发给列表时它们对该列表所做的修改。建议：请一次实现一个方法，然后立即为其编写测试，以确保它能正常工作。

```cpp
#include <iostream>
#include <string> // Needed by Visual Studio
#include "PriorityList.h"
using namespace std;

int main() {
  PriorityList<string> list;
  list.insertElementAt(0, "a");
  list.insertElementAt(1, "b");
  list.insertElementAt(2, "c");
  list.insertElementAt(3, "d");
  for (int i = 0; i < list.size(); i++) // a b c d
    cout << list.getElementAt(i) << " ";
  cout << endl;

  list.insertElementAt(1, "f");
  for (int i = 0; i < list.size(); i++) // a f b c d
    cout << list.getElementAt(i) << " ";
  cout << endl;

  list.removeElementAt(0);
  for (int i = 0; i < list.size(); i++) // f b c d
    cout << list.getElementAt(i) << " ";
  cout << endl;

  list.lowerPriorityOf(3); // no effect
  list.lowerPriorityOf(0); // move f right
  list.lowerPriorityOf(1); // move f right
  list.lowerPriorityOf(2); // move f right
  for (int i = 0; i < list.size(); i++) // b c d f
    cout << list.getElementAt(i) << " ";
  cout << endl;

  list.raisePriorityOf(0); // no effect
  list.raisePriorityOf(2); // move d left
  list.raisePriorityOf(1); // move d left
  for (int i = 0; i < list.size(); i++) // d b c f
    cout << list.getElementAt(i) << " ";
  cout << endl;
```

```
    list.moveToLast(list.size() - 1); // no effect
    list.moveToLast(0); // move d from top priority to last priority
    for (int i = 0; i < list.size(); i++) // b c f d
        cout << list.getElementAt(i) << " ";
    cout << endl;

    list.moveToTop(0); // no effect
    list.moveToTop(2); // move f to top priority again
    for (int i = 0; i < list.size(); i++) // f b c d
        cout << list.getElementAt(i) << " ";

    return 0;
}
```

11C. 带异常机制的 PriorityList<Type>类

这是一个可选项目。 请修改上面的代码，让容器在索引值越界时抛出异常。首先，我们需要将以下#include 指令添加到 PriorityList<Type>的实现代码中：

```
#include <stdexcept>
```

接下来，我们要将下面的 if 语句添加到所有带 index 形参的方法中去。如果程序员提供了不正确的索引值（比如-1 或 size()），函数就会抛出异常，这被认为是一个不错的措施：

```
// Insert the element at the given index.
// precondition: index is on the range of 0 through size()
void insertElementAt(int index, Type element) {
    if (index < 0 || index > size()) {
        throw std::invalid_argument(
                "\ninsertElementAt: index must be 0..size()");
    }
    // . . .
```

第 12 章　指针与内存管理

前章回顾

到目前为止，我们存储对象所需的内存都是由交由系统后台自行分配的，访问内存也只能通过变量名或发消息的方式来完成。

本章提要

在本章中，我们要来介绍一下"**间接**（indirection）"这个概念。间接的情况通常出现在某件事物出现替代品的时候。比如，以图书目录卡为例，这种卡片上记录的是每本书的杜威十进制数，这些数字本身并不是书，它们只是对书的引用。由于该卡片从某种意义上来说是命名了一些书所在的位置，所以这些信息也可以被视为一种"地址"。在 C++中，我们会用**指针**（pointer）来实现这种间接性。指针是一种用于存储其他变量地址（或指向它们的指针）的变量。除此之外，本章还会介绍一下基于原生的 C 数组和内存管理。我们希望在学习完本章内容之后，你将能够：

- 理解指针是用于存储其他对象地址的对象。
- 使用无边界检查的原生 C++数组。
- 使用若干种方法来初始化指针。
- 使用 new 和 delete 这两种操作符来管理内存。

12.1　内存因素考量

每个对象都会有一个名称、一个状态以及一组可执行的操作。每个对象也都有自己的**作用域**（它们被人知道的范围）和**生命周期**（该对象被构造到被认为已经不存在的这段时间）。这一切都始于它们的初始化，比如：

```
int able = 123;
int baker = 987;
```

在一个对象被初始化后，它上述的大部分特征都已经被定义得很清楚了，但对象在内存中的位置（也就是它们的地址）就没有那么清楚了。到目前为止，我们都是依靠系统自己来管理这些地址的，但 C++是允许程序员直接对这些地址进行操作的。

每个对象都会驻留在一个特定的内存位置中，占据一个或多个字节的计算机内存。每个对象在内存中的位置通常都是用它所占用的第一个字节的地址来表示的。举个例子，假设下面的表格是一个机器层视图，我们从中可以看到变量 able 的存储地址是 6300、baker 的存储地址是 6304。这些地址是被任意安排的，也可以是其他地址。另外，在 C++中，int 通常会占用 4 个字节的内存（当然，这不是一定的）。

地　　址	类　　型	名　　称	状　态　值
6300	int	able	123
6304	int	baker	987

如你所见，名为 able 的对象占据的是 6300、6301、6302 和 6303 这 4 个字节的内存，它的地址是这 4 个字节中第一个字节的内存位置，即 6300。尽管我们并不需要总是去了解对象的确切地址，但在基于 C++ 来学习计算基础的过程中，对象的存储地址是一个很重要的概念。

许多对象的内存分配是在编译时完成的。通常情况下，char 对象会被分配一个字节，int 对象是两个字节还是 4 个字节要取决于具体的计算机系统，double 对象也需要有一个特定的、可预测的字节数（至少对于机器而言）。这些类型都被称为**静态**（static）的，因为它们的内存分配都是在编译时完成的。静态变量被分配的内存量是固定的，程序在运行时无法对其进行修改。

指针对象可以让程序员通过编写代码的方式在运行时分配内存。只要程序还在运行，它所获得的空间就是可用的。在运行时被分配的对象被称为**动态**（dynamic）对象，因为它们都是在运行时获取内存块的。这种对象的主要优点是实现了内存的按需分配，其分配到的内存可在不被需要时撤销并归还给系统，以备后续使用。

动态对象可通过缩小或放大的方式来管理容器，这样一来容器的大小就只取决于可用的内存了。这可以让程序员更有效地管理计算机资源。举个例子，string 对象在后台采用的就是动态的内存分配，因此它可以在运行时调整自身的大小。毕竟使用这个 string 类的产品通常是无法预知其用户会在运行时输入多少字符的：

```
string name; // Memory allocated during input
cout << "Enter your name: ";
cin >> name;
```

string 类也允许程序员给其对象赋值各种长度的字符串：

```
string a, b; // Appropriate memory is allocated on assignment
a = "The string a should have its own space";  // 38 chars
b = "The string b should also";                // 24 chars
```

当然，我们也可以选择在构造 string 对象的过程中分配一个字符类型的 vector，但将它设置得多大呢？我们当然可以为其设置一个足够大的尺寸，以便它可以应对大多数字符串，但这样做肯定会造成内存的大量浪费。想象一下，有一个存储 1000 个 string 对象的 vector，其中每个 string 对象都被分配了 128 或 200 字节的内存，但这些 string 的平均长度最终只存储 9 个字符，这是何等的浪费。如果没有指针，程序员就必须采用这种浪费计算机内存的方法。所以要想了解内存管理，我们就必须先了解指针。

12.1.1 指针

指针（pointer）中存储的是其他对象的地址，作用是"指向"这些对象。声明指针对象需要在相应的类名之后加上一个星号（*）:

通用格式 12.1：声明指针变量

class-name *identifier*;

这里的星号表示 *identifier* 是一个用于存储 *class-name* 类型对象的地址的变量。例如，在下面这个声明中：

int* intPtr;

名为 intPtr 的指针对象中存储的是一个 int 对象的地址。换而言之，这个叫 intPtr 的对象本身并不代表一个 int 对象，它代表的是 int 对象的地址。通常情况下，一个指针对象的状态不外乎以下 3 种可能（三者必有其一）：

1．未定义状态（表示 intPtr 当前存储的是垃圾信息）。
2．等于一个叫作 nullptr 的特殊指针值，这时代表该指针不指向任何东西。
3．指向了其声明类型的一个实体。

目前，任何试图对未定义状态 intPtr 值执行的操作都会导致未定义的系统行为。所以，常见的做法是将 intPtr 的值设置成一个特殊的指针常量 nullptr，以表示该指针目前不指向任何东西。

intPtr = nullptr; // intPtr points to nothing

指针对象存储的是地址，将它表示成一个带箭头的盒子，让它指向相应的对象会更直观一些。所以对于下面的语句：

int anInt = 123; // Allocate memory for an int and initialize it
int* p; // Allocate memory to store the address of an int object

我们可以用下面这个图来表示：

anInt | 123 | ? | p

这里的?代表这个指针尚未被赋值。也就是说，?代表的是一个垃圾值。为了表示该指针现在不指向任何东西，我们在这里需要用到一个 C++关键字，nullptr。

p = nullptr;

当指针 p 被赋予 nullptr 这个值时，p 的状态可以用下面这个带对角线的图形符号来表示：

指针对象可以通过&操作符来获取其要赋值的**地址**。&操作符返回的是其后面那个对象的地址。

通用格式 12.2：获取某个对象的地址

&*object-name*;

举个例子，&anInt 这个表达式得到的就是 anInt 的地址。我们可以通过下面的语句将 anInt 的地址存储到指针对象 p 中（在这里，我们可以将&anInt 这个表达式读作"anInt 的地址"）：

p = &anInt; // &anInt returns memory location (address) of anInt

这个赋值操作最好的图形化表示就是从之前的?处拉一个箭头指向 anInt 的地址所表示的内存。

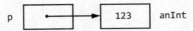

这个从 p 指向 anInt 的箭头代表 p 目前指向了 anInt 这个对象。但是，p 中实际存储的是一个地址，也就是 anInt 在内存中的位置。

指针对象是可以间接改变其指向对象的状态的。例如，我们可以不通过 anInt 这个对象本身的名称来改变它的状态。这里需要用到叫作**间接寻址**（indirect addressing）的解引用操作，这种间接操作需要用*操作符来完成，它允许我们在程序中通过指针对象来检查或修改该指针指向的内存。下面我们就来示范一下如何通过 p 修改 anInt 所在的内存：

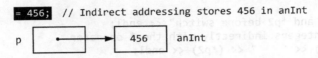

通用格式 12.3：间接寻址

```
*pointer-object;
```

也就是说，针对*p 的赋值操作要修改的不是 p 本身，而是 p 所指向的对象的状态。

请注意，*操作符在指针方面有两种不同的含义。首先，在声明语句中，它表示我们正在声明的是一个指针。例如：

```
int* pInteger;
double* pDouble;
```

其次，当我们将星号与指针放在一起使用时，它代表的是对指针的解引用操作：

```
*pInteger = 456;
*pDoube = 123.45;
```

另外，在数学方面，*还代表了乘法运算。如你所见，星号的确是一个被重载的操作符。所以我们要根据它们在代码中的具体运用来确定星号所代表的意义。

总而言之，在指针对象之前加一个星号代表的是该指针指向的那个地址，并可以对那个地址中的值进行存储和修改。例如，如果 anInt 被存储在地址为 6308 的内存中，那么 p 中存储的值就是 6308。

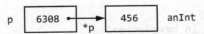

为了说明 p、*p 和&anInt 这三者之间的区别，我们打算用下面这段程序示范一下间接寻址的用法。这段程序的作用就是交换两个指针的值，在执行完该程序后 p1 和 p2 都应该指向彼此原本指向的 int 对象①。

请注意，由于指针指向的是 double 类型的值，因此它们也必须被声明成 double 类型的指针。这样做是为了告诉编译器，它要转向的是一个存储在 double 指针中的地址，要以足够的字节数来读取这个 double 对象（通常是 8 字节）。

```
// Interchange two pointer values. The pointers are switched
// to point to the other's original int object.
#include <iostream>
```

---

① 译者注：原文如此，但从上下文来看，似乎应该是 double 对象。

```cpp
using namespace std;

int main() {
  double* p1;
  double* p2;
  double* temp;
  double n1 = 99.9;
  double n2 = 88.8;

  // Let p1 point to n1 and p2 point to n2
  p1 = &n1;
  p2 = &n2;

  cout << "*p1 and *p2 before switch" << endl;
  // Get the integers indirectly with the * operator
  cout << (*p1) << "    " << (*p2) << endl;

  // Swap the pointers by letting p1 point to where p2 is pointing.
  // Also let p2 point to where p1 is pointing.
  temp = p1;
  p1 = p2;
  p2 = temp;

  // Now the values of the pointers are switched to point to each
  // other's int object. The ints themselves do not move.
  cout << "*p1 and *p2 after switch" << endl;
  cout << (*p1) << "    " << (*p2) << endl << endl;

  cout << "Actual memory locations in hexadecimal:" << endl;
  cout << p1 << "    " << p2 << endl;

  return 0;
}
```

程序输出

```
*p1 and *p2 before switch
99.9     88.8
*p1 and *p2 after switch
88.8     99.9

Actual memory locations in hexadecimal:
0x7fff5d00cbf0    0x7fff5d00cbf8
```

在该程序中，99.9 和 88.8 这两个数字在内存中并没有被移动过。我们只是将指向这些 double 对象的指针进行了互换。下面我们用图形化的方式来跟踪一下这个程序的执行过程。首先是所有 5 个对象的初始化工作（**请注意**：下面所有盒子都代表着一块存储某个对象状态的内存）：

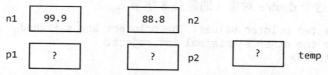

在接下来的两条语句（"p1 = &n1;" 和 "p2 = &n2;"）中，我们将两个 double 对象的地

址存储到了相应的指针中。然后是"temp = p1;"这条语句,它让指针对象 temp 也指向了 p1 所指向的那块内存。

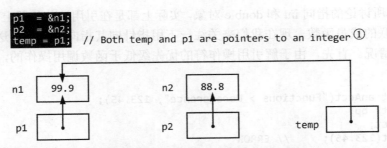

也就是说,p1 中的地址(我们用箭头来表示)也被存储到了 temp 中,这时候表达式 temp == p1 应为 true。这样做所产生的变化就是让 p1 和 temp 的箭头都指向了相同的位置,就是那个名为 n1 的对象。

接下来,我们执行的是"p1 = p2;"这个赋值动作,它让 p1 与 p2 指向了相同的地方。所以现在 p1 和 p2 存储的是相同的地址,这两个指针的值是相等的。

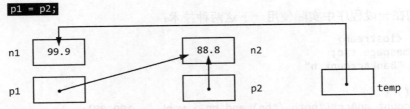

然后是最后一条语句"p2 = temp;",它让 p2 指向了 p1 原本指向的那个 double 对象。

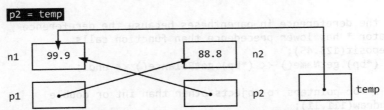

现在,p2 指向了 n1,p1 指向了 n2。换句话说,如果现在执行 cout << (*p1)这个操作输出的是 88.8,而不是原来的 99.9 了。

我们首先要明白的是,指针的使用并不容易。这需要我们将理解的对象概念从存储值的对象切换成存储其他对象地址的对象。因为在使用指针时,我们要做的算法设计和程序调试是不一样的。在调试过程中,用箭头来表示指针的值是一个不错的低成本辅助工具,我们可以通过移动箭头而不是填写地址的方式来跟踪算法。

另外在编写调试代码时,被指向的值通常要比该对象所在的地址更有价值。所以我们在调试时应该多使用带*操作符的"cout << (*aPointer);"语句,而不是"cout << aPointer;"。这样我们才能看到更有价值的对象值,而不是这些对象的地址。

---

① 译者注:该图中的注释似乎与实际情况不符,这是一个 double 对象,而不是一个 integer 对象。

12.1.2 指向对象

之前,我们所讨论的指向 int 和 double 对象,实际上都是在引用这些位置上存储的单值。它们并没有关联的成员函数。现在我们来关注一下用指针向其指向的对象发送消息的过程中会发生什么情况。首先,由于解引用操作符的优先级低于函数调用操作的,因此像下面这样是不行的:

```
BankAccount anAcct("Functions > Dereference", 123.45);
BankAccount* bp;
bp = &anAcct;
*bp.deposit(123.45);        // ERROR
```

解决该问题的方法之一就是将解引用操作放在一个括号里,以覆盖掉原本的优先级。这样*bp 就能在调用 deposit 函数之前返回一个 BankAccount 对象了:

```
(*bp).deposit(123.45);      // OKAY
```

或者,我们也可以使用 C++提供的箭头操作符->来简化指针指向相关类示例的方式:

```
bp->deposit(123.45);        // SHORTCUT
```

下面我们在一段程序中实际使用一下这两种技术:

```cpp
#include <iostream>
using namespace std;
#include "BankAccount.h"

int main() {
  BankAccount anAcct("both (*bp) and bp-> work ", 100.00);
  BankAccount* bp;
  bp = &anAcct;

  // Wrap the dereference in parentheses because the dereference
  // operator * has lower precedence than function calls
  (*bp).deposit(123.45);
  cout << (*bp).getName() << (*bp).getBalance() << endl;

  // Use -> for pointers to objects other than int or double
  bp->withdraw(111.11);
  cout <<  bp->getName() <<   bp->getBalance() << endl;

  return 0;
}
```

程序输出

```
both (*bp) and bp-> work 223.45
both (*bp) and bp-> work 112.34
```

自测题

12-1. 指针对象中存储的是什么?

12-2. 请根据下面的语句回答下列问题:

```
double* doublePtr;
```

```
double aDouble = 1.23;
doublePtr = &aDouble;
```

a. 指针对象的名称是什么？
b. doublePtr 的值是什么？
c. *doublePtr 的值是什么？
d. 请编写代码，**间接地**将 aDouble 的值从 1.23 改成 2.23。

12-3. 请问在下面这段代码执行之后*ptr 的值是什么？

```
int anInt = 123;
int* ptr = &anInt;
*ptr += *ptr;
```

12-4. 请问在下面这段代码执行之后 s3 的值是什么？

```
string s1 = string("one");
string* p1 = &s1;
string s3 = p1->c_str();
s3 += p1->c_str();
cout << s3;
```

12-5. 请编写一个表达式，计算出下面两个 BankAccount 对象的余额之和。

```
BankAccount ba1("one", 100.00);
BankAccount ba2("two", 200.00);
BankAccount* a = &ba1;
BankAccount* b = &ba2;
```

12-6. 请写出下面程序会产生的输出：

```
#include <iostream>
using namespace std;
int main() {
  int* p;
  int j = 12;
  p = &j;
  cout << ((*p) + (*p)) << "    " << ((*p) * (*p)) << endl;
  return 0;
}
```

12-7. 请编写一条语句，将一个 char 对象 ch 的地址存储到一个名为 charPtr 的指针对象中。

12-8. 请以最小的代码量声明并初始化下图中所有的对象：

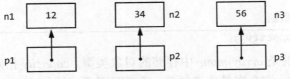

12-9. 请根据你在回答上一个问题时编写的代码写一条语句，使用*解引用操作符间接地输出所有整数的和值。

12-10. 请写出下面程序会产生的输出：

```
int p = 111;
int* q = &p;
p += 222;
cout << "p? " << p << endl;
```

```
cout << "q? " << *q << endl;
```

12-11．请写出下面程序会产生的输出：

```
int n1 = 4;
int n2 = 8;
int* ptr1;
int* ptr2;
ptr1 = &n1;
ptr2 = &n2;
cout << (*ptr1) << "    " << (*ptr2) << endl;
```

12-12．请写出下面程序会产生的输出：

```
double* p = new double;
double* q = new double;
*p = 1.23;
*q = 4.56;
p = q;
cout << (*p) << "    " << (*q);
```

12-13．在 12-12 题的代码中，我们能否通过修改最后一行代码检索出 1.23 这个值？

12.2　原生的 C 数组

对 C++ 来说，vector 类只是一个相对较新的扩展。在早期，内置的原生 C 数组是更常用的一种存储对象的容器。由于这种数组实际上存储的是第一个元素的地址，因此它是我们用来说明指针用途的经典示例。事实上，我们在所能看到的代码实现中经常会看到对 C 数组的使用，更重要的是，我们也可以通过原生的 C 数组来了解动态内存管理的好处，它为 vector::resize 和字符串赋值这些操作提供了底层引擎。也就是说，我们可以利用指针和动态分配来更好地管理内存。

原生 C 数组是一种存储相同类型元素的固定大小的容器。数组是一种由同类实体组成的结构，它存储的是一组相似的对象。这组对象的类型可以是 char、int、double 等内置类型中的任何一种。当然，只要设有默认构造函数，程序员自定义的类型（比如 BankAccount 类）也是可以用来声明成数组的。

下面我们来看一下声明原生 C 数组的通用格式：

通用格式 12.4：声明数组

type array-name[capacity];

在这里，type 指定的是 *array-name* 中存储的对象类型。*capacity* 指定的是 *array-name* 中所能存储的最大元素数。这个容量值必须是一个整数常量（比如 100）或者被定义了名称的整数常量。和 vector 不一样的是，数组是不能在运行时指定或调整大小的。例如，下面这个数组最多能存储一个元素：

```
double x[100];
```

数组中的各个元素都可以用和 vector 对象一样的下标来引用：

通用格式 12.5：引用数组中的各个元素

array-name[*int-expression*];

数组的下标取值范围也和 vector 相同，即 0 到 capacity-1 之间。

12.2.1 原生数组与 vector 之间的差异

数组与 vector 之间存在着许多相似之处，尤其是在引用各自元素的方式上。事实上，我们在第 10 章中介绍的所有 vector 处理算法都可以应用在原生 C 数组上。它们之间最明显的差异是原生 C 数组是不支持下标越界检查的，这也算是 C 数组的缺点之一，尤其对于那些刚刚开始学习数组和 vector 的人来说，有下标越界检查功能的存在会让程序更安全一些。

当代码中发生数组"越界"情况时，就会出现一些非常怪异的错误，代码中的其他对象的状态可能会被意外破坏。vector 的下标越界检查可以在程序试图越界使用内存时通知程序员，显然这是一种更可取的情况。

下面我们来看看 vector 类与原生 C 数组之间到底有哪些差异：

差 异	vector 示例	C 数组示例
vector 会在构造过程中初始化其所有元素，数组不会	`vector <int> x(100, 0);` `// All elements are 0`	`int x[100];` `// Elements are garbage`

vector 在运行时可以轻松地调整自身的大小，数组则需要做更多事才能实现	`int n;`
	`cin >> n;`
	`x.resize(n);`
		`// See growing an array`
		`// in a later chapter`

vector 可以阻止下标越界新闻	`// You are told`
	`// something is wrong`
	`cin >> x.at(100);`
		`// Destroys other variables`
		`cin >> x[100];`

vector 需要#include 相关的文件，而原生数组是内置的，不需要如此	`#include <vector>`	`// No #include required`

12.2.2 数组与指针的联系

事实上，所有原生 C 数组存储的都是其第一个元素的指针（或者地址）。然后只要对数组对象使用下标就可以计算出相应元素的地址。举个例子，如果 x 是一个整数数组，那么每个数组元素的长度应该是 4 个字节，x 的地址是 6000 的话，我们就可以用下面的公式计算出 x[3]的地址。

计算数组中各元素地址的公式：

第 1 个数组元素的地址+ (下标*一个元素的大小)

因此，x[3]的存储地址应该是 6000+(3*4)，即 6012。

引 用	地 址	值
x[0]	6000	?
x[1]	6004	?
x[2]	6008	?
x[3]	6012	?
x[4]	6016	?

12.2.3 传递原生数组实参

当数组被传递给一个函数时,被传送过去的实际上是第一个数组元素的地址。数组会自动采用传引用的方式。声明数组形参的方式是类名加上形参名,后面再跟一个[]。下面,我们用一个程序来做说明。在该程序中,main()函数会将一个数组传递给 init 函数。请注意,当 init 函数修改其形参 x 时,与之相关联的实参 anArray 也随之被修改了。也就是说,x 和 anArray 的前 3 个元素都会被分别赋值为 90、95、99。即使我们没有用&操作符来将 anArray 传递给形参,情况也是一样的。毕竟 anArray 本身是按值传递的。

```cpp
// Pass the address of the array to a function.
// The & is not required. An array stores an address.
#include <iostream>
using namespace std;

void init(int x[], int & n) {
  // x and n are reference parameters; however, x does not need &
  x[0] = 90;
  x[1] = 95;
  x[2] = 99;
  n = 3;
}

int main() {
  int n = 5;
  int anArray[5];

  init(anArray, n); // init will change x and anArray
  for (int index = 0; index < n; index++) {
    cout << anArray[index] << " ";
  }
  cout << endl;

  return 0;
}
```

程序输出

```
90 95 99
```

由于数组名中存储的是该数组第一个元素的地址,因此传递数组名给某个函数时实际上传递的是地址。因此,数组自动采用了传引用的方式,传递该数组第一个元素的地址。对 x 使用下标的结果和对 anArray 使用下标的结果是一致的。我们可以用下面这张图来描绘一下 anArray 按引用传递的过程,这里我们甚至没有使用&操作符:

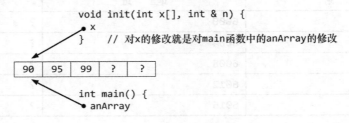

12.3 用 new 操作符分配内存

new 操作符经常会被用来为指针对象赋值。当我们在类名前面加上一个 new 操作符时，该表达式就会分配一块足够大的连续内存空间，以便存储该类的实例。然后，这个表达式会将其获得的内存地址（或者说指向该内存的指针）返回。

通用格式 12.6:（单一对象的）动态内存分配

```
new class-name;
```

在这里，我们在运行时所分配到的内存来自一个叫**自由存储区**（free store）的地方，后者是计算机内存中一块专为自由分配而设定的区域（自由存储区有时候也被称为**堆**（heap））。例如，下面的表达式会分配一块足以存储一个 int 值的内存，并返回指向该内存的指针。

```
new int; // Allocate memory, return a pointer value (an address)
```

当然，该指针表达式通常会搭配指针对象的初始化动作，而不是像上面这样忽略其返回的指针值（可以存储一个整数值的内存地址）。

```
int* intPtr = new int; // Allocate memory, store address in intPtr
```

另外需要说明的是，上面这种写法其实是下面这种等效代码的简写形式：

```
int* intPtr;
intPtr = new int; // Allocate memory, store address in intPtr
```

现在，我们的情况是 intPtr 持有了一个 int 对象的地址（该地址上可以存储一个 int 值）。该情况也可以用下面这张图来说明。在该图中，由于 int 的值尚未被定义，因此我们用 ? 来表示，而 intPtr 的值则用箭头来表示[①]，指向这个未定义值的 int 对象：

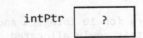

接下来，我们可以用这条语句初始化这块新分配的内存：

```
*intPtr = 123;
```

该操作产生的指针和 int 对象的状态如下图所示：

intPtr ●——▶ 123

下面，我们用一段具体的程序来演示一下如何动态分配一个 int 对象：

```
// Illustrate one pointer object and one int object
#include <iostream>
using namespace std;

int main() {
```

[①] 译者注：原文如此，但该图中似乎没有画上箭头。

```
    // Declare an intPtr as a pointer to an int
    int* intPtr;

    // Allocate memory for an int and store address in intPtr
    intPtr = new int;

    // Store 123 into memory referenced by intPtr
    *intPtr = 123;

    cout << "\n The address stored in the pointer object: " << intPtr;
    cout << "\nThe value of the int pointed to by intPtr: " << *intPtr;

    return 0;
}
```

程序输出（地址以十六进制的形式显示，也就是说 a 代表 10、f 代表 15）

```
The address stored in the pointer object: 0x7fbd3bc04a20
The value of the int pointed to by intPtr: 123
```

请注意，这里指针对象的值为 25360（十六进制数 0x7fbd3bc04a20），它被 intPtr 所引用，而实际的 int 值 123 得通过*intPtr 这个解引用操作来获取。

在运行时为数组分配内存

有时候，在运行时分数组可能会更方便一些，因为在那时我们能更好地了解自己所需的最大容量。在 C++ 中，我们可以通过在之前的 new 操作符表达式上增加一个[capacity]来实现为多个对象分配内存。这里的 capacity 代表的是要分配的对象个数。

通用格式 12.7：（capacity 个对象的）动态内存分配

```
new type[capacity];
```

示例：为 10 个整数分配内存：

```
new int[10]; // Allocate memory for 10 integers and return
             // a pointer to this newly allocated memory
```

由于 new 操作符返回的是数组首字节的地址，因此我们可以用它来快速初始化指针对象：

通用格式 12.8：初始化指针对象

```
type* identifier = new class-name[number of elements];
```

示例：

```
int* nums = new int[10];
```

现在，指针对象 nums 指向的是一块内存的首地址，这块内存的大小为 4 * 10，其中的值处于未定义状态（垃圾值），并且每 4 字节将存储一个整数：

nums →

?	?	?	?	?	?	?	?	?	?
[0]	[1]	[2]	[3]	[4]	[5]	[6]	[7]	[8]	[9]

我们可能一时觉得①这种内存动态分配很好用。当我们为某个数组设置一个初始容量之后，在运行时发现自己需要更大容量，就可以执行以下算法来调整它：

- 创建一个比当前实例变量更大的临时数组。
- 将原数组的内容（从num[0]到nums[n-1]）复制到临时数组中。
- 让指向原数组的引用指向这个临时数组。

```cpp
// This code dynamically (at runtime) "grows" an array
#include <iostream>
using namespace std;

int main() {
  int n = 10;
  int* nums = new int[n]; // Some C++ compilers can not handle int[n]
  int anInt = 1;
  // Initialize n array elements with a for loop
  for (int i = 0; i < n; i++) {
    nums[i] = anInt;
    anInt += 3;
  }

  // Show the filled array
  for (int i = 0; i < n; i++) {
    cout << nums[i] << " ";
  }

  // Need more room? Grow the array at runtime
  int* temp = new int[n+5]; // Some C++ compilers can not handle int[n+5]
  // 2) copy the elements to the temporary array
  for (int i = 0; i < n; i++) {
    temp[i] = nums[i];
  }

  // Make the original array pointer refer to the "bigger" array
  nums = temp;

  // Add 3 more elements to the bigger array
  nums[n++] = 997;
  nums[n++] = 998;
  nums[n++] = 999;

  // Print the larger array with the added elements
  cout << endl << "Larger array" << endl;
  for (int i = 0; i < n; i++) {
    cout << nums[i] << " ";
  }
  return 0;
}
```

程序输出

```
1 4 7 10 13 16 19 22 25 28
Larger array
```

---

① 译者注：作者之所以会说这是"一时觉得"，是因为这个算法没有考虑到内存泄漏的问题。关于内存泄漏，作者在稍后介绍delete操作符时会具体说明。

1 4 7 10 13 16 19 22 25 28 997 998 999

下面我们通过图片来看一下这个数组，首先是被填满容量的原数组：

nums

9	12	15	18	21
[0]	[1]	[2]	[3]	[4]

然后是容量两倍于原数组的新数组：

temp

?	?	?	?	?	?	?	?	?	?
[0]	[1]	[2]	[3]	[4]	[5]	[6]	[7]	[8]	[9]

最后，我们让 nums 指向这个新数组，用下面这条赋值语句让它与 temp 成为同一个引用：

nums = temp;

在将上面 3 个整数添加到这个容量更大的数组之后，我们就会看到该数组的情况如下：

temp

?	?	?	?	?	?	?	?	?	?
[0]	[1]	[2]	[3]	[4]	[5]	[6]	[7]	[8]	[9]

nums

自测题

12-14. 请写出下面代码会产生的输出：

```
int* x = new int[10];
x[0] = 4;
x[1] = 8;
cout << x[0] + x[1] << endl;
```

12-15. 请编写一条初始化语句，要求用 new 操作符分配一个能存储 1000 个 double 对象的数组。

12-16. 请编写代码，将上一个问题中的 1000 个 double 全都初始化成 -1。

12-17. 请写出下面代码会产生的输出：

```
const int MAX = 6;
int* x = new int[MAX];

for(int i = 0; i < MAX; i++) {
  x[i] = 2 * i;
}
for(int i = 0; i < MAX; i++) {
  cout << x[i] << " ";
}
```

12-18. 原生数组支持在声明的同时用数组的初始化器进行初始化，比如：

```
int x[] = {3, -4, -3, 6, 1};
```

```
int n = 5;
```

请编写一段代码，找出上面这个数组 x 的元素取值区间，这里取值区间的定义是数组中最大值与最小值之间的差值。我们要求你的代码必须要适应数组初始化器以各种不同容量值和元素值初始化出来的数组。

12-19. 请声明一个 string 数组，并用数组初始化将其元素依次初始化成："a"、"b"、"c"、"d"。

12.4 delete 操作符

到目前为止，我们用 new 操作符示范的都是少量的内存分配，但我们还是得考虑一下如果内存分配大到一定量会出现什么情况。如果一直使用 new，但不将内存归还到自由存储区，就会导致**内存泄漏**（memory leak）。这会对程序可用的内存量形成限制。

在某些时间点上，程序可能就不再需要之前动态分配所得的内存了。一旦出现这种情况，我们就要将之前分配所得的、现在不再需要的内存归还给自由存储区。这样才能让其他对象得到这些动态分配的内存。在 C++ 中，这种归还或**释放**（deallocation）内存的动作是通过其内置的 delete 操作符来完成的。下面，我们来看一下 delete 操作符的两种通用格式：

通用格式 12.9：释放内存（一种回收资源的形式）

```
delete pointer-object;
delete[] pointer-to-array;
```

如你所见，上面的第一种格式是将单个对象动态分配所得的内存归还给自由存储区。第二种格式是将我们用 new 和 [] 分配的一组对象的内存归还给自由存储区。在下面的程序中，我们分别用 delete 操作符释放了指针 p 所指的存储单个 double 对象的内存以及 x 所指的存储 10000 个整数的内存。

```
// Allocate and deallocate memory at runtime
#include <iostream>
using namespace std;

int main() {
  int* p = new int;
  *p = 123;

  int* x = new int[10000]; // claim 40,000 bytes from the free store
  x[0] = 76;
  x[1] = 89;
  // ...
  x[9999] = *p;

  // When no longer needed, free the memory to avoid memory leaks
  delete p;
  delete[] x;
  // All the bytes of memory pointed to by p and x can be allocated later

  return 0;
}
```

在这两条 delete 语句执行完之后，该程序分配所得的内存就都归还给了自由存储区。然后，这些指针就不能用了，再用它们就会导致不可预测的行为。

我们在使用数组的程序中应该用 delete 归还不再需要的内存，这样就不会得到什么警告信息或错误了。相反，如果我们让内存泄漏了，这些不再被需要的内存就再也无法回收了。

```
double* temp = new double[n+5];
for (int i = 0; i < 10; i++) {
  temp[i] = nums[i];
}

delete[] nums; // Avoid a memory leak by freeing up memory
```

12.5　用 C 的 struct 构建单向链接结构体

单向链接的数据结构是用顺序方式来存储一组元素的一种替代方案。C++标准库中的 list 类很有可能就是用这种单向链接结构来实现的，这其中包含了我们在本节中要介绍的概念。

与之前将元素存储在一块连续内存中不同的是，单向链接的结构体是用一组带链接的节点来存储元素的，每个节点中都存储着一个元素和指向（对应顺序容器中）下一个节点的链接。当然，我们也需要有一个执行其第一个节点的指针，这里就将该指针命名为 first。

为了实现这个结构，我们需要将指针作为数据成员添加到相应的类或结构体的定义中。结构体的定义和类基本上是一样的，除了在默认情况下类中定义的成员是私有的、结构体是公有的，但是只要明确声明 public 或 private，这两者之间除了名称就没有什么不同了。当然，由于历史原因，我们在此处使用的结构体只设有默认构造函数和数据成员，而它们默认就是公有的，因此这里就不必添加 public 关键字了。

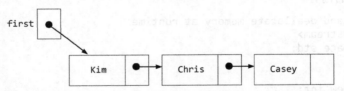

下面我们来示范一下如何构建两个公有数据成员的 struct，这是构建一个 LinkedList 结构的开始：

```
#ifndef LINKEDLIST_H_
#define LINKEDLIST_H_

/**
 * This file contains two types:
 *
 * 1) struct node to hold an element and a link to another node
 * 2) class LinkedList to hold an indexed sequential collection using
 *    the singly linked data structure
 *
 * A LinkedList can only store string elements. Templates are not
 * used here to allow focus on pointers and memory management.
 */
```

12.5 用 C 的 struct 构建单向链接结构体

```cpp
struct node {
  // Two public data members
  std::string data;
  node* next;

  // Two public constructors
  node() {
    next = nullptr;
  }

  node(std::string element) {
    data = element;
    next = nullptr;
  }
};

// class LinkedList will go here . . .

#endif /* LINKEDLIST_H_ */
```

在下面的代码中,我们要构建一个新的 node 对象,并让指针 first 指向该对象。然后我们通过->操作符来输出它的值,这是对 node 的公有数据成员执行解引用必须要用到的操作符。

```cpp
#include <iostream>
#include <string>
#include "LinkedList.h"
using namespace std;

int main() {
  // Let nodePointer reference a dynamically allocated node object
  node* first = new node("Kim");
  // assert: nodePointer->next == nullptr

  // Display the state of the public data member my_data
  cout << " The value: " << first->data << endl;
  cout << "#characters: " << first->data.length() << endl;
}
```

程序输出

```
The value: Kim
#characters: 3
```

下面用一张图来说明一下上述实现在内存中的样子:

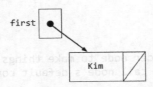

链接结构的特征就是我们可以由一个元素来引用另一个元素。其数据成员中存储着一个指向同类型另一个对象的指针,这样这些对象就能被链接在一起了,我们就可以由第一个

节点找到第二个节点。在下面的代码中，我们就来示范如何构建将 3 个节点链接在一起。请注意，这里是使用 p->next 来引用第二个节点的。

```
// Build the first node
node* p = new node("One");

// Construct a second node pointed to by the first node's next
p->next = new node("Two");

// Build a third node pointed to by p->next->next
p->next->next = new node("Three");
```

同样地，我们用一张图来说明一下这 3 个可链接节点在内存中的样子：

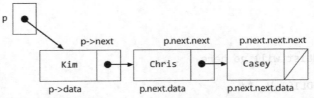

我们可以用一个名为 ptr 的指针遍历这 3 个节点。也就是说，我们通过该指针就可以引用到所有的 3 个节点。一开始，ptr 指向了第一个节点，只要 ptr 不等于 nullptr，该节点中的数据就会（在循环中）被显示。

```
// Traverse the nodes until a next field is nullptr
node* ptr = p; // Don't change p, which is a pointer to the first node
while(ptr != nullptr) {
  cout << ptr->data << endl;
  ptr = ptr->next;
}
```

如你所见，在每轮循环迭代中，我们都会通过 ptr = ptr>next 这条语句将 ptr 更新成指向下一个节点的指针，或者在循环结束时被设定为 nullptr。

12.5.1 用单向链接数据结构实现 list 类

在这一节中，我们要来介绍一下 LinkedList 中那些用来操作 node 对象的成员函数。首先，其构造函数会创建一个带虚拟头节点的空 list，以便之后执行节点的添加与移除操作。

```
class LinkedList {

private:
  node* header;
  node* last;
  int n;
public:
//--constructor
  LinkedList() {
    // Create a dummy header node to make things easier
    header = new node; // call node's default constructor
    last = first;
    n = 0;
  }
```

照例，我们也用一张图来说明一下这个带虚拟节点的空 list 在内存中的样子：

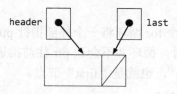

12.5.2 add(std::string)

链表的添加元素操作可以分为有序链表和无序链表两种情况。其中，有序链表顾名思义就是指其存储的对象是按升序排列的。但是，我们在这里要示范的是无序链表的实现，因此，这里的元素是不会按字母顺序排列的。而且由于这是一个无序链表，因此所有的新元素都可以直接添加到整个链表的最末端。当我们使用虚拟节点来避免在链表添加或移除元素时可能发生的一些特殊情况时，这一切实现起来是很方便的。在添加元素时，我们只需让 last->next 指向我们新建的对象，然后务必要记得更新 last 这个数据成员，令其指向最后一个节点，并同步递增当前列表中的节点数即可。

```
void add(const std::string newElement) {
  // Allocate and initialize a new node
  last->next = new node(newElement);

  // Update the last pointer
  last = last->next;

  // Maintain current size
  n++;
}
```

下面是上述链表在执行了相应 add 消息之后在内存中的样子：

```
LinkedList stringList;          // n == 0
stringList.add("First");        // n == 1
```

```
stringList.add("Second");       // n == 2
stringList.add("Third");        // n == 3
```

12.5.3　get(int index)

get 操作的实现就是依靠一个 for 循环将一个外部指针 ptr 移动到正确的节点上。请注意，如果该函数收到的 index 为 0 时，循环并不会让 ptr 往前推进，但也要让它指向链表中第一个真实的节点，即 header->next[①]，也就是"first"节点。

```
std::string get(int index) {
  node* ptr = first->next;
  for (int i = 0; i < index; i++) {
    ptr = ptr->next;
  }
  return ptr->data;
}
```

12.5.4　remove(string removalCandidate)

当我们执行链表的元素删除操作时，需要考虑以下两种可能性：
1. 在链表中找不到可用==操作符匹配的指定元素。
2. 在链表中找到了可用==操作符匹配的指定元素。

在链表中搜索特定元素的过程与在数组中进行顺序搜索是类似的。唯一的不同就是，我们现在要用指针而不是下标来访问数据成员。

假设现在我们要搜索"Second"这个元素。首先，我们要设置一个名为 ptr 的指针，并通过 header 节点让它指向链表中的第一个元素。在搜索到要移除的那个节点之前，我们可以用同样的方式持续地向前移动这个指针。

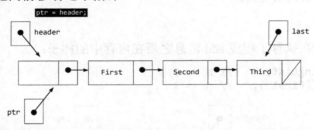

这个顺序搜索过程会一直持续到 ptr->next->data 等于 removalCandidate，或链表中没有更多可搜索元素为止。也就是说，只要 ptr->data == removalElement（"First" == "Second"）为 false，循环就会让 ptr 指向链表中的下一个节点。

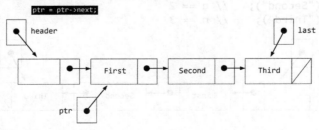

---

① 译者注：原文如此，但在下面的代码中却写成了 first->next，译者认为是代码有笔误，应该是 header 的 next，它指向的才是 first。

12.5 用 C 的 struct 构建单向链接结构体

现在，ptr 指针所指向的节点位于我们要移除的节点之前了，也就是 ptr->next->data == "Second"为 true。由于有了虚拟头节点的帮助，该算法可以在前一个位置上查看目标节点的数据了。这带来了不少方便，因为我们接下来只需像 ptr->next = ptr->next->next 这样发送一个目标后面的指针就可以将该节点删除了。

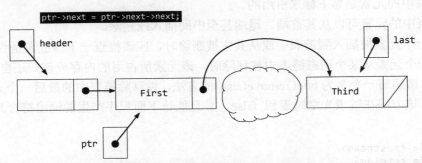

这样一来，ptr->next 所指向的节点就可以安全地被 delete，并将其内存归还给自由存储区了。

```
bool remove(const std::string removalElement) {
  // Create an external pointer to point to the node before the first node
  node* ptr = header;

  // Search the remaining list elements until
  // found or the end of the list is found
  while (ptr->next != nullptr && ptr->next->data != removalElement) {
    ptr = ptr->next;
  }

  // Don't delete a nonexistent node
  if (ptr->next == nullptr) {   // removalElement was not found
    return false;
  } else {
    // Check if the last node is being removed so last gets corrected
    if(ptr->next == last) {
      last = ptr;
    }
    // Send the link around the node to be removed
    ptr->next = ptr->next->next;
    if (ptr != header)
      delete ptr->next;    // Deallocate memory
    n--;                   // Maintain current size
    return true;           // Report successful removal
  }
}
```

如果该函数要移除的是最后一个节点，那它就需要调整一下 last 指针，让它指向其前一个节点。如果 ptr 指向的是最后一个节点，那么该函数就没有找到要移除的元素，返回 false。

自测题

12-20．请用画图的方式来说明一个拥有两个节点的链表在其第一个节点被移除前后的情况。

12-21. 请用画图的方式来说明一个单节点链表在其第一个节点被移除前后的情况。

12-22. 如果在链表中没有找到与 removalCandidate 匹配的节点，请问会发生什么情况？

12-23. 请判断下面的命题是否成立（回答 true 还是 false）。

a. 动态链表一定得在程序开始执行之前确定其大小。
b. 链表中的元素是靠下标来引用的。
c. 链表中的元素可以从其首端、尾端甚至中间插入或删除。
d. 当一个元素被插入到链表中或从其中被删除时，应该检查一下该链表是否为空。
e. 当一个元素从某个动态链表中被移除时，该元素所占用的内存应该归还自由存储区。

12-24. 请编写一个名为 bool removeLast() 的方法，以移除链表中的最后一个元素。我们的要求是，该方法在链表为空时返回 false，并且能让下面程序产生的输出符合其注释中的说明。

```
#include <iostream>
#include <string>
#include "LinkedList.h"
using namespace std;

int main() {
  LinkedList list;
  cout << list.removeLast() << endl; // 0
  list.add("A");
  cout << list.removeLast() << endl; // 1
  list.add("B");
  list.add("C");
  list.add("D");
  cout << list.removeLast() << endl; // 1
  list.add("E");
  cout << list.get(0) << " ";
  cout << list.get(1) << " ";
  cout << list.get(2) << endl;        // B C E
  cout << list.size() << endl;        // 3
  return 0;
}
```

本章小结

- 指针存储的是其他对象的地址。一个指针可以指向某个对象。例如，在下面的代码中，ptr 是一个指针，*ptr 引用的是 double 类型的对象 x，后者的初始值为 99.9。

```
double * ptr;
double x = 99.9;
ptr = &x;
*ptr = 1.234;
```

在最后一条语句中，我们通过指针将存储在 x 中的值修改成了 1.234。在这里*（星号）操作符的作用是对指针进行解引用。解引用指的是让指针去操作它所存储的地址中的值，具体到这里就是，指针中存储的是 x 的地址，并且修改了存储在该地址中的值。所以我们说，该指针间接地修改了存储在 x 中的值。

- 一个变量的地址指的是其状态值所存储位置的首地址。如果存储一个 int 对象需要 4 字节，那么这个 int 对象的地址就是存储该 int 值的首个字节的地址，而指针中所存储的也是这个地址。而指针之所以能知道该地址应该读取到哪里，是因为我们将其声明成了 int 类型，告诉了它应该读取 4 字节的数据（当然，具体的字节数会因我们所在的具体计算机系统而异）。
- 地址操作符&可以让我们获取相应变量的地址。
- 原生的 C 数组是一种与 C++ 的 vector 类相似的结构，它在所有的编译器中都是可用的，在现有的 C/C++ 代码中也很常见。
- new 的作用是分配自由存储区中的内存，而 delete 操作符则用于归还这些内存。如果我们分配的是多个对象的内存，比如"char* name = new char[10];"，那么在归还它们的时候也必须要使用[]，比如"delete [] name;"。
- 我们可在运行时用 new 操作符分配内存，也可在运行时用 delete 操作符归还它们。

练习题

1. 请写出以下初始化动作所设定的下列属性的值：

   double x = 987.65;

   a. 类
   b. 名称
   c. 状态
   d. 地址

2. 请声明一个指向 int 对象的指针，并用某种方式初始化它。

3. 请根据以下语句回答下列问题：

   int* intPtr;
   int anInt = 123;
   intPtr = &anInt;

   a. 指针对象的名称是什么？
   b. *intPtr 的值是什么？
   c. 请在不使用 anInt 这个变量的情况下编写一条语句，往那块存储 123 的内存中再加 100。

4. 请用最少量的声明和语句来完成下图中所有对象的声明和初始化。

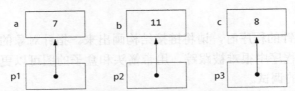

5. 请根据你在上一题中所编写的代码，再编写一些语句，声明一个名为 largestPtr 的指针对象，让其指向 a、b、c 中最大的整数。

6. 如果基于下面的声明，请问以下哪一条赋值操作是有效的？

```
int j = 456;
int* p;
```
a. p = j
b. p = &j
c. p = 0
d. j = p
e. j = 123
f. *p = j
g. p = &p
h. p = 123
i. *p = "abc"
j. *j = 123
k. j = &p
l. *p = *p

7. 请写出下面代码会产生的输出：

```
int * intPtr;
int anInt = 987;
intPtr = &anInt;
*intPtr = *intPtr + 111;
cout << *intPtr << " " << anInt;
```

8. 请用画图的方式跟踪下面程序片段的执行，以说明其中这些对象的修改过程：

```
n1 = 123;
p1 = &n1;
*p1 = *p1 + 111;
```

9. 请用画图的方式跟踪下面程序片段的执行，以说明其中这些对象的修改过程：

```
n2 = 999;
p3 = &n2;
p2 = p3;
```

10. 请用画图的方式跟踪下面程序片段的执行，以说明其中这些对象的修改过程：

```
int* intPtr;
intPtr = p3;
```

编程技巧

1. 在调试带有指针的程序时，请将链接结构画出来。指针对象的值代表的是内存中的某个位置。这些值在程序中很难被跟踪。用带箭头和盒子的图可以更清晰地模拟程序的执行过程，并进行指针的调试。

2. 指针让我们可以使用动态分配的数组。使用传统数组的一个问题是，我们需要在编译时指定这个数组有多大。它必须一次就定义足够大，没有下一次机会，但有时候将它们定义得太大会造成内存的浪费。

3. 请用 vector 代替数组。标准库提供的 vector 类可以利用其 resize 消息，并且也为我们做了良好的测试工作。

4. 请小心防止出现内存泄漏。对于单个对象，我们要使用 delete 操作符将其内存归还给自由存储区。而对于一个数组的对象，则要使用 delete[] 来释放内存。

编程项目

12A. 加强版的 LinkedList

请为 LinkedList 类添加下面两个方法：

1. void toString()：该方法将用于返回一个包含所有元素的字符串，利用 "\n" 做分隔符使其每一行显示 10 个元素。

2. void insertInOrder(std::string element)：该方法将用于按字母顺序往这个单向链接结构中插入 string 类型的元素。

12B. 用单向链接结构实现 LinkedStack 类

请实现一个名为 LinkedStack 的类，该类要允许我们以后进先出（LIFO）的方式来添加或移除其中的元素。要求该类必须用单向链接的机构来存储元素。

首先，该栈结构应该要有一个叫作 push 的操作，用于将元素放入该栈结构的"顶部"。然后还应该要有一个叫作 pop 的操作，用于从该栈结构的顶部删除元素。另外，栈结构中唯一可被引用的元素就是它顶部的元素。这意味着如果我们往栈结构中 push 了两个元素，就必须要先 pop 最顶部的元素（也就是将其移除），才能引用第一个被 push 到栈结构中的元素。下面是一个存储 string 元素的栈处理程序：

```
#include <iostream>
#include <string> // Needed by Visual Studio
#include "LinkedStack.h"
using namespace std;

int main() {
  LinkedStack stack; // stack of 20 strings

  // Use intStack
  stack.push("a");
  stack.push("b");
  stack.push("c");
  stack.push("d");
  cout << "d? " << stack.peek() << endl;
  cout << "d? " << stack.pop() << endl;
  cout << "c? " << stack.peek() << endl;

  cout << "isEmpty 0? " << stack.isEmpty() << endl;
  cout << "c b a? ";
```

```
while(! stack.isEmpty()) {
    cout << stack.pop() << " ";
}
cout << endl;
cout << "isEmpty 1? " << stack.isEmpty() << endl;

return 0;
}
```

我们要求你所实现的 LinkedStack 类能让上面的程序通过编译，并产生如下输出：

程序输出

```
d? d
d? d
c? c
isEmpty 0? 0
c b a? c b a
isEmpty 1? 1
```

由于这里要求 LinkedStack 类必须使用单向链接的结构来实现，因此我们的建议是设置一个始终指向栈结构顶部的指针。然后，当我们在其前端 push 新元素时，如果栈结构为空，我们可以让其顶部引用代表该元素的新节点；如果栈结构不为空，我们可以先添加元素，然后让其顶部指向最近添加的元素。在这种情况下，如果想要在 push "first" 之后再执行 stack.push("Second")，那么可以按照下面这张内存图来设计代码。

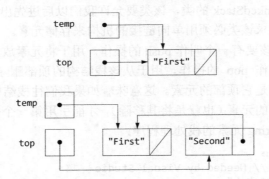

12C. LinkedPriorityList 容器类

在这个项目中，你要实现的是一个名为 LinkedPriorityList 的容器类，要求用单向链表结构来存储一组 string 类型的对象（不使用模板）。这个新的容器类型所存储的元素将从 0 开始索引，并且索引 0 处的元素的优先级将高于索引 1 处的元素，索引 size()-1 处元素的优先级为最低。请注意，该容器类的示例只能存储一种类型的元素（string）。

程序输出

```
Sleep
Get groceries
Study for the CS exam
```

这个 LinkedPriorityList 类应该拥有以下这些方法，请在用单向链接结构存储元素的设计基础上来完成它们。另外别忘了，请将 node 结构体和该类放在同一个文件中。

```cpp
// Construct an empty LinkedPriorityList
LinkedPriorityList();

// Return the number of elements currently in this LinkedPriorityList
int size();

// Return true if size() == 0 or false if size() > 0
bool isEmpty();

// Insert the element at the given index.
// precondition: index is on the range of 0 through size()
void insertElementAt(int index, std::string el);

// Return a reference to the element at the given index.
// precondition: index is on the range of 0 through size()-1
 std::string getElementAt(int index);

// Remove the element at the given index.
// precondition: index is on the range of 0 through size()-1
void removeElementAt(int index);

// Swap the element located at index with the element at index+1.
// Lower the priority of the element at index size()-1 has no effect.
// precondition: index is on the range of 0 through size()
void lowerPriorityOf(int index);

// Swap the element located at index with the element at index-1.
// An attempt to raise the priority at index 0 has no effect.
// precondition: index is on the range of 0 through size()
void raisePriorityOf(int index);

// Move the element at the given index to the end of this list.
// An attempt to move the last element to the last has no effect.
// precondition: index is on the range of 0 through size()-1
void moveToLast(int index);

// Move the element at the given index to the front of this list.
// An attempt to move the top element to the top has no effect.
// precondition: index is on the range of 0 through size()-1
void moveToTop(int index);
```

为了帮助你理解这些方法是如何工作的，我们在下面提供了一个参考程序，以说明一下这些方法是如何向你的 list 发消息的。另外给你一个建议，实现一个成员函数就同时为其编写一段测试代码，以确保它确实可行。

```cpp
#include <iostream>
#include "LinkedPriorityList.h"
using namespace std;

int main() {
    LinkedPriorityList list;
    list.insertElementAt(0, "a");
    list.insertElementAt(1, "b");
```

```
    list.insertElementAt(2, "c");
    list.insertElementAt(3, "d");
    for (int i = 0; i < list.size(); i++) // a b c d
        cout << list.getElementAt(i) << " ";
    cout << endl;

    list.insertElementAt(1, "f");
    for (int i = 0; i < list.size(); i++) // a f b c d
        cout << list.getElementAt(i) << " ";
    cout << endl;

    list.removeElementAt(0);
    for (int i = 0; i < list.size(); i++) // f b c d
        cout << list.getElementAt(i) << " ";
    cout << endl;

    list.lowerPriorityOf(3); // no effect
    list.lowerPriorityOf(0); // move f right
    list.lowerPriorityOf(1); // move f right
    list.lowerPriorityOf(2); // move f right
    for (int i = 0; i < list.size(); i++) // b c d f
        cout << list.getElementAt(i) << " ";
    cout << endl;

    list.raisePriorityOf(0); // no effect
    list.raisePriorityOf(2); // move d left
    list.raisePriorityOf(1); // move d left
    for (int i = 0; i < list.size(); i++) // d b c f
        cout << list.getElementAt(i) << " ";
    cout << endl;

    list.moveToLast(list.size() - 1); // no effect
    list.moveToLast(0); // move d from top priority to last priority
    for (int i = 0; i < list.size(); i++) // b c f d
        cout << list.getElementAt(i) << " ";
    cout << endl;

    list.moveToTop(0); // no effect
    list.moveToTop(2); // move f to top priority again
    for (int i = 0; i < list.size(); i++) // f b c d
        cout << list.getElementAt(i) << " ";
    cout << endl;

    return 0;
}
```

12D. 带异常机制的 LinkedPriorityList<Type>容器类

请修改你在上个项目中的代码，使其能在索引越界时抛出异常。要想实现这一点，首先我们得在 PriorityList<Type>类的实现文件中加入如下#include 指令：

`#include <stdexcept>`

然后，我们需要在每个以索引值为形参的方法中加入下面这段 if 语句。这样一来，只要程序员提供了不正确的索引值，比如-1 或者大于 size()的索引值，这些方法就会抛出异常，这被认为是一种良好的处理：

```
// Insert the element at the given index.
// precondition: index is on the range of 0 through size()
void insertElementAt(int index, Type element) {
    if (index < 0 || index > size()) {
        throw std::invalid_argument(
            "\ninsertElementAt: index must be 0..size()");
    }
    // ...
```

第 13 章　存储 vector 的 vector

前章回顾

到目前为止，我们已经掌握了实现任意算法所需要的控制结构，也学会了如何在构建程序的过程中使用自由函数和编写独立的类。这些知识和经验将会有助于你理解本章的代码。当然，前两章所介绍的 vector 也同样会对你理解这些代码有所帮助。

本章提要

在本章，我们将介绍一种用两个下标来管理类似以表格行列形式存储的数据逻辑。这种存储和管理数据的方式对于像电子表格、游戏、地形图、成绩册以及其他以行和列为最佳数据呈现形式的应用程序来说是很有帮助的。另外，我们在本章还会带你回顾一下 C++ 中类的构造函数，用代码示范一下如何通过数据成员来研究某一主题执行的类设计。我们希望在学习完本章内容之后，你将能够：

- 对存储 vector 的 vector 中（行列形式）的数据执行相关的处理。
- 使用嵌套型 for 循环。

13.1　存储 vector 的 vector

对于要以表格形式来呈现自己的数据来说，存储 vector 的 vector 对象无疑是一个不错的表示方式。

通用格式 13.1：构造存储 vector 的 vector

```
vector <vector<type> > identifier(rows,
    vector<type> (cols, initialValueoptional));
```

下面来具体示范一下该构造动作：

```
vector <vector<double> > table(4, vector<double> (8, 0.0));    // 32 zeros
vector <vector<string> > name(5, vector<string> (100, "TBA")); // 500 TBAs
```

对存储 vector 的 vector 中各个元素的引用需要用到两个下标，一个下标代表行，另一个代表列。这种数据结构还有另外一个名称，叫作**二维（2D）数组**。

通用格式 13.2：访问个别元素

```
vectorName[row][column]
```

如你所见，这里每个下标都必须有一个单独的中括号。程序员有责任确保每个下标都在有效范围内。这双下标引用的第一个下标代表的是行，第二个下标代表的是列。

嵌套型循环常常会被用来处理与二维数组相关的数据。在下面的代码中，存储 vector 的 vector 中一开始存储的是 15 个垃圾值。我们用一个嵌套型循环将其中所有的元素分别初始化成了1到15的整数：

请记得给旧版本的C++保留一点空间

```
vector <vector<int> > nums(3, vector<int> (5));

int count = 1;
for(int row = 0; row < nums.size(); row++) {
  // Initialize one row
  for(int col = 0; col < nums[row].size(); col++) {
    nums[row][col] = count;
    count++;
  }
}
```

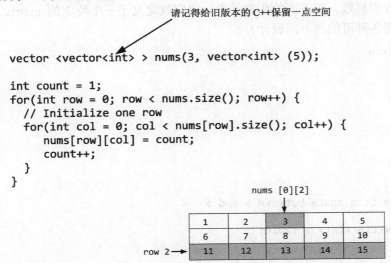

自测题

13-1．哪种类型更适合用来管理数据列表，是 vector 还是存储 vector 的 vector？

13-2．哪种类型更适合用来管理以行列形式呈现的数据，是 vector 还是存储 vector 的 vector？

13-3．请构造一个存储 vector 的 vector 对象，名称为 sales，其中要分 10 行存储 120 个数字。

13-4．请构造一个存储 vector 的 vector 对象，名称为 sales，其中要分 10 列存储 120 个数字。

13.2 Matrix 类

在数学中，**矩阵**（matrix，**复数形式是** matrices）是一种矩形向量，它会以行和列形式呈现一系列数字、符号和表达式，并能以某种特定方式来处理。其中一种处理方式就是获取矩阵的**阶数**（order）状态。例如，下面这个矩阵的阶数说明它是一个2×2的矩阵，因为它有两行两列：

$$\begin{bmatrix} 12 & 4 \\ -1 & 9 \end{bmatrix}$$

矩阵中的各项值通常被称为矩阵的**元素**或**项目**。

矩阵在大多数科学领域中都有应用，其中包括物理学的各个分支，比如传统力学、光学、电磁学、量子力学和量子电动学等，以及各种物理现象的研究，比如刚体运动等。另外，在计算机图形学方面，矩阵也常被用来将三维影像投射到二维的屏幕上。在概率论与统计学方面，我们在描述概率集合时经常会需要用到随机矩阵。例如，在被 Google 搜索用来对页面进行排序的 PageRank 算法中就有使用到它们。

我们可以用 C++ 的类机制来为矩阵建模，方法是利用存储 vector 的 vector 来存储矩阵元素，并维护该矩阵的行数和列数。在下面的头文件中，我们就定义了一个特定的 matrix 类型（当然，除此之外还有各种可能的不同设计）：

```cpp
// File name: Matrix.h

#ifndef MATRIX_H_
#define MATRIX_H_
#include <vector>

class Matrix {

private:

  int rows, columns;
  // Make sure there is a space between > and >
  //                                    ||
  std::vector<std::vector<int> > table;

public:

  // Construct a new Matrix and read data from an input file
  Matrix(std::string fileName);

  // Construct a new Matrix given a vector of vectors
  Matrix(const std::vector<std::vector<int> > & vecOfVecs);

  // Return a string representation of this object.
  std::string toString();

  // Multiply each element by val
  void scalarMultiply(int val);

  // Return the sum of this Matrix + other
  Matrix add(Matrix other);

};

#endif // MATRIX_H_
```

在只需要少量数据的程序中，通常使用交互式输入就足够了。vector 对象的初始化往往要面向的是大量的数据。因此，这些数据通常需要外部文件来提供。下面我们来看一个外部输入文件的示例。在这个整数文件 matrix.data 的第一行，我们指定了该文件要输入矩阵的行数和列数：

```
3 4
6 7 8 9
4 5 6 7
8 7 7 8
```

剩下的每一行都代表着一名学生的测验成绩。我们接下来就用这个小型的输入文件来演示一下如何利用存储 vector 的 vector 来处理矩阵。

首先，我们要在构造函数中将该外部文件与 ifstream 对象 inFile 关联起来。然后用输入语句将该文件第一行指定的行数和列数（3 和 4）读取出来，并根据读取到的数据来调整其

vector 的行数和列数。由于存储 vector 的 vector 的内存是在运行时动态分配的，并且采用的 C++类的构建方式，所以这是一个必要的操作。只有这样，我们才能构建一个足够大的矩阵，用以存储 3 行数据，每行是一个包含 4 个整数的 vector。最后，我们会在一组嵌套型循环（一个循环中嵌套着另一个循环）中用输入文件中的数据初始化这些 vector。上述所有操作都将被封装在 Matrix.cpp 文件的 Matrix 类的构造函数中：

```
/*
 * Matrix.cpp
 */
#include <string>
#include <fstream>
#include "Matrix.h"
using namespace std;

// Constructs a new object and reads data from
// the input file specified as the fileName argument.
Matrix::Matrix(string fileName) {
  rows = columns = 0; // Avoid a warning from one compiler
  // Make sure the file named filename is stored in the same directory
  ifstream inFile( fileName);
  inFile >> rows >> columns;

  // Resize the vector of vectors to any capacity at runtime (dynamically).
  table.resize(rows, vector<int>(columns));

  // Initialize the vector of vectors from file input
  for (int row = 0; row < rows; row++) {
    for (int col = 0; col < columns; col++) {
      inFile >> table[row][col];
    }
  }
}
```

与 vector 对象一样，使用输出显示矩阵中所有完成了初始化的元素是一种可以预防错误的反 bug 技术。下面是 Matrix::toString 方法利用嵌套型循环的帮助回显输入数据的实现：

```
string Matrix::toString() {
  string result("");
  // Concatenate all elements into one string
  for (int i = 0; i < rows; i++) {
    for (int j = 0; j < columns; j++) {
      result = result + std::to_string((int) table[i][j]) + " ";
    }
    result = result + "\n"; // new line"
  }
  return result;
}
```

下面，我们写一段程序来具体执行初始化和输出显示的过程：先用从文件输入的数组逐个初始化矩阵中的元素，然后输出显示存储在矩阵中的数据：

```
#include "Matrix.h"
#include <iostream>
using namespace std;

int main() {
```

```
Matrix m("matrix.data");
cout << m.toString();

return 0;
}
```

程序输出

```
6 7 8 9
4 5 6 7
8 7 7 8
```

如你所见，Matrix 对象得到了正确的初始化并存储了 12 个整数。

13.2.1 标量乘法

标量乘法（scalar multiplication）是 vector 与标量之间的乘法运算，它们的乘积依然是一个 vector。这个运算可以实现为下面这个会改变 Matrix 对象状态的方法：

```
void Matrix::scalarMultiply(int val) {
  for (int i = 0; i < rows; i++) {
    for (int j = 0; j < columns; j++) {
      table[i][j] *= val;
    }
  }
}
```

在该运算中，矩阵的每个元素都是乘法的实参，所以下面这段代码的输出如下：

```
m.scalarMultiply(3);
cout << m.toString() << endl;
```

程序输出

```
18 21 24 27
12 15 18 21
24 21 21 24
```

13.2.2 矩阵加法

矩阵加法（matrix addition）指的是两个被相加的矩阵中的各相应项相加：

$$\begin{bmatrix} 12 & 4 \\ -1 & 9 \end{bmatrix} + \begin{bmatrix} 7 & -2 \\ 5 & -4 \end{bmatrix} = \begin{bmatrix} 19 & 2 \\ 4 & 5 \end{bmatrix}$$

为了让下面的代码能返回一个新的矩阵，我们需要编写第二个构造函数，该构造函数要以存储 vector 的 vector 对象为实参来构造矩阵。

```
Matrix a("a.data");
Matrix b("b.data");  // Uses another input file to initialize
Matrix c = a.add(b);
```

下面就是第二个构造函数，它会接收一个存储 vector 的 vector，采用的是 const 引用类型的形参：

```
// Construct a new Matrix object given a vector of vectors
```

```cpp
Matrix::Matrix(const std::vector<std::vector<int> > & vecOfVecs) {
    rows = vecOfVecs.size();
    columns = vecOfVecs[0].size();
    table = vecOfVecs;
}
```

这样，add 操作就可以通过调用该构造函数来返回一个新的 Matrix 对象了：

```cpp
Matrix Matrix::add(Matrix other) {
    vector<vector<int> > temp(rows, vector<int>(columns));
    for (int i = 0; i < rows; i++) {
        for (int j = 0; j < columns; j++) {
            temp[i][j] += table[i][j] + other.table[i][j];
        }
    }
    Matrix result(temp); // Use the second constructor
    return result;
}
```

接下来，请用输入文件来表示上述 3 个矩阵，下面的代码将会产生如下输出：

```cpp
cout << "Matrix a: " << endl << a.toString() << endl;
cout << "Matrix b: " << endl << b.toString() << endl;
cout << "Matrix c: " << endl << c.toString() << endl;
```

程序输出

```
Matrix a:
12   4
-1   9

Matrix b:
7  -2
5  -4

Matrix c:
19   2
 4   5
```

自测题

13-5. 在逐行处理数据的过程中，哪一个下标的增速较慢？行数还是列数？

13-6. 在逐列处理数据的过程中，哪一个下标的增速较慢？行数还是列数？

请基于下面这个 2×2 的矩阵回答下列问题：

```
12   4
-1   9
```

13-7. 请完成下面的 get 方法，返回指定行和列的元素，比如 Matrix.get(1, 0)将返回-1。

```cpp
// Assume get is in class Matrix
int Matrix::get(int row, int column) {
```

13-8. 请完成下面的矩阵成员 sum 方法，返回矩阵中所有元素之和，比如上述 2×2 矩阵的元素之和是 24。

```cpp
// Assume sum is in class Matrix
int Matrix::sum() {
```

13.3 原生的二维数组

上述逐行和逐列处理数据的概念也同样适用于用两个下标声明的原生 C 数组。换而言之，原生的 C 数组也可以用两个中括号括住，分别代表行数和列数的下标。例如，下面声明的 x 中存储了 10 行 5 列的数据，总计 50 个数字：

```
double x[10][5];   // Row subscripts 0...9, column subscripts 0...4
```

另一个重要的区别是，原生的 C 数组是没有下标越界检查的。下面，我们可以用一张表来对比一下之前的 Matrix 类和用两个下标声明的原生 C 数组：

	存储 vector 的 vector	原生 C 数组
通用格式	vector<vector<type> > identifier (rows, vector <type> (columns));	type identifier[rows][columns];
实例示范	vector <vector<int> > unitsSold (4, vector <int> (6));	int unitsSold[4][6];
越界检查	支持	不支持
调整大小	支持	不支持
#include 指令	#include <vector>	不需要

如你所见，在名为 unitsSold 的存储 vector 的 vector 对象中，管理着 4 行 6 列的整数（一共 24 个整数），而在同名的原生 C 数组中也管理着相同下标范围内、相同数量的整数（上述声明中右边下标代表行数）。两者之间的不同之处包括原生 C 数组不支持下标的越界检查。无论我们使用的是原生 C 数组还是存储 vector 的 vector 对象，我们引用个别数组元素的方式都是一样的。这两种数据结构的下标都始终是从 0 开始计数的。也就是说，下面这段代码可以同时适用于存储 vector 的 vector 和双下标的原生 C 数组：

```
int unitsSold[4][6];
// vector<vector<int> > unitsSold(4, vector<int>(6));

for (int r = 0; r < 4; r++) {
  for (int c = 0; c < 6; c++)
    unitsSold[r][c] = r + c;
}

for (int r = 0; r < 4; r++) {
  for (int c = 0; c < 6; c++) {
    cout << unitsSold[r][c] << " ";
  }
  cout << endl;
}
```

使用存储 vector 的 vector 和双下标的原生 C 数组都会产生的输出：

```
0 1 2 3 4 5
1 2 3 4 5 6
2 3 4 5 6 7
3 4 5 6 7 8
```

自测题

请基于下面的声明回答下列问题：

```
int a[3][4];
```

13-9. a[0][0]的值是什么？

13-10. 它会执行下标检查吗？

13-11. a 中确切管理着多少个 int 元素？

13-12. a 的行下标（第一个下标）的范围是什么？

13-13. a 的列下标（第二个下标）的范围是什么？

13-14. 请编写一段代码，将 a 中所有元素初始化成 999。

13-15. 请编写一段代码，逐行输出 a 中的所有元素，每个元素之间间隔 8 个空格。

13.4 拥有两个以上下标的数组

虽然拥有两个以上下标的数组没有单下标和双下标数组那么常见，但在某些情况下我们也会需要用到 3 个下标（甚至更多）的数组。由于 C++对下标没有限制，因此声明一个 3 个下标的数组并不难，比如：

```
double q[3][11][6];
```

上面声明的数组可以用来表示 3 门课的测验成绩。由于有 198（$3 \times 11 \times 6$）个成绩要存储在同一个名为 q 的数组中，因此在这个 3 下标的对象中：

```
q[1][9][3]
```

上面引用的是课程索引值为 1、学生索引值为 9、测验索引值为 3 的那个成绩。在下面的程序中，我们要对一个 3 下标的数组进行初始化（使用的是无意义的数据）。在此过程中，我们会看到代表成绩的第一个下标是变化最慢的那一个。所以，这个数组对象的初始化和输出显示都是以课程的顺序来逐个进行的：

```
// Declare, initialize, and display a triply subscripted vector
// object. The primitive C subscripted object is used here, but we
// could also use a vector of Matrix objects to do the same thing.
#include <iostream>
using namespace std;

int main() {
  const int courses = 3;
  const int students = 11;
  const int quizzes = 6;
  int q[courses][students][quizzes];

  for (int c = 0; c < courses; c++) {
    for (int row = 0; row < students; row++) {
      for (int col = 0; col < quizzes; col++) {
        // Give each quiz a value using a meaningless formula
        q[c][col][row] = (col + 1) * (row + 2) + c + 25;
      }
    }
  }
```

```cpp
    for (int course = 0; course < courses; course++) {
      cout << endl;
      cout << "Course #" << course << endl;
      for (int row = 0; row < students; row++) {
        cout.width(3);
        cout << row << ": ";
        for (int col = 0; col < quizzes; col++) {
          cout.width(4);
          cout << q[course][col][row];
        }
        cout << endl;
      }
    }
    return 0;
}
```

程序输出（每一行代表一个学生）

```
Course #0
  0:  27  33  41  49  57  65
  1:  28  34  43  52  61  70
  2:  29  35  45  55  65  75
  3:  30  36  47  58  69  80
  4:  31  37  49  61  73  85
  5:  32  39  46  53  60  67
  6:  33  41  49  57  65  73
  7:  34  43  52  61  70  79
  8:  35  45  55  65  75  85
  9:  36  47  58  69  80  91
 10:  37  49  61  73  85  97

Course #1
  0:  28  34  42  50  58  66
  1:  29  35  44  53  62  71
  2:  30  36  46  56  66  76
  3:  31  37  48  59  70  81
  4:  32  38  50  62  74  86
  5:  33  40  47  54  61  68
  6:  34  42  50  58  66  74
  7:  35  44  53  62  71  80
  8:  36  46  56  66  76  86
  9:  37  48  59  70  81  92
 10:  38  50  62  74  86  98

Course #2
  0:  29  35  43  51  59  67
  1:  30  36  45  54  63  72
  2:  31  37  47  57  67  77
  3:  32  38  49  60  71  82
  4:  33  39  51  63  75  87
  5:  34  41  48  55  62  69
  6:  35  43  51  59  67  75
  7:  36  45  54  63  72  81
  8:  37  47  57  67  77  87
  9:  38  49  60  71  82  93
 10:  39  51  63  75  87  99
```

本章小结

- 双下标的 vector 和 C++原生的二维数组都属于以类似表格的行列组织逻辑来管理数据的数据结构。
- 在这种数据结构中，第一个下标指定的是数组在表格中的行数，第二下标代表的是数据所在的列数。
- 存储在该数据结构中的数据是可以按逐行或逐列的形式来处理的。
- 处理这种数据结构的数据时经常会需要用到嵌套型的 for 循环。
- 原生的二维数组是不支持下标检查的，这有可能会带来各种错误。vector 提供了支持下标检查的 at 方法，我们可以使用 "nums.at(5).at(20);" 这样的调用来引用第 6 行的第 21 个元素。

练习题

1. 对于下面每个双下标对象的声明，请确定以下信息：
   a. 它们的总元素数。
   b. 所有元素的值。

   ```
   vector<vector<string> > teacher(5, vector<string>(7, "to hire"));
   vector<vector<double> > quiz(10, vector<double>(32, 0.0));
   vector<vector<int> > nums(10, vector<int>(10, -999));
   double budget[6][100];
   ```

2. 请检查下面这些双下标 vector 声明是否有错：
   a. int x(5,6);
   b. double x[5,6];
   c. vector<vector<int> > x(5, 6);

3. 请声明一个双下标的对象，以代表 3 行 4 列的一组浮点数。

4. 请用编写 C++代码的方式完成以下任务：
   a. 请声明一个名为 aTable 的双下标对象，并用它来存储 10 行 14 列的浮点数。
   b. 将 aTable 中的每个元素都设置成 0.0。
   c. 请编写一个 for 循环，将 aTable 的第 4 行所有元素设置成-1.0。

5. 当程序的会话是以下各种情况时，请问下面这段程序的输出分别是什么？

   a. # rows? *2*   d. # rows? *1*
      # cols? *3*   # cols? *1*

   b. # rows? *3*   e. # rows? *1*
      # cols? *2*   # cols? *2*

   c. # rows? *4*   f. # rows? *2*

```
          # cols? 4           # cols? 1
#include <iostream>
#include <vector>
using namespace std;

int main() {
  int maxRow, maxCol;
  cout << "# rows? ";
  cin >> maxRow;
  cout << "# cols? ";
  cin >> maxCol;
  vector<vector<int> > aTable(maxRow, vector<int>(maxCol, -999));

  // Initialize Matrix elements
  for (int row = 0; row < maxRow; row++) {
    for (int col = 0; col < maxCol; col++) {
      aTable[row][col] = row * col;
    }
  }

  // Display table elements
  for (int row = 0; row < maxRow; row++) {
    for (int col = 0; col < maxCol; col++) {
      cout.width(5);
      cout << aTable[row][col];
    }
    cout << endl;
  }
  return 0;
}
```

请根据下面的类定义来回答后面第 6 到 9 个问题:

```
class huh {
public:
  huh(int initLastRow, int initLastColumn);
  void add(int increment);
  void show() const;
  int rowSum(int currentRow) const;
private:
  int lastRow, lastCol;
  std::vector <std:vector<int> > m;
};

huh::huh(int initLastRow, int initLastColumn) {
  lastRow = initLastRow;
  lastCol = initLastColumn;
  // The vector of vectors must be initialized in the constructor.
  // Use a resize message with two arguments to avoid a loop for each row.
  m.resize(lastRow, vector<int>(lastCol));

  for(int row = 0; row < lastRow; row++) {
    for(int col = 0; col < lastCol; col++) {
    // Give each item a meaningless formula
    m[row][col] = (row + 1) + (col + 1);
    }
```

```
    }
  }
  void huh::show() const {
    int row, col;
    for(row = 0; row < lastRow; row++) {
      for(col = 0; col < lastCol; col++) {
        cout.width(4);
        cout << m[row][col];
      }
      cout << endl;
    }
  }
```

6. 请写出下面程序预计会产生的输出：

```
int main() {
  huh h(1, 2);
  h.show();
  return 0;
}
```

7. 请写出下面程序预计会产生的输出：

```
int main() {
  huh h(3, 7);
  h.show();
  return 0;
}
```

8. 请为该类完成成员函数 huh::rowSum 的实现，该函数会返回指定行中所有元素之和。它应该让下面这段程序产生的输出为 22。

```
int main() {
  huh h(4, 4);
  cout << h.rowSum(2);
  return 0;
}
```

9. 请为该类完成成员函数 huh::showDiagonal 的实现，该函数会打印出该数组对角线上的所有元素。假设其行数与列数相等，下面左侧的程序就应该产生右侧的输出。**提示**：你在这里应该用 cout.width 方法设置一下相关的缩进。

`int main() {`
`  huh h(4, 4);`
`  h.showDiagonal();`
`  return 0;`
`}`
	程序输出：
	`   2`
	`      4`
	`         6`
	`            8`

10. 请为 Matrix 类添加一个名为 transpose 的成员函数，并实现矩阵的转置。所谓矩阵的转置就是将矩阵原来的行变成列、原来的列变成行。在此过程中，我们会需要构造一个临时的、存储 vector 的 vector 对象。

例如，矩阵原本是这样的：

```
1  4
2  5
```

3 6

在该操作完成之后，矩阵就应该是这样：

1 2 3
4 5 6

编程技巧

1. 在构造存储 vector 的 vector 时，请注意，有些编译器是不允许在调用构造函数的语句中出现>>这种写法的。

```
vector<vector<int>> error(10, vector<int> (10, -1));
// Error: Need space between > and >
```

2. 在使用存储 vector 的 vector 时，尤其是在刚学习双下标用法的阶段，请优先考虑支持下标越界检查的成员函数 vector::at。标准的 vector 类是不会自动进行下标检查的，但我们可以用它的成员函数 vector::at 来完成这个操作。

```
vector<vector<int> > aTable(3, vector<int> (3, -1));
aTable.at(2).at(3) = 23;     // Column 3 out of bounds
aTable.at(3).at(2) = 32;     // Row 3 out of bounds
cout << aTable.at(0).at(0);  // Output: -1
```

在程序中出现越界的下标变量是很常见的，我们越早发现这个错误就越有利。有了上述越界检查机制，我们就能立即知道这些错误的存在了。

3. 适用于单下标的很多编程技巧也适用于双下标和 3 下标的对象：

- 任何 vector 中的元素都必须属于同一个类。例如，一个矩阵中不能同时存储字符串和整数值。
- 任何占用大量内存的对象都应该以 const 引用的形式来传递。和单下标 vector 一样，矩阵保存在内存中并用来复制的只是一个值（该矩阵的地址）。但是，当矩阵被传递给一个值传递的形参时，其中的每个元素都会被复制，这会降低程序的效率。

```
void function(const Matrix<double> & m) // Pass by const reference
```

上面这个调用的效率显然要比下面这个调用好：

```
void function(Matrix<double> m)
```

- 下标的越界检查也是在使用双下标对象时应该要记得执行的操作。

编程项目

13A. 魔方问题

魔方是一种 n × n 的存储 vector 的 vector，其中存储的整数在 1 到 n^2 之间，且每个数只能出现一次。在这里，n 必须是一个正整数（比如 1、3、5 等）。另外，该魔方每一行、每一列以及两条对角线上的元素之和都是相等的。我们要求你实现这样的一个 MagicSquare 类，它应该有构造函数和 display 两个成员函数，并且你的实现应该让下面代码产生对应的输出：

MagicSquare magic(1); magic.display();	MagicSquare magic(3); magic.display();	MagicSquare magic(5); magic.display();
1 by 1 magic square	3 by 3 magic square	5 by 5 magic square
1	8 1 6 3 5 7 4 9 2	17 24 1 8 15 23 5 7 14 16 4 6 13 20 22 10 12 19 21 3 11 18 25 2 9

你应该可以在 1 到 15 之间任意选择一个奇数，并以该数为 n 的值来构造出 n × n 的魔方。当计数器 j 为 1 时，将 j 的值放在首行的中间。然后，在该计数器从 1 递增到 n^2 的过程中，其存储的数字被放置的位置都会较之前上移一行，并右移一列。除非发生了下面列出的其中一种状况：

1. 当下一行为 0 时，n-1 行就自动成为该行的下一行。
2. 当下一列为 n 时，0 列就自动成为该列的下一列。
3. 如果某个位置已经被填了，或者其右上角元素刚刚被赋予了某个值，那么该计数器的下一个值就会被放在最近的这个计数器值的下一行位置上。

如果在上述过程中需要调整这个方阵实例的大小，你可以这样做：

```
// An instance variable
vector<vector<int> > magic;

// Resize the vector to be a size by size vector
magic = vector<vector<int> >(size, vector<int>(size));
```

13B. 生命游戏

生命游戏（The Game of Life）是 John Conway 发明的一款游戏，它模拟的是个体在社区中的生死逻辑。具体来说就是，某社区中的个体在两个连续时间段之间的生和/或死将遵守以下规则，在时间 T 上：

- 如果在时间 T-1 上没有个体活着，而其周围活着 3 个邻居，就会有个体出生。
- 如果在时间 T-1 上已经有个体活着，并且其周围也活着两个或三个邻居，那么该个体就会继续活下去。
- 如果在时间 T-1 上某个体的邻居少于两个，该个体就会死亡。
- 如果在时间 T-1 上某个体的邻居超过 3 个，该个体会因过度拥挤而死亡。

在这里，邻居指的是任意元素周围的 8 个元素（下图中一个 N 代表一个邻居）：

NNN
N N

NNN

这些邻居可以扩展到其社会的另一侧。例如，位于首行中的个体可能拥有 3 个位于最后一行中的邻居。当 T 的值从 1 增长到 5 的过程中，该游戏将会以下图所示的模式演变。在该图中，T 的初始值为 1，O 代表活着的个体，空白符表示该处不存在活着的个体。

```
  T=0      T=1      T=2      T=3      T=4
.......  .......  .......  .......  .......
..O.O..  ..O.O..  .......  .......  .......
..OOO..  ..O.O..  ..O.O..  ...O...  .......
.......  .......  ..O.O..  ...O...  .......
.......  .......  .......  .......  .......
```

其他社会可能会像下面这样稳定下来：

```
  T=0      T=1      T=2      T=3      T=4
.......  .......  .......  .......  .......
.......  ...O...  .......  ...O...  .......
..OOO..  ...O...  ..OOO..  ...O...  ..OOO..
.......  ...O...  .......  ...O...  .......
.......  .......  .......  .......  .......
```

你可以像下面这样用一个测试驱动器来查看该社区前 5 个版本的情况。当然，这需要用你在自己文件中设计的 GameOfLife 类构造函数来读取它的参数。

```cpp
#include "GameOfLife.h" // For the GameOfLife class

int main() {
    GameOfLife society("5by7");
    for (int updates = 1; updates <= 5; updates++) {
        society.toString();
        society.update();
    }
    return 0;
}
```

除此之外，你还需要实现以下头文件中定义的成员函数：

```cpp
/*
 * File name: GameOfLife.h
 *
 * A model for John Conway's Game of Life to simulate the birth and death
 * of cells. This is an example of cellular automata.
 */

#ifndef GAMEOFLIFE_H_
#define GAMEOFLIFE_H_

#include <vector>
#include <string>

class GameOfLife {

private:
    std::vector<std::vector<bool> > theSociety;
    int nRows;
    int nCols;

public:
```

```
/*
 * Write the constructor to initialize a vector of vectors so
 * all elements are false. Also set nRows and nCols
 *
 */
GameOfLife(int rows, int cols);


/*
 * Return the number of rows, which is indexed from 0..numberOfRows()-1.
 */
int numberOfRows();

/*
 * The number of columns, which is indexed from 0..numberOfColumns()-1.
 */
int numberOfColumns();

/*
 * Place a new cell in the society.
 * Precondition: row and col are in range.
 *
 * row The row to grow the cell.
 * col The column to grow the cell.
 */
void growCellAt(int row, int col);

/*
 * Return true if there is a cell at the given row and column.
 * Return false if there is none at the specified location.
 *
 * row The row to check.
 * col The column to check.
 */
bool cellAt(int row, int col);

/*
 * Return one big string of cells to represent the current state of the
 * society of cells (see output below where '.' represents an empty space
 * and 'O' is a live cell. There is no need to test toString. Simply use
 * it to visually inspect. Here is one sample output from toString:
 *
 * GameOfLife society(4, 14);
 * society.growCellAt(1, 2);
 * society.growCellAt(2, 3);
 * society.growCellAt(3, 4);
 *   cout << society.toString();
 *
 * Output
 * ..............
 * ..O...........
 * ...O..........
 * ....O.........
 * */
std::string toString();

/*
 * Count the neighbors around the given location. Use wraparound. A cell
```

```
 * in row 0 has neighbors in the last row if a cell is in the same column
 * or the column to the left or right. In this example, cell 0,5 has two
 * neighbors in the last row, cell 2,8 has four neighbors, cell 2,0 has
 * four neighbors, cell 1,0 has three neighbors. Cell 3,8 has 3 neighbors.
 * The potential location for a cell at 4,8 would have 3 neighbors.
 *
 * .....O..O
 * O........
 * O.......O
 * O.......O
 * ....O.O..
 *
 * The return values should always be in the range of 0 through 8.
 */
 int neighborCount(int row, int col);

/*
 * Update the state to represent the next society.
 * Typically, some cells will die off while others are born.
 */
 void update();
};

#endif /* GAMEOFLIFE_H_ */
```

由于 GameOfLife 这个游戏中存在着环绕现象，因此我们建议使用嵌套 for 循环来访问目标的 8 个邻居。另外再用两个 int 变量来设置个体实际所在的行和列。如果检查到其邻居的索引值为负或超过了最大值，请将该个体社区想象成一个表面被个体覆盖的圆环，就像下面这样：

在下图中，O 的 8 个邻居被分别贴上了从 a 到 h 的标签。上述环绕现象影响的就是标签从 d 到 h 的那些邻居。这些标签的重复说明了它们需要执行的位置检查。

			f	g	h			
		e	O	a				e
		d	c	b				d
			g	h				

另一个提示：在执行更新操作的过程中，你可以设置一个所有元素都被设置成 false 的临时 vector 对象（当然是存储 vector 的 vector）。然后用这个 vector 来观察变化，只增加这个临时 vector 中的个体。在更新完成后，再将该它赋值给原来的实例，像下面这样：

```
theSociety = temporary;
```

接下来，我们来示范两个针对不同个体社区的更新操作。在执行了 21 次更新后，右侧的社区较原来向右移动了 5 个空格。如果执行 63 次更新，你将会看到这个格式由于环绕的关系，由右侧移动到了左侧。

```
#include <iostream>                    #include <iostream>
```

```cpp
using namespace std;
#include "GameOfLife.h"

int main() {
  GameOfLife game(3, 8);

  game.growCellAt(1, 2);
  game.growCellAt(1, 3);
  game.growCellAt(1, 4);
  cout << game.toString();

  for (int t = 1; t <= 5; t++) {
    game.update();
    cout << game.toString();
  }
  return 0;
}
```

程序输出

```
........
..OOO...
........

...O....
...O....
...O....

..OOO...
..OOO...
..OOO...

.O...O..
.O...O..
.O...O..

OOO.OOO.
OOO.OOO.
OOO.OOO.

........
........
........
```

```cpp
using namespace std;
#include "GameOfLife.h"

int main() {
  GameOfLife society(5, 30);

  society.growCellAt(1, 6);
  society.growCellAt(2, 7);
  society.growCellAt(2, 8);
  society.growCellAt(3, 7);
  society.growCellAt(3, 6);

  society.growCellAt(1, 16);
  society.growCellAt(2, 17);
  society.growCellAt(2, 18);
  society.growCellAt(3, 17);
  society.growCellAt(3, 16);
  for (int t = 1; t <= 6; t++) {
    society.update();
    cout << society.toString();
  }
  return 0;
}
```

程序输出

```
.......O.........O............
........O.........O...........
......OOO.......OOO...........
..............................
..............................

..............................
.......O.O.......O.O..........
........OO........OO..........
........O.........O...........
..............................

..............................
.........O.........O..........
.......O.OO......O.OO.........
........OO........OO..........
..............................

..............................
........O.........O...........
.......O.O.......O.O..........
........OO........OO..........
..............................

..............................
.........O.........O..........
.......O.O.......O.O..........
........OO........OO..........
..............................

..............................
........O.........O...........
.......O.O.......O.O..........
........OO........OO..........
..............................
```

请注意：在执行 60 次更新之后出现环绕现象。

附录　自测题答案

第 1 章

1-1. 输入值命名为 pounds 或者 todaysConversionRate，输出值命名为 USDollars。

1-2. 分别命名为 cdCollection 和 selectedCD。

1-3.

待解决的问题	对象名	输入/输出	问题样例
计算一笔投资的未来价值	presentValue	输入	1000.00
	periods	"	360
	rate	"	0.0075
	futureValue	输出	14730.58

1-4. 关闭烤箱（你可能已经察觉到还有一些动作也被省略了）。

1-5. 没有（至少作者认为没有问题）。

1-6. 没有（至少作者认为没有问题）。

1-7. 不能，程序不能根据未定义的 test1、test2 和 finalExam 来计算 courseGrade。

1-8. 不够，处理步骤描述得不够细节化，需要提供一个公式来计算这里的加权平均值。

1-9. 程序错了。

1-10. 预估错了。

1-11. 程序错了。

1-12. 该类型用于存储数字中的浮点部分，换句话说，也就是像–1.2、1.023 这样的浮点数。

1-13. +、-、*（也可以是=，以及用于输出的 cout <<和用于输入的 cin >>）。

1-14. 该类型用于存储整数，即数字中除浮点数以外的部分。该类型的实际取值范围是系统相关的（确实很不幸），目前绝大多数 C++系统的 int 取值范围通常是在–2147483648 到 2147483647 这个范围内。

1-15. +、-、*（也可以是=，以及用于输出的 cout <<和用于输入的 cin >>）。

1-16. 该类型用于存储一组字符。

1-17. float、double、int、bool、char、short、unsigned int、unsigned long。

第 2 章

2-1. 22 加或减 2 个，事实上这里很容易搞错，以至于让编译器通常会对此表示担心。

2-2.

a. 有效标识符　　　　　　　　　　　1. 句号'.'不能出现

b. 1 不能作为标识符的开头
c. 有效标识符
d. #不能出现
e. 空格不能出现
f. #不能出现
g. !不能出现
h. 有效标识符
i. ( )不能出现
j. 有效标识符（但 double 就不行了）
k. 有效标识符
m. double 属于保留字
n. 标识符不能以 5 开头
o. 空格不能出现
p. 有效标识符
q. 有效标识符
r. å)不能出现
s. 有效标识符（但很怪异）
t. /不能出现
u. 有效标识符

2-3. +和-，除此之外可能的答案还有：, : ; ! ( ) = { }

2-4. <<和>>，除此之外可能的答案还有：!= == <= >=

2-5. cin 和 cout（另外还有：string、vector、width、sqrt）

2-6. thisIsOne 和 Is_YET_Another_1$

2-7.
  a. 字符串类型常量："" 和 "H"
  b. 整数类型常量：234 和 -123
  c. 浮点数类型常量：1.0 和 1.0e+03
  d. 布尔类型常量：false 和 true
  e. 字符类型常量：" 和 'h'

2-8. 只有 a 和 d

2-9.

```
double aNumber = -1.5;
double anotherNumber = -1.5;
```

2-10.

```
string address;
```

2-11.

```
#include <iostream>
using namespace std;
int main() {
  cout << "Kim" << endl;
  cout << "Miller" << endl;
  return 0;
}
```

或者

```
#include <iostream>
int main() {
  std::cout << "Kim" << std::endl;
  std::cout << "Miller" << std::endl;
  return 0;
}
```

2-12.

a. 错误，int 值不能赋值给布尔类型对象
b. 123（会出现截断现象）
c. 123.0;
d. 错误，double 值不能赋值给 long 类型的对象
e. 'B' 或 66
f. 错误，ui 不是一个已知符号

2-13.

a. 10.5
b. 1.75
c. 3.5
d. -0.75
e. -0.5
f. 1.0

2-14.

```
97 % 25 % 10 / 5
   22    % 10 / 5
           2  / 5
                0
```

2-15.

a. 0
b. 1
c. 0
d. 1
e. 0
f. 0

2-16.

a. 0
b. 0.5555556
c. 0.5555556
d. 10
e. 12
f. 2

2-17.

程序会话 1　　　　程序会话 2　　程序会话 3
a. **3.2 (16.0/5.0)**　b. **1.9 (9.5/5.0)**　c. **2.8 (14.0/5.0)**

2-18. 这取决于 x 中具体的垃圾值，编译器通常会警告 x 未定义。

2-19. 预估的答案 25 与 0.04 不匹配。

2-20. 将 cin >> n 修改成 cin >> sum，并将 cin >> sum 修改成 cin >> n。

2-21.

a. 意向性错误
b. 编译时错误
c. 编译时错误

第 3 章

3-1. pow(4.0, 3.0) 等于 4*4*4，即 64
3-2. pow(3.0, 4.0) 等于 3.0*3.0*3.0*3.0，即 81
3-3. floor(1.6+0.5) 等于 2.0
3-4. ceil(1.6-0.5) 等于 2.0
3-5. **1.0**

3-6. 4.0

3-7. 将 9.99 四舍五入至 1 位小数的过程如下：

	x	n
输入 n	9.99	1
让 x 的值变成 $x*10^n$	99.9	1
给 x 加上 0.5	100.4	"
让 x 的值变成 floor(x)	100.0	"
让 x 的值变成 $\frac{x}{10^n}$	10.0	"

3-8. 这里提供 3 个问题样例（当然你也可以提供其他样例）。

x	n	被修改后的 x
0.567	1	0.6
1234.56789	2	1234.57
-1.5	1	-1.0

3-9. 3.2

3-10.

```
x = x * pow(10, n)
x = x - 0.5          // subtract 0.5
x = ceil(x)          // take the ceiling of x
x = x / pow(10,n)
```

3-11.

a. 16.0 或 16   d. 1.0
b. 4.0 或 4   e. 23.4
c. -1.0 或 -1   f. 16.0

3-12.

a. 有效调用   d. 实参类型不正确
b. 函数名错误   e. 没有 "(" 和 ")"
c. 实参过多   f. 有效调用（int 会被升格成 double）

3-13.

a. 没有指定形参的类型（需要声明该参数是 int、double、string 还是其他类型）
b. 两个参数之间缺少逗号
c. 没有返回值类型
d. 只要 myClass 存在就没有问题
e. ")" 之前多了一个 ","
f. 不能用字符串常量来声明形参

3-14.

1. floor(1.9999)
2. floor(0.99999)

3. floor(-1.9)

4. floor(-1) （你也可以有别的答案）

3-15.

1. 1.0（或 1）
2. 0.0
3. -2.0
4. -1.0

3-16. "1st"

3-17. 3.4

3-18.

a. double   d. double
b. pow   e. double
c. 2   f. 没有第三个参数

3-19. pow(-81.0, 2)（你也可以有别的答案）

3-20. 不是有效调用，该调用不符合前置条件，返回值将是未定义的，可能会是一个 NaN（非数字）。

3-21. 是有效调用，返回值为 100.0。

3-22. 是有效调用，返回值为 32.0。

3-23. 是有效调用，返回值为 2.0（你在这里可能需要一个科学计算器，$x^{0.5}$ 实际上就是 x 的平方根）。

3-24. 不是有效调用，没有提供第二个实参，无法确定返回值。

3-25.

```
double remainder(double dividend, double divisor).
// pre: divisor is not zero
// post: return the floating point remainder of dividend/divisor
```

第 4 章

4-1.

a. -1.0   d. 错误，提供实参过多
b. 7.0   e. 至少要提供一个实参
c. 17.0   f. 66.28

4-2. 0.375

4-3. 不符合前置条件，因为该调用提供的实参是一个负数。至于这样做的后果，则要取决于我们使用的系统，既可能会是一个无穷大或非数字 NaN 的结果，也可能是针对负数平方根运算的报错。

4-4.

a. 移除 ")" 后面的 ";"   d. 返回值丢失，我们不能将一个数字赋值给一个函数名
b. f2 函数中的 j 是一个未知变量   e. 返回值必须是数字，不能是 double 这样的类型名

c. f3 函数中的 j 是一个未知变量　　f. 返回值必须是一个 int 值，而 f6 试图返回的是一个字符串

4-5.
```
double times3(double x) {
  return 3 * x;
}
```

4-6.

cout	f1、f2 和 main	a	只有 f1
b	只有 f1	d	只有 f2
cin	f1、f2 和 main	f2	f2 和 main
MAX	f1、f2 和 main	main	在该文件中无处不在
c	只有 f2	e	只有 main
f1	f1、f2 和 main		

4-7. 函数块中声明的形参和变量。

4-8. 我们可以在当前文件结尾之前的任何地方引用它，只要它不是声明在某个语句块中，然后被特定的函数向全局域隐藏了。

4-9.
a. // arg1 5　　　　arg2 5
b. // arg1 11　　　 arg2 123

第 5 章

5-1.
a. 缺少第二个实参。
b. 缺少第一个实参。
c. bankAccount 是未定义标识符，请将 b 改成 B。
d. 括号（）中缺少一个数字实参。
e. 缺少一对括号与实参。
f. 实参类型错误，应该传递是一个数字，而不是字符串。
g. B1 是未定义标识符。
h. Deposit 不是 BankAccount 的成员，请将 D 改成 d。
i. 需要在 withdraw 之前加一个对象和点号。
j. b4 不是一个 BankAccount 对象，它没有在任何地方被声明过。
k. name 之后缺少括号()。
l. name 没有实参。

5-2.
```
Chris: 202.22
Kim: 545.55
```

5-3.

14

S
k
7
18446744073709551615 或 string::npos（不同的系统可以有不同的答案）
Net
N
Network
o

5-4.

a. UnSocial   c. Socl
b. Societal   d. NoTiaX

5-5.

string aString = "abcd";
int midChar = aString.length() / 2;
char mid = aString.at(midChar);

5-6.

a. 错误，length 不是函数   d. 3
b. 错误，缺少括号()   e. y Str
c. 错误，length 是未知标识符   f. 错误

5-7.

123456789012345
1 2.3 who

5-8.

9.88
1
1.2

5-9.

a. Enter an integer: **123**   b. Enter an integer: **XYZ**
   Good? 1   Good? 0

5-10.

a. istream   d. string
b. Grid   e. BankAccount
c. ostream   f. istream

5-11.

. . . . . .
. . < .
. . . . .
. . . .
. . . . . .
row: 1
row: 2

5-12.
1. 离开 Grid 对象的网格边缘（也可以是别的答案）。
2. 穿过障碍物。
3. 试图搬动并不存在的东西。

5-13. 1

5-14. 35

5-15.
```
#include "Grid.h"
#include <iostream>
using namespace std;
int main() {
  Grid g(5, 5, 2, 3, east);
  g.move(1);
  g.face(north);
  g.move(1);
  g.face(west);
  g.move(1);
  g.face(south);
  g.move();
  g.display();
  return 0;
}
```

5-16. 可以减少需要编写的代码（你也可以有别的答案）。

抽象机制允许我们只关心函数要做的事情，而不必关心其具体的实现细节。

相同的代码通常会需要被用在多个不同的地方，函数可以让我们避免编写重复的代码，后者是一件很糟糕的事。

5-17. 我们使用手机时，通常不必关心网络的具体工作细节。

我们做大量事情的时候，通常不必操心自己是如何走路和呼吸的。

第 6 章

6-1. `LibraryBook`

6-2. `borrowBook`、`returnBook`

6-3. `isAvailable`、`getBorrower`、`getBookInfo`

6-4. `author`、`title`、`borrower`、`available`

6-5. `string`

6-6. `bool`

6-7. `LibraryBook aBook("Computing Fundamentals with Java, "River Tanner");`

6-8. `abook.borrowBook("Madison");`

6-9. `abook.getBorrower();`

6-10. 在函数名之前（返回值类型之后）加上类名和::，然后还要在类定义的剩余部分加上与之相匹配的函数头信息。当然，它们的形参名称是可以有所不同的。

6-11. 可以

6-12. 不行

6-13.
```
'Tinker Tailor Soldier Spy' by John le Carre
CAN BORROW
1
Charlie Archer
0
1
CAN BORROW
```

6-14. 意味着该函数不能改变对象的状态，并强制用户使用 const 引用（const&）的形式来传递实参。

6-15. 构造函数。

6-16. 访问型函数的作用是提供访问对象状态的方式，以便人类或其他对象可以检查或使用这些状态。访问型函数可以返回数字成员，或在经过某种处理之后返回对象状态相关的一些信息。

6-17. 修改型函数的作用是提供修改对象状态的方式，它们至少会修改一个数据成员，否则就是访问型函数了。

6-18. 构造函数的作用是让程序员用默认状态或自己设定的初始值来初始化对象。

6-19. 类数据成员的作用是存储对象的状态，每个类的示例都有一份属于自己的数据成员副本。

6-20. 第 2 和 3 行试图将一个修改型消息发送给一个 const 对象（形参 b）。

第 7 章

7-1.
- a. true
- b. false
- c. false
- d. true
- e. true
- f. true
- g. false （=是赋值操作，不是等号，j = 0 的评估结果为 false）
- h. true （165 为非零）

7-2.
- a. addRecord
- b. deleteRecord
- c. None option is lower case
- d. dubious
   failing
- e. dubious
- f. g: 45
   at cutoff
   g: 70
   you get one
   g: 1

7-3. Tune-up due in 0 miles

7-4.
- a. 38.0
- b. 40.0
- c. 43.0
- d. 45.25

7-5.

a. true c. x is low
   after if...else d. neg
b. zero or pos

7-6.
```
if (option == 1)
  cout << "My name" << endl;
else
  cout << "My school" << endl;
```

7-7.
a. true   e. true
b. false   f. false
c. true   g. true
d. false   h. true

7-8. (score >= 1) && (score <= 10)

7-9. (test > 100) || (score < 0)

7-10. President's list（这里的表达式会始终为 true，因为它的操作符是=而不是==）。

7-11.

行	列	程序输出
3	4	not
4	3	not
2	2	not
0	2	On edge
2	0	On edge

7-12.
a. true   c. false
b. false   d. false

7-13. 全部 4 次评估都要做。第 4 个表达式（|| g.column()==g.nColumns()-1）之所以会被评估，是因为前 3 个表达式都为 false（第 4 个表达式也一样）。

7-14. 后 3 个 cout 都没有被评估，这是一段奇怪的代码，只是为了演示短路式布尔评估而已。

a. okay   c. okay
b. failed d. failed

7-15. 70

7-16. 这个倒霉的学生获得的是 D，而不是他应得的 C。

7-17. 我不会觉得满意，恐怕你也一样。

7-18.
-40: extremely frigid   20: warm   -1: below freezing
42: toast   15: freezing to mild 31: very hot

7-19. 从 20 到 29，包括 20 和 29。

7-20. 从 0 到 19，包括 0 和 19。

7-21.
```
int main() {
  assert("extremely frigid" == weather(-41));
  assert("extremely frigid" == weather(-40));
  assert("below freezing" == weather(-39));
  assert("below freezing" == weather(-1));
  assert("freezing to mild" == weather(0));
  assert("freezing to mild" == weather(19));
  assert("warm" == weather(20));
  assert("warm" == weather(29));
  assert("very hot" == weather(30));
  assert("very hot" == weather(39));
  assert("toast" == weather(40));
  assert("toast" == weather(41));
  return 0;
}
```

7-22. AAA

7-23. BBB

7-24. Invalid

7-25. Invalid

7-26.
```
switch(choice) {
  case 1:
    cout << "Favorite music is Jazz" << endl;
    break;
  case 2:
    cout << "Favorite food is Tacos" << endl;
    break;
  case 3:
    cout << "Favorite teacher is you" << endl;
    break;
  default;
    cout << "Error" << endl;
}
```

第 8 章

8-1. 不是，for 循环首先要做的是执行其初始化部分的语句（并且只需要执行一次）。

8-2. 不是，我们可以使用任意增幅来执行递增运算，包括负增幅（执行递减运算）。

8-3. 不是，比如在 n==0 时，for (int i = 1; i < n; i++)这个循环就不必执行其循环部分了。

8-4. 可以考虑 for 循环的更新步骤没对 j 执行递增，又或者它在更新步骤中执行了递增，但在循环部分却执行了递减。也就是说，for (j = 1; j < n; j){ } 或 for (j = 1; j < n; j++){j--;} 的循环测试是永远不会为 false 的。

8-5.
a. 1 2 3 4   d. 0 1 2 3 4
b. 1 2 3 4 5   e. 5 4 3 2 1

c. -3 -1 1 3　　　　　f. before after

8-6.
```
for (int i = 1; i <= 100; i++) {
  cout << i << endl;
}
```

8-7.
```
for (int i = 10; i >= 1; i--) {
  cout << i << " ";
}
```

8-8. 这样做会让程序尝试在不存在的行与边界的交叉点上设置障碍物，最终会导致程序终止执行。

8-9. 这不会带来太大的影响，只不过会让移动器在右边的角上被阻挡两次罢了。

8-10. 这样做的话，函数修改的将会是一个 Grid 对象的副本，而不是 main 函数中的那个 Grid 对象。换而言之，在修改之后，setBorder 函数在自己作用域中设置的边界将无法影响到实参 aGrid 或者 main 函数中的 anotherGrid。

8-11. Range = 3

8-12. Range = 29（正确）

highest	-2147483648	-5	8	22	22	22
lowest	2147483647	-5	-5	-5	-7	-7

8-13. Range = 4（正确）

highest	-2147483648	5	5	5	5	5
lowest	2147483647	2147483647	4	3	2	1

8-14. Range = Range: -2147483642（明显不正确）

highest	-2147483648	1	2	3
lowest	2147483647	2147483647	2147483647	2147483647

8-15. b. 输入数值按升序排列时。

8-16. 去掉代码中的 else 关键字。

8-17. 因为该函数的客户代码是无法知道必须要移动多少次的，所以它无法做到预先确定循环次数。

8-18.

a. 56.33333，这里的第一个测试对象（70.0）会在它被加到累加器之前销毁。另外，sentinel-1 的值也被错误地加到了累加器中。

b. 80.0

8-19. 对于 a 的答案，请仔细观察其第二个 cin >> testScore 所在的位置，重新做题，直到你的答案是 a 为 56.3333、b 为 80.0 为止。

8-20. 答案是 b，其输入语句会在其与-1 比较之前及时出现。

8-21. 0 次。

8-22. 在循环底部另外执行一次输入 cin >> testscore。

8-23. 这是一个小问题：我们需要做的就是移除")"后面的";"，因为";"代表的是一个空语句，会让循环没有任何作用。这段代码是合法的，但没有什么意义。

8-24.
a. 1 2 3　　　b. 2 4 6 8 10

8-25.
a. 未知数　　　d. 无数次
b. 无数次　　　e. 5
c. 0　　　　　f. 无数次（请注意"count >= 0）;"后面有个";"）

8-26.
```
int sum = 0;
int x = 0;
while ( (cin >> x) && (x != 999) ) {
  sum += x;
}
```

8-27.
a. 1　　　b. -1
　 2　　　　 -0.5
　 3　　　　 0
　　　　　　 0.5
　　　　　　 1

8-28.
```
int x;
do {
  cout << "Enter a number in the range of 1 through 10: ";
  cin >> x;
} while ( x < 1 || x > 10);
```

8-29.
```
do {
  cout << "Enter A)dd W)ithdraw Q)uit: ";
  cin >> option;
  option = toupper(option);
} while ( option != 'A' && option != 'W' && option != 'Q');
```

8-30.
a. 确定性 for 循环
b. 确定性 for 循环
c. 不确定性 while 循环
d. 不确定性 do-while 循环

8-31.
a. value == -1
b. while (value != -1)

8-32. 在列出的循环中，没有被初始化，但应该被初始化的对象分别是：

a. count 和 n
b. n 和 inc

第 9 章

9-1.
```
// file name: THISPROG.CPP
#include <fstream>    // for class ifstream
#include <iostream>   // for cout
#include <string>
using namespace std;

int main() {
  string aString;
  ifstream inFile("THISPROG.CPP");
  for(int j = 1; j <= 4; j++) {
    inFile >> aString;
    cout << aString << " ";
  }
  cout << endl;
  return 0;
}
```

9-2. Can't average 0 numbers.

9-3.

a. Failed to find the file numbers.dat

b. iteration # 1: 0.001
   End of file reached. 1 numbers found.

c. End of file reached. 0 numbers found.

9-4.

a. 6   c. 6
b. 15   d. 1（点号'.'会将 inFile 设置搭配一个坏的状态，从而导致循环结束）

9-5. 循环将会因为读取不到 kline 的姓氏而终止，这时候婚姻状态变成了 Kline，姓氏变成了 Sue。Kline 这个员工对象将永远不会被构造出来。

9-6. 当津贴字段遇到"S"时，循环就会被终止，Kline 这个员工对象将永远不会被构造出来。

9-7.

a. 1313 Mocking Bird Lane
b. 1214 West Walnut Tree Drive

第 10 章

10-1. 100
10-2. 0
10-3. 99

10-4. 0

10-5. `x[0] = 78;`

10-6.
```
int n = 100;
for(int j = 0; j < n; j++) {
  x[j] = n-j;
}
```

10-7.
```
for(j = 0; j < n; j++) {
  cout << x[j] << endl;
}
```

10-8. 这取决于程序当下所处的环境，它有可能会造成计算机"崩溃"，也可能会破坏程序中另一个对象的状态。又或者，由于事先做了下标区间的检查，程序会在终止执行前发给我们一个运行时错误信息。

10-9. vector::resize 和 vector::capacity

10-10.
```
0 1 2 3 4
0 1 2 3 4 0 0 0 0 0
```

10-11. -1

10-12. 1

10-13. 5

10-14. 4

10-15. n

10-16. 0（由于短路式布尔评估的关系）。

10-17. irst econ hir ourt

10-18.
```
account[12] = BankAccount("A12thCustomer", 1212.12);
account[13] = BankAccount("Cust13", 1313.13);
```

10-19. 该文件中第 21 行的第 21 个账户可能无法成为账户数据库的一部分。原因可能是 vector 的大小不够，从而导致循环因 numberOfAccounts < account.capacity() 被评估为 false 而终止。

10-20.
```
#include <iostream>
#include <fstream>
using namespace std;
int main() {
  vector <int> vectorOfInts(1000);
  // File name will do if it is in the working directory
  ifstream inFile("int.dat");
  int n = 0;
  int el;

  while( (inFile >> el) && (n < vectorOfInts.capacity()) ) {
```

```
    vectorOfInts[n] = el;
    n++;
  }
  return 0;
}
```

10-21. n

10-22.
```
cout << "Number of meaningful ints in vectorOfInts is " << n << endl;
cout << "Here they are" << endl;
for(int j = 0; j < n; j++) {
  cout << j << ". " << vectorOfInts[j] << endl;
}
```

10-23. Grid 和 vector 这些类型的对象要比 int 和 double 对象大得多，也就是说，Grid 对象需要的内存比 int 对象多得多（大约是 800 字节对 4 字节的关系），而存储 1000 个 double 值的 vector 对象所需的内存更是一个 double 对象的 1000 倍。

10-24.
a. 100000 * 57，即 570 万字节
b. 4
c. 4

10-25. 升序

10-26. vector 中的第一个元素与自身执行了一次交换操作，这意味着执行了 3 次多余的赋值操作，但在这种特殊情况下是不用担心这件事的。

10-27.
```
double largest = x[0];
for(int j = 1; j < n; j++) {
  if( x[j] > largest )
    largest = x[j];
}
```

10-28. vector 是经过排序的，并且二分搜索算法要知道它是升序排列还是降序排列。

10-29. 1: 1024 2: 512 3: 256 4: 128 5: 64 6: 32 7: 16 8: 8 9: 4 10: 2 11:
因此，该搜索过程最多执行 11 次比较。

10-30. 当 first 指针走到 last 后面时，因为这时区分目标 vector 的开头与结尾已经没有任何意义了。例如，当 first == 1028 而 last == 1026 时，搜索就无需继续了。

10-31. 交换两个元素的位置。

`last = mid - 1;`

和

`first = mid + 1;`

或将下面的表达式：

`if (searchString < str[mid])`

修改成：

`if (str[mid] < searchString)`

但上述两个修改不能同时做。

第 11 章

11-1. 只要计算机有更多的内存可以应对 vector 对象的大小增长，可以存储的整数个数就不受限制。

11-2. `cout << intSet.size() << endl;`

11-3. `intSet.insert(89);`

11-4. `intSet.remove(89);`

11-5. 3 个

11-6.
a. 5
b. 40
c. 0

11-7.
```cpp
#include <iostream>
using namespace std;
#include "Set.h" // For a generic Set class
#include "BankAccount.h"
int main() {
  Set<BankAccount> set; // Store a set of 4 BankAccounts
  set.insert(BankAccount("Chris", 300.00));
  set.insert(BankAccount("Devon", 100.00));
  set.insert(BankAccount("Kim", 444.44));
  set.insert(BankAccount("Dakota", 99.99));

  double largest = 0.0;
  set.first(); // Initialize an iteration over all elements
  while (set.hasMore()) {
    double currentBalance = set.current().getBalance();
    if (currentBalance > largest)
      largest = currentBalance;
    set.next();
  }
  cout << "Max balance is " << largest << endl;
  return 0;
}
```

第 12 章

12-1. 另一个对象的地址。

12-2.
a. doublePtr
b. 无法知道确切的值，某次执行"cout << &doublePtr; "的结果是 0x7fff5b44cc78
c. 1.23
d. `*doublePtr += 1.0;`

附录　自测题答案　　　　　　　　　　　　　　　　359

12-3. 246

12-4. 1

12-5.

a->getBalance() + b->getBalance();

或

(*a).getBalance() + (*b).getBalance();

12-6. 24 144

12-7.

char ch = 'C';
char* charPtr = &ch;

12-8.

int n1 = 12;
int n2 = 34;
int n3 = 56;
int *p1 = &n1;
int *p2 = &n2;
int *p3 = &n3;

12-9. cout << *p1 +*p2 + *p3 <<endl

12-10.

p? 333
q? 333

12-11. 4 8

12-12. 4.56 4.56

12-13. 无法在*p所在的内存中找到该值。

12-14. 12

12-15. int array[1000];

12-16.

for(int i = 0; i < 1000; i++) {
  array[i] = -1;
}

12-17. 0 2 4 6 8 10

12-18.

int min = x[0];
  int max = x[0];
  for (int i = 1; i < n; i++) {
    if (x[i] > max)
      max = x[i];
    if (x[i] < min)
      min = x[i];
}

12-19. string strs[] = {"one", "two", "three", "four"};

12-20.

移除前：

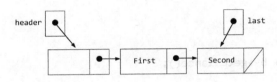

移除后：

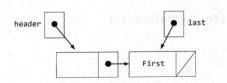

12-21.

移除前：

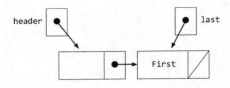

移除后：

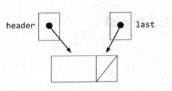

12-22. Remove 函数会返回 false，链表的状态不会有任何变化。

12-23.
a. false，它的大小会在运行时增加。
b. false，该链表没有提供这个操作，你可以使用 get(int)，或者覆写操作符[]。
c. true
d. false，在链表保留头结点不用的情况下，这样做是没有必要的。
e. true，这样做是为了避免内存泄漏。虽然内存泄漏对于小程序来说也许不算什么，但在大程序中，我们必须要花很多时间来跟踪并消除内存泄漏。

12-24.
```
bool removeLast() {
  if (n == 0)
    return false;

  // Get ptr to point to the last node
  node* ptr = header;
  while (ptr->next != last) {
    ptr = ptr->next;
  }

  // Adjust last to the node before it, clean up memory, decrease size
  last = ptr;
  delete ptr->next;
```

    n--;
    return true;
}
```

# 第 13 章

13-1. vector

13-2. 矩阵（存储 vector 的 vector）

13-3. matrix<double> sales(10, 12);

13-4. matrix<double> sales2(12, 10);

13-5. 行数

13-6. 列数

13-7.
```
int Matrix::get(int row, int column) {
  return table[row][column];
}
```

13-8.
```
int Matrix::sum() {
  int result = 0;
  for (int i = 0; i < rows; i++) {
    for (int j = 0; j < columns; j++) {
      result += table[i][j];
    }
  }
  return result;
}
```

13-9. 该值是未定义的，可以是任何内容（这里返回的是 1550093504）。

13-10. 不会，这是一个原生数组。

13-11. 12

13-12. 从 0 到 2

13-13. 从 0 到 3

13-14.
```
for (int row = 0; row < 3; row++) {
  for(int col = 0; col < 4; col++) {
    a[row][col] = 999;
  }
}
```

13-15.
```
for (int row = 0; row < 3; row++) {
  for (int col = 0; col < 4; col++) {
    cout.width(8);
    cout << a[row][col];
  }
  cout << endl;
}
```
```